安徽省高等学校一流教材

林木种苗生产技能

主编　黄大国

编委　（按姓氏笔画排序）

马永春　王桂林　尤罗列　张　晶

张余田　李　建　何玉峰　陶　涛

钱　滕　韩

U0190302

中国科学技术大学出版社

内 容 简 介

本书为安徽省高等学校一流教材,主要包括良种生产、播种育苗、扦插育苗、嫁接育苗、容器育苗与大棚育苗、组培育苗、苗木出圃 7 个项目。每个项目分 4 个教学模块:预备知识、任务实施、技能训练、巩固训练。通过以上项目的理论教学和实践教学,使学生掌握必需的林木种苗生产的基本理论知识,具备扎实的实践操作技能,达到林木种苗中(高)级工的水平,并且提高学生的综合职业能力。本书适合作为高等学校相关专业教材,也可供"三农"从业人员参考。

图书在版编目(CIP)数据

林木种苗生产技能/黄大国主编. —合肥:中国科学技术大学出版社,2022.10
ISBN 978-7-312-04220-1

Ⅰ. 林… Ⅱ. 黄… Ⅲ. 林木—育苗—高等学校—教材 Ⅳ. S723.1

中国版本图书馆 CIP 数据核字(2022)第 147521 号

林木种苗生产技能
LINMU ZHONGMIAO SHENGCHAN JINENG

出版	中国科学技术大学出版社
	安徽省合肥市金寨路 96 号,230026
	http://press. ustc. edu. cn
	https://zgkxjsdxcbs. tmall. com
印刷	安徽省瑞隆印务有限公司
发行	中国科学技术大学出版社
开本	787 mm×1092 mm 1/16
印张	13.75
插页	1
字数	318 千
版次	2022 年 10 月第 1 版
印次	2022 年 10 月第 1 次印刷
定价	45.00 元

前　言

　　为适应高职教育人才培养需要,本书编者以提高学生职业能力为核心,以职业岗位需求为导向,以职业技能等级认定标准为依据,编写了这本项目化教材。本书将有效提升学生的种苗生产技术应用能力、自主学习能力、创新能力及综合职业素养。

　　本书对应的职业岗位是"林木种苗工",主要教学内容包括良种生产、播种育苗、扦插育苗、嫁接育苗、容器育苗与大棚育苗、组培育苗、苗木出圃7个项目。通过这7个项目的理论和实践学习,学生将具备必需的林木种苗生产的基本理论知识及扎实的实践操作技能,达到林木种苗中(高)级工的水平,具备较高综合职业能力。

　　本书在编写时依据相关课程的特点和当前高等职业教育的实际,吸纳国内同类教材的精华和近几年来林业科学研究、教学研究的最新成果,努力体现当前林业生态建设的新理念、新技术、新管理模式,并与相应职业的国家职业资格标准和林业生产规程接轨,力求满足新时期林业事业和生产实践对本课程教学提出的新要求。

　　本书内容按高职高专教育特色需要进行编排,在形式上以林木种苗生产项目为单元,每个单元分为4个教学模块:预备知识、任务实施、技能训练和巩固训练。本书内容源于企业又高于企业,通过充分的企业调研,分析职业岗位需要的专业知识和专业技能,归纳总结了岗位典型工作任务后,将企业生产任务转化为教学项目,并将知识点项目化,具有职业性、实用性、创新性和指导性,真正做到了"任务驱动、理实结合、教学做一体化",符合现代高职教育的特点和要求。

　　本书内容丰富,可操作性强,语言简练明晰,并充分融入了新理念、新成果、新技术、新规程,注重科学性、先进性和实用性。教材内容以中级工为主体,兼顾高级工,主要都是以当前造林树种和园林绿化树种的种苗生产来设计的,主要供林业类高职院校林业技术专业的学生和教师使用,同时也适合种苗生产者、经营者、管理者,造林绿化的组织者及林业技术人员阅读参考。

　　本书在编写过程中得到了安徽林业职业技术学院的大力支持和协助,并参考和引用了一些文献和资料,在此特向学院同仁们以及文献和资料的作者们表示感谢。

由于编者水平所限,加之时间仓促,书中疏漏之处在所难免,诚盼广大读者在使用过程中提出宝贵意见,以便逐渐完善。

编　者

2022 年 6 月

目　　录

绪　　论

随着社会的发展,人类赖以生存的环境乃至整个自然生态系统不断发生变化。近年来,频繁的自然灾害使人们意识到保护和改善生态环境的重要性。加快造林绿化步伐,改善生态环境和美化生活环境,已成为全社会的共识。当前,林业改革发展正处在重要的战略机遇期,党中央、国务院和地方各级政府对林业工作高度重视,林业地位更加凸显,发展的外部环境越来越好,林业的政策扶持力度越来越大。林业具备的生态、经济、碳汇、社会和文化功能,以及在实现科学发展、转变经济发展方式、提升生态文明水平、应对气候变化中占有的重要地位和作用,逐步为全社会所认可,生态文明的理念日益深入人心。

林木种苗是造林绿化的物质基础,是林业生态建设的重要前提。种苗工作是林业工作的基础工程,是生态建设的基础和前提。推进新时期林业的改革和发展,必须把林木种苗工作放在重中之重的位置来认真研究谋划,要牢牢把握宏观政策环境给种苗业带来的新机遇,针对存在的困难和问题,切实增强做好林木种苗工作的自觉性。

第一,建设现代林业必须把加快林木种苗发展作为基础保障。加快现代林业发展方式转变,推进林业产业转型升级,繁荣农村经济,实现城乡林业统筹发展;进一步提升林木种苗基地的规模和档次,着力抓好主要造林树种的良种选育、基地建设、壮苗培育等工作,坚决杜绝有种就采、有苗就造的现象,进一步优化林种树种结构,真正把良种的增产潜力和林地的生产潜力充分发挥出来。

第二,释放集体林权制度改革后劲必须把加快林木种苗发展作为战略举措。集体林权制度改革后,农民真正成为山林的主人,强烈希望从林地获得更多的经济收益。他们意识到"造林就是造福,栽树就能致富",如果农民能够及时地获得生长快、产量高、抗性强的良种壮苗,那么他们种下的就是致富的希望,就能够通过发展林业实现创业增收,从而不断提高他们投身林业、发展林业的积极性,林业发展就会有不竭的动力。如果他们买不到合格的种苗,甚至种下的是劣质苗或假苗,其结果将会是"种的越多,损失越大",严重挫伤他们发展林业的积极性,进而影响林业改革发展大局。

第三,实现"三化同步"必须把加快林木种苗发展作为重要途径。中央提出"在工业化、城镇化深入发展中同步推进农业现代化"。林木种苗业作为林业行业中的传统产业,在农业现代化和城镇化进程中的作用日益凸显,焕发出勃勃生机,在"三化同步"进程中必将大有作为。当前,很多地方的林木种苗已成为促进农村经济发展的新兴产业,成为当地农村经济发展的亮点,对优化农村产业结构、扩大农村就业、增加林农收入、促进农村经济繁荣具有重要作用。同时,为打造宜居宜业的城市环境,以及"森林走进城市"活动的兴起,多规格的、集观花观叶和造景于一体的珍稀苗木、景观苗木的需求与日俱增,激发了新的市场需求。总之,社会主义新农村建设的深入与城市化建设进程的加快,需要更多"质量优良、品种对路、规格适宜"的林木种苗,开辟了林木种苗业新的发展空间。

一、林木种苗生产技能的地位和作用

"林木种苗生产技能"是阐述林木种苗生产理论和应用技术的一门应用性课程,该课程对应的岗位是"林木种苗工",旨在培养学生从事林木种苗生产和管理的能力,在林业技术专业学生职业能力的培养中起着不可替代的支撑性作用。

森林是自然界物质循环的枢纽,是陆地生态系统的主体,对维持陆地生态系统的平衡起着支撑作用。森林能调节气候,涵养水源,保持水土,防风固沙,净化空气,美化环境,维持生态平衡,为生产的发展和人民生活提供环境保障。森林还能提供木材、能源和多种林副产品,与经济建设和人民生活直接相关。发达的林业已成为国家富足、民族繁荣、社会文明的重要标志。积极开展植树造林和封山育林,扩大森林面积,增加森林资源,提高森林产量、质量和生态效益,是经济社会可持续发展的重要基础,是人类可持续发展的必要前提。

种苗是植树造林的物质基础,良种壮苗是提高森林产量、质量和生态效益的保证。我国人工林面积占森林面积的1/3,是世界上的人工林大国。但目前我国人工林的生产力水平普遍较低,其平均生产力水平低于天然林,与其潜在的生产能力相差甚远,质量效益较低,生态效益较差。原因是多方面的,其中良种率低,苗木质量差,是重要的原因之一。因此,如何科学合理地进行林木种苗的生产经营,源源不断地为造林绿化提供种类多样、质量优良的种苗,成为林业产业和生态环境建设中非常迫切的重要任务。

林木种子是国土绿化和林业建设的基础和保障。安徽省是南方集体林区重点省份之一,现全省林地面积达6263万亩[①],森林覆盖率超30%;2021年,全省林业总产值达5092亿元,位列全国第一方阵。但是,安徽省种苗产业的资源优势尚未转化为产业优势,与发展较快的省份相比存在着一定差距,信息化、市场化、组织化程度不高,服务功能尚不完善,行业协调、行业自律和行业服务跟不上市场经济发展的需要。因此,要营造良好的林木种苗生产经营环境,更好地为林木种苗生产、经营、使用者提供多层次、多渠道、全方位的社会化服务,开展对林木种苗产业发展的调查研究,收集、整理产业发展有关信息;制定并监督执行有关的行规行约,建立行业自律机制,规范行业行为,促进业内公平竞争;帮助林木种苗生产经营者解决实际困难,传递种苗信息,开展政策咨询和中介服务,推动林木种苗良性持续发展。

二、林木种苗生产技能的内容

"林木种苗生产技能"课程的主要内容包括:苗圃的建设与耕作、林木种子生产、播种育苗、营养繁殖育苗、组培育苗、设施育苗、苗木移植、苗木出圃等。

林木种苗生产技术的主要任务是为林木种苗生产提供理论依据和先进实用技术,使理论和实际应用相结合,持续地为造林绿化提供种类丰富、质量优良的种苗。具体可将其归纳为如下几个方面:① 根据造林绿化的发展需要和自然环境条件特点,进行苗圃工程设计;② 为种实的采集、调制、贮运和种子品质检验提供理论依据和具体的技术措施;③ 介绍播种育苗、营养繁殖育苗、设施育苗和苗木移植技术,阐明林木种苗生产的基本方法和技术要点;④ 根据苗木的生理特性,提出苗木出圃的关键技术环节。林木种苗工的职业能力主要包括

---

① 1 亩≈666.7 m²。

林木种子生产技能和苗木生产技能两大部分,共有林木种子采集、林木种子调制、林木种子贮藏、种子品质检验、苗圃区划、苗木培育和苗木出圃 7 个分项,种子品质检验和苗木培育又分为若干项,技能要求共 18 项(绪图 1)。

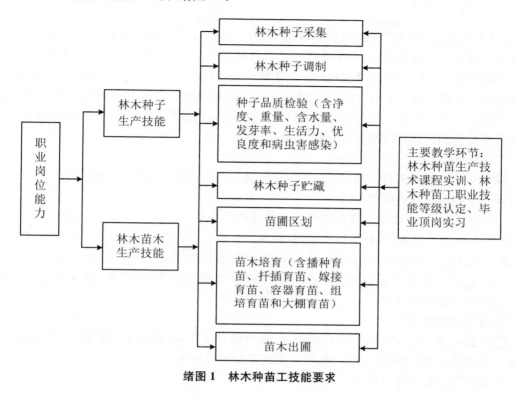

绪图 1　林木种苗工技能要求

三、林木种苗技能学习指南

(一)学习要点

"林木种苗生产技能"的主要教学内容包括良种生产、播种育苗、扦插育苗、嫁接育苗、容器育苗与大棚育苗、组培育苗、苗木出圃 7 个项目。围绕 7 个项目开展理论教学和实践教学,使学生掌握必需的林木种苗生产的基本理论知识,具备扎实的实践操作技能,达到林木种苗中、高级工的水平,并且培养和提高学生的综合职业能力。具体体现在:

(1)能进行苗圃设计和组织施工。

(2)能进行林木种子的采集、调制、贮藏和检验。

(3)能较熟练地进行播种和管理。

(4)能较熟练地进行扦插、嫁接操作。

(5)能较熟练地进行容器育苗营养土的配制、装袋、置床和管理。

(6)能进行大棚的建造和大棚育苗的管理。

(7)能较熟练地进行培养基配制与灭菌、植物组织培养无菌操作。

(8)能进行苗木调查和出圃操作。

(9)能开展育苗项目管理。

（10）具有严谨的学风、良好的职业责任感、创新精神与创新意识，以及较好的表达能力、组织协调能力、团队精神。

（二）学习方法

"林木种苗生产技能"课程的应用性和实践性很强，在学习中要把握好 3 个环节。第一个环节是通读。通读教材，对 7 个项目的学习内容有一个全面的了解，把握每个项目内部各部分之间的联系。第二个环节是精读。仔细研究重点内容，对要点进行归纳总结，增强系统性和条理性。精读环节要有 2~3 个重复，通过反复精读熟悉每个学习情境的各个环节，掌握学习要点。第三个环节是实践。反复进行实践操作，巩固每个学习情境的理论知识，掌握操作技术要领和规程，并能熟练地进行操作。

1. 课堂学习

课堂学习是指在多媒体教室进行的教学活动，是学习理论知识的主要形式。

课堂学习应注意的事项：

（1）事先预习，在课堂上紧跟老师的思路和教学节奏。

（2）把握教学目标，掌握学习重点，抓住学习难点。

（3）集中精力听课，积极参与教学互动，提高沟通交流能力。

（4）无故不缺勤，不做影响教学秩序之事，尊重老师和同学，讲究课堂着装和文明礼貌，注重良好职业素养的养成。

2. 实践技能学习

实践技能学习是指在种子检验实验室、组织培养实验室、教学实习苗圃、教学实验林场苗圃开展的实践教学活动，是学习操作技能的重要学习形式。

实践技能学习应注意的事项：

（1）事先预习，初步熟悉、理解操作步骤、操作要领和操作规程。

（2）集中精力观看老师的操作演示，注意细节，避免"一看就会、一做就错"。

（3）亲自动手，加强训练，"光看不练"不能学到真本领。

（4）无故不缺勤，不错过一次实践学习活动，如有错过应设法弥补。

（5）有疑问主动提问，做到"心中有数方动手，心中无数不操作"。

（6）实践成员之间加强沟通与协作，积极发挥团队的力量。

四、林木种苗工职业技能岗位标准（以高级为例）

（1）岗位名称：林木种苗工。

（2）岗位定义：从事树木种实（种条）的采制、贮藏及苗木、母树林、种子园、采穗圃的培育管理。

（3）适用范围：林场、森林公园、苗圃、母树林、种子园、采穗圃及林木种子库、自然保护区。

（4）知识要求：

① 具备高中毕业或技校毕业文化知识水平。

② 懂得树木生理、生态、生化的基础理论知识。

③ 掌握圃地选设、规划及林木种苗工作相关学科的基础知识。

④ 掌握《林木种子生产技术规程》《育苗技术规程》。

⑤ 掌握林木种实贮藏、种实经营、良种壮苗培育的技术知识。

⑥ 掌握林木引种、驯化、遗传变异及种子园子代测定的基础知识。

⑦ 了解林木嫁接的生物学原理及影响其成活的原因。

⑧ 懂得林木种苗病虫害综合防治的理论知识。

⑨ 了解国内外林木种苗工作的新技术、新动态。

（5）技能要求：

① 解决林木种实采集、处理、贮藏过程中的技术问题。

② 能开展林木良种繁育试（实）验及物候观测。

③ 能因地制宜开展薄膜育苗、容器育苗、温室育苗、大棚育苗、组培育苗。

④ 诊断苗木营养状况，进行合理施肥。

⑤ 分析育苗成果，为翌年育苗提出改进技术措施。

⑥ 组织实施母树林、种子园、采穗圃、苗圃的经营规划设计。

⑦ 建立种苗技术管理档案并能应用、推广国内外先进技术和革新成果。

（6）鉴定内容如绪表 1 所示。

绪表 1　鉴定内容

项目	鉴定范围	鉴定内容	鉴定比重	课程
知识要求			100	
基本知识	1. 植物生理	植物光合作用、呼吸作用、水分代谢、矿质营养、植物生长和发育	5	森林植物
	2. 森林生态知识	本地区主要造林树种林木结实和苗木生长与光、热、水、气、土壤、生物等生态因子的关系	5	生态学
	3. 气象知识	本地区大气、太阳辐射、土温、气温、降水、空气湿度、灾害性天气变化规律及其对种苗生产的影响	5	植物环境
	4. 土壤知识	本地区土壤种类物理性质、化学性质、有机质含量等及其对种苗生产的影响	5	植物环境
	5. 树木遗传育种知识	林木引种驯化、遗传变异、选择育种、杂交育种、子代测定等基本知识	5	林木种苗生产技术
	6. 种苗病虫害知识	本地区种苗生产常见病虫鸟兽害防治的基本知识	5	林木种苗生产技术

续表

项目	鉴定范围	鉴定内容	鉴定比重	课程
专业知识	1. 种苗生产基地的选设、规划	母树林、种子园、采穗圃和苗圃的选择、规划、图表测绘与填写	8	林木种苗生产技术
	2. 种苗生产技术规程	有关种子采收的国家标准、《育苗技术规程》和本地区有关种苗生产的技术规程、标准的主要内容	8	林木种苗生产技术
	3. 林木种实贮藏和经营	(1) 林木种子贮藏期间的生命活动,影响种子贮藏期间生命力的内在因子和外界环境。 (2) 林木种子贮藏方法和调拨、运输知识。 (3) 种子收购、等级评定、检验证书等种子经营知识	8	林木种苗生产技术
	4. 林木良种繁育技术	种子园、母树林、采穗圃繁育良种的基本原理和生产管理技术	8	林木种苗生产技术
	5. 育苗先进技术	(1) 容器育苗、大棚育苗、温室育苗、组培育苗、薄膜育苗、接种菌根、化学除草等基本原理和方法。 (2) 国内外种苗生产技术新动态、推广应用的新技术	8	林木种苗生产技术
	6. 林木嫁接生物学原理	(1) 林木嫁接成活原理。 (2) 砧木与接穗之间的相互关系。 (3) 砧木和接穗的选择。 (4) 嫁接技术要求	8	林木种苗生产技术
	7. 综合防治种苗病虫害	(1) 当地主要造林树种的种苗检疫要求和检疫防治知识。 (2) 应用栽培技术(选地、秋耕制、高床育苗、适期早播、合理密度、加强管理等)防治病虫害	7	林木种苗生产技术
相关知识	1. 机具、肥料、农药使用知识	本地区种苗生产使用的机具、肥料、农药的性能、作用原理和技术要求	7	森林保护植物环境
	2. 造林、更新知识	本地区主要造林、更新树种有关标准中对种苗生产的要求和主要造林技术	8	森林营造技术

项目	鉴定范围	鉴定内容	鉴定比重	课程
技能要求			100	
操作技能	1. 组织实施苗圃的规划设计	(1) 组织实施母树林的经营规划与作业设计。 (2) 组织实施种子园的经营规划与作业设计。 (3) 组织实施采穗圃的经营规划与作业设计。 (4) 组织实施苗圃的经营规划与作业设计	15	林木种苗生产技术实习
专业知识	2. 种苗生产技术	(1) 解决林木种子采集、调制、贮藏过程中的技术问题。 (2) 解决本地区主要造林树种苗木培育和防治病虫鸟兽等技术问题	15	林木种苗生产技术实习
	3. 良种繁育试验及物候观测	(1) 营建子代测定林,提高良种产量试验、杂交试验及其他良种繁育试验。 (2) 物候观测和抽样调查方法。 (3) 数据整理和方差分析方法	15	林木种苗生产技术实习
	4. 育苗新技术应用	(1) 塑膜育苗操作技术。 (2) 容器育苗操作技术。 (3) 大棚(温室)育苗操作技术。 (4) 组织培养育苗操作技术。 (5) 接种菌根菌操作技术。 (6) 化学除草操作技术。 (7) 其他	15	技能等级认定
	5. 合理施肥	(1) 苗木缺乏营养元素的种类和状况的识别能力。 (2) 苗木缺素症的诊断方法的注意事项。 (3) 根据气候、土壤、苗木和肥料性质适时适量适法施肥	15	植物环境实习
组织管理能力	1. 组织实施生产	(1) 组织领导班组按时完成生产作业计划的能力。 (2) 组织领导开展一般科学试验,培育良种壮苗的能力	10	技能等级认定

项目	鉴定范围	鉴定内容	鉴定比重	课程
组织管理能力	2. 苗圃经营管理	（1）建立母树林、种子园、采穗圃、苗圃等技术档案。 （2）分析总结种子生产和育苗成果，为翌年种苗生产提出改进措施。 （3）结合生产，具体应用国内外先进技术和革新成果	15	技能等级认定

在国家林业和草原局职业鉴定中心的委托下，各学院独立组织林木种苗工、造林更新工、抚育采伐工、营林试验工、森林病虫害防治员工等工种的中、高级工以及技师的考评与鉴定工作，鉴定结果上报国家林业和草原局职业鉴定中心，由国家林业和草原局职业鉴定中心核实并颁发职业技能鉴定合格证书，此证书经过国家林业和草原局、人力资源和社会保障部确认和盖章，在林业及其相关行业中有效，各地人事和劳动部门应予以承认。

五、实践考核目标

（一）实践考核知识点及内容

1. 知识点
种子品质检验、苗圃耕作和播种育苗、扦插育苗、嫁接育苗、苗木出圃、苗木管理。

2. 内容
种子品质检验、苗圃耕作和播种育苗、扦插育苗、嫁接育苗、苗木出圃、苗木管理。

（二）实践考核方案

1. 苗圃整地作床、播种
（1）整地。（现场）
（2）作床。（现场）
（3）施基肥、消毒。（现场）
（4）播种。

2. 种子品质检验（净度和千粒重测定）
（1）种子取样。（现场）
（2）种子分样。（现场）
（3）种子检验。（现场或部分口试、笔试）

3. 扦插育苗
（1）采条、截条、清洗、消毒。（现场）
（2）植物生产调节剂配制。（现场）
（3）扦插。（现场）
（4）插后管理。（口试或笔试）

4. 嫁接育苗
（1）培育砧木。（口试或笔试）

（2）采接穗。（现场）

（3）嫁接。（现场）

（4）管理。（口试或笔试）

5. 播种苗苗期管理（松土除草、追肥、防病）

（1）人工松土除草。（现场）

（2）苗木追肥。（现场）

（3）苗木防虫害。（现场）

6. 苗木出圃

（1）苗木起苗。（现场）

（2）苗木分级。（现场）

（3）苗木包装。（现场）

（4）苗木运输。（口试或笔试）

六、林木种苗工国家职业资格各级别申报条件

国家职业资格证书是劳动者求职、任职、开业和用人单位录用员工的主要依据，也是相关专业领域从业资格准入的有效证件。国家林业和草原局职业技能鉴定指导中心作为全国涉林行业特有职业资格鉴定权威机构，面向全国开展林木种苗工国家职业资格鉴定工作。

1. 初级（具备以下条件之一者）

（1）经本职业初级正规培训达规定标准学时数，并取得结业证书。

（2）在本职业连续见习工作 2 年以上。

（3）取得高中毕业证书，从事本职业 1 年以上。

2. 中级（具备以下条件之一者）

（1）取得本职业初级职业资格后，连续从事本职业工作 3 年以上，经本职业中级正规培训达到规定标准学时数，并取得结业证书。

（2）取得本职业初级职业资格后，连续从事本职业工作 5 年以上。

（3）连续从事本职业工作 7 年以上，经考试取得结业证书。

（4）取得中等职业学校本职业（专业）毕业证书，从事本职业工作 1 年以上。

3. 高级（具备以下条件之一者）

（1）取得本职业中级职业资格后，连续从事本职业工作 3 年以上，经本职业高级正规培训达规定标准学时数，并取得结业证书。

（2）取得本职业中级职业资格后，连续从事本职业工作 5 年以上。

（3）具有本专业或相关专业大专以上（含大专）毕业证书，从事本职业工作 1 年以上。

4. 技师（具备以下条件之一者）

（1）取得本职业高级职业资格后，连续从事本职业工作 3 年以上，经本职业技师正规培训达规定标准学时数，并取得结业证书。

（2）取得本职业高级职业资格后，连续从事本职业工作 5 年以上。

（3）具有大学本科以上（含本科）本专业或相关专业毕业证书，从事本职业工作 1 年以上。

5. 高级技师(具备以下条件之一者)

(1) 取得本职业技师职业资格后,连续从事本职业工作3年以上,经本职业高级技师正规培训达规定标准学时数,并取得结业证书。

(2) 取得本职业技师职业资格后,连续从事本职业工作5年以上。

(3) 具有本专业或相关专业大学本科以上(含本科)毕业证书,连续从事本职业5年以上。

(4) 具有本专业研究生学历(或同等学力),连续从事本职业3年以上。

项目1　林木良种生产

【项目分析】

积极开展林木种质资源调查、收集与保存,重点建设国家和区域性林木种质资源保存库,逐步形成就地保存、异地保存、设施保存相结合的种质资源保存体系。建立林木种质资源数据信息平台,实现信息共享。公布林木种质资源重点保护名录,建立动态监测体系。完善林木种质资源出口审批制度,在有效保护我国生物多样性和确保生态安全的前提下,积极引进国外优良林木种质资源。

强化林木良种基地建设。科学制定良种基地发展规划,完善重点良种基地管理机制,充分挖掘生产潜力,提高良种生产能力。加强林木遗传测定,加快良种换代步伐,重点建设高生产力种子园、采穗圃,加强珍贵树种母树林培育,不断提高良种品质。

任务1　良种选育技术和良种繁育基地建设

【任务分析】

种子是苗木的基本生产资料之一,有了足够数量的种子才能保证育苗的数量,而种子品质的优劣又直接影响苗木的质量,也影响造林绿化的效果和成败。因此,应科学地开展种子的生产工作,培育大量的良种,满足育苗需要。林木种子是指林业生产中播种材料的总称,包括植物学上所说的真正的种子、果实、果实的一部分、种子的一部分,以及无融合生殖形成的种子。

良种是指遗传品质和播种品质都好的种子。种子的遗传品质是指植株的生长特性、木材形质、发育特性及抗逆性等方面,其对造林绿化效果起主要作用,种子的遗传品质好坏主要取决于采种母树的遗传性。播种品质即使用品质或称外在品质,包括种子的净度、千粒重、发芽率、含水量、生活力、优良度及病虫害感染程度等方面,播种品质好表现为种子发育健全、纯净、饱满、种粒大而重、发芽率高、生命力强、无病虫害,这是培育合格苗的基础。播种品质好坏既受采种母树遗传性的影响,又与结实母树生长的立地条件、种子生产技术和种子管理水平有关。

【预备知识】

为了保护好种质资源及有计划地供应遗传品质好的树木种子,满足造林绿化的需要,必须实现基地化、专业化生产。良种选育包括选、育、引三大内容,当前我国的基本形式是种源(产地)选择、优树选择、母树林选择与建立、种子园建立及表型测定等。

一、遗传资源

（一）遗传资源的意义

遗传资源也称基因资源，指以种为单位的群体内的全部遗传物质或种内基因组、基因型变异的总和。对于栽培植物常称为种质资源或品种资源。种质资源是指选育新品种的基础材料，包括各种植物的栽培种、野生种的繁殖材料，以及利用上述繁殖材料人工创造的各种植物的遗传材料。

森林遗传资源是生物多样性的重要组成部分，是一个国家拥有的最有价值、最有战略意义的财富。有了种类繁多和各具特色的遗传资源，才能满足人类生存和发展的多种需要。保护遗传资源，不仅关系到保护森林生产力和提高森林质量，同时也关系到保护国家自然资源、保护生物多样性和保护人类的生存环境。

森林遗传资源是林木育种的物质基础，是决定育种效果的关键。在植物育种工作中，一个群体或个体被保留下来，并提供作育种用的材料，则称为"原始材料"。利用这些材料，可以通过培育和选择的方法直接创造出新品种，也可以作为杂交亲本，进一步综合许多有利基因来培育新品种。原始材料是育种工作的物质基础，广泛调查，大量收集，有效保存，科学评价，深入研究和正确利用种质资源，能充分发挥遗传资源的潜力，对于选育新品种具有决定意义。

栽培品种化的过程，是植物群体或个体遗传基础变窄的过程，因为一个品种的形成就意味着淘汰了品种基因型以外的大量基因。如果没有丰富的种质资源作后盾，如果不是不断地引进和补充新的基因资源，当品种的经济性状与适应性和抗性间发生矛盾时将无从补救。

（二）遗传资源的分类

1. 按栽培学分类

（1）种。又称物种，是生物界可依据表型特征识别和区分的基本单位，也是认识生物多样性的起点。它具有一定的形态特征与地理分布，常以种群形式存在。

（2）家系。某一株母树经自由授粉或人工控制授粉所产生的子代统称家系。前者称半同胞家系，后者称全同胞家系。

（3）品系。在遗传学上，一般是指通过自交或多代近交，所获得的遗传性状比较稳定一致的群体。在育种学上，指遗传性状比较确定一致而起源于共同祖先的群体。在栽培实践中，往往将某个表现较好的类型的后代群体称为品系。

（4）无性系。由同一植株上采集枝、芽、根等材料，利用无性繁殖方式所获得的一群个体称无性系。

（5）品种。经过人工选育的，具有一定的经济价值，能适应一定的自然及栽培条件，遗传性状稳定一致，在产量和品质上符合人类要求的栽培植物群体。品种是育种的成果，现代意义上的品种实际上就是通过审定的优良家系或优良无性系。

2. 按来源分类

（1）本地遗传资源。指在当地的自然和栽培条件下，经过长期选育形成的林木品种或类型。本地种质资源的主要特点是：① 对当地条件具有高度适应性和抗逆性，品质等经济性状基本符合要求,可直接用于生产。② 有多种多样的变异类型,只要采用简单的品种整理和株选工作就能迅速有效地从中选出优良类型。③ 如果还有个别缺点,易于改良。因此,本地资源是育种的重要种质资源。

(2) 外地遗传资源。指从国内外其他地区引入的品种或类型。外地种质资源具有多样的栽培特征和基因贮备,正确地选择和利用它们可以大大丰富本地的种质资源。

(3) 野生遗传资源。指天然的、未经人们栽培的野生植物。野生遗传资源多具有高度的适应性,有丰富的抗性基因,并大多为显性。但一般经济性状较差,品质、产量低而不稳。因此,常被作为杂交亲本或砧木利用。自然界尚有大量未被充分利用的野生、半野生遗传资源,潜力大。

(4) 人工创造的遗传资源。指应用杂交、诱变、转基因等方法获得的遗传资源。现有的种类中,并不是经常有符合需要的综合性状,仅从自然种质资源中选择,常不能满足要求,这就需要用人工方法创造具有优良性状的新品种。它既能满足生产者和消费者对品种的要求,又为进一步育种提供新的育种材料。

二、选择育种

(一) 种源试验

种源是从同一树种分布区范围由不同地点收集的种子或其他繁殖材料。种源试验是将地理起源不同的种子或其他繁殖材料放在相同条件下进行栽培对比试验,为各造林地区选择适应性强、稳定性好、生产力高的种源。

1. 采种点(种源)的确定

采种点选择是否全面和具有代表性,对能否达到预期试验目的关系重大。我国地形变化复杂,气候因素变化剧烈,加上树种通常呈不连续变异,因此常采用主分量分析法确定采种点。即将具有错综复杂关系的生态因子归结为数量较少的几个主导因子(如热量状况和水分状况),依据各地主导因子的排序和分析,按气候相似性划分区域,以此来确定采种点。

2. 采种林分和采种树

采种林分的起源要明确,应尽量用天然林,林分组成和结构要比较一致,密度不能太低,以保证异花授粉。采种林分应达结实盛期。

采种树是采种林分中用于采种的优良树木,一般应不少于 20 株,越多越好。采种树应能代表采种林分状况,间距不得小于树高的 5 倍。

3. 苗圃试验

主要任务:① 为造林试验提供所需苗木。② 研究不同种源苗期性状的差异。③ 研究苗期和成年性状间的相关。

步骤:种子处理→苗圃地的选择和处理→试验设计→播种→管理→苗期观测→出圃。

试验设计一般采用随机区组排列,每个小区苗木不应少于 30 株,重复 4～6 次。苗期管理原则上不间苗,如需间苗应采用随机间苗,不能采取留优去劣的间苗方式。

苗期观测项目包括场圃发芽率、高生长、地径生长、病虫害、苗木越冬受害状况等,物候、生长节律、形态和结构方面的差别也要观测记录。

4. 种源试验

种源试验有 2 种类型:① 全面种源试验。目的是研究群体间地理变异规律和为试验点所代表地区提供较佳种源。参试种源在 10～30 个,要求能代表该树种分布区内的环境特点,试验期限为 1/4～1/2 轮伐期。② 局部种源试验。在全面种源试验的基础上,选择适应性和生产力高的种源开展进一步试验,为造林地区寻找最佳种源和为育种提供原始材料。数量在 3～5 个,试验期限为 1/2 轮伐期。

(二)优树选择

优树是在相同立地条件的同种、同龄林分中,在某些性状(如生长量、材性、干形、适应性、抗逆性等)上远远超过周围树木的单株。优树选择就是在林分内,根据选种目标,按表现型进行的单株选择。

1. 优树的标准

优树的标准因树种、选种目的、地区资源状况等而异。用材树种衡量优树标准的指标包括生长量指标和质量指标。

(1)生长量指标。主要是树高、胸径及单株材积。与林分平均值比较,优树的材积、树高和胸径应该分别超过林分平均值的 150%、15% 和 50%;与周围 4～5 株生长仅次于优树的优势木比较,上述 3 个指标应该分别超过优势木平均值的 50%、10% 和 30%。

(2)质量指标。主要考虑对木材品质有影响的指标、与单位面积产量有关的指标或反映树木形态特征的指标。包括:① 树干通直、圆满,不开叉。② 树冠较窄,冠幅不超过树高的 1/4。③ 自然整枝良好,侧枝较细。④ 树皮较薄,裂纹通直无扭曲。⑤ 木材纹理通直。⑥ 树林健壮,无严重病虫害。⑦ 结实量较少。

2. 优树的评选

(1)材积评定。常用方法有 3 种:① 优势木对比法。以候选树为中心,在立地条件相对一致的 10～15 m 半径范围内,其中至少应包括 30 株以上树木,选出仅次于候选树的 3～5 株优势木,实测并计算其平均树高、胸径和材积。如候选树的材积等指标超过规定标准,即可入选。② 小标准地法。以候选树为中心,以半径 10～15 m 的范围为样地,样地内至少含有同种林木 30 株以上,在样地内进行每木调查。将候选值与平均值作比较,达到或超过规定标准的入选为优树。③ 绝对值评选法。用绝对树高、绝对胸径生长量作为评选标准,凡超过标准的,可考虑入选为优树。可利用生长过程表,以表中平均木树高的 1.10 倍和胸径的 1.35 倍作为一般优树的最低标准;以平均木树高的 1.20 倍和胸径的 1.70 倍作为一般优树的最低标准。

(2)形质评定。根据形质标准对候选树进行评定,达到标准的入选。

三、树木引种

树木引种就是从外地引进本地区没有分布的树种和驯化野生树种作为栽培树种的工作。

（一）引种程序

1. 引种材料搜集

树木种类繁多,经济性状各异,生态习性也各不相同,各地林业生产的需求不一致,要想找到适宜本地生长、经济收益又大的树种,必须先对拟引进的树种的生态特性、栽培技术及其原产地的自然条件进行详尽的了解,以便对树种及其供种地区做初步选择。

搜集的方法可以是组织专门队伍采集,也可以是委托采集或交换。尽可能是在分布区内多个地点的多株母树上采集种子,并进行详细的记载、编号和登记。

2. 种苗检疫

植物引种为某些致命性病虫害的传入提供了可能性,国内外在这方面都有许多严重的教训。为了防止危害性病虫害的传入,应认真执行国家有关动、植物检疫的规定,如《中华人民共和国进出境动植物检疫法》和 2017 年国务院修订发布的《植物检疫条例》等,按照规定和程序进行引种报审,各种引种材料需经检疫鉴定合格后才能引进栽培。

3. 试验评价

（1）观察试验。对初引进的新树种,可先进行小面积试种观察,初步了解其对本地区生态条件的适应性和在生产中的利用价值。对于有潜在价值的材料,要适当扩大繁殖,以供进一步的比较试验。试验和评比最好能在几个有代表性的地点同时进行。

（2）比较试验和区域试验。通过初步观察,将可能有潜在价值的材料用于较大面积的、有田间试验设计的比较试验,以便进一步更准确地比较鉴定。区域试验应选择在几个不同土壤类型和不同气候条件下进行,小区面积可大一些,在每个试验点应有较多的重复,对树木的性状变异应予以更多的重视。这个阶段可看作是半生产性的,不仅为取得试验数据,也为今后的示范、推广做准备,作为确定其适应地区范围的依据。

（3）栽培试验。通过上述试验初步肯定的外来树种,还需要根据其遗传特性,在人工造林中进行栽培试验,选择最适宜的立地条件,探索适宜的造林技术措施,评价其经济效益。多年生木本植物生长期长,必须能经受多年周期性灾害的考验,特别是以生产木材为主的用材树种,对其试验和评价的时间最好有一个轮伐期,至少也得半个轮伐期以上,过早下结论常会给生产造成严重的损失。在引种试验及评价的基础上,还需做好生产示范、繁殖和推广工作。

（二）提高引种效果的措施

1. 结合选择进行引种

为了寻求最适宜的种源,要多收集一些种源做试验。自然分布区小的树种,可收集 2～3 个种源,自然分布区大的可以收集几十个种源,以便找出最适宜种源。同一种源、同一林分内的个体间也存在差异,应从生长快、形质好、抗性强的树木上采种。还要避免集中在几株树上采种,因为用这样的种子育成的苗木,栽培在一起容易自花授粉、影响结实和后代品质。

2. 选多种立地条件做试验

在同一地区,要选择不同立地条件做试验。不同的坡度、坡向、地形等会造成温度、湿度、水分、养分等方面的显著差异。

3. 结合有性杂交进行引种

当引种地区的生态条件不适于外来树种生长时,常通过杂交改变种性,增强在新地区的适应能力。

4. 以种子作为引种材料

由种子繁殖的苗木,阶段发育年轻,对外界的环境条件适应性较强,所以引种一般多采用种子繁殖。但是,播种也并非唯一途径,有时采用插条或移植苗的方法,也可获得成功。

5. 采取适宜的栽培技术

根据引种树种的生物学特性,采取适宜的栽培技术措施,使之更易适应新的环境。主要有:种子处理、水肥管理、幼苗及幼树保护和接种菌根等措施。

四、杂交育种

杂交是指不同树种或同一树种不同品种或类型间的交配。杂交育种是通过杂交取得杂种,对杂种鉴定和选择,以获得优良品种的过程。

(一)杂交方式

1. 单杂交

指两个不同的树种、品种或类型进行交配,如尾叶桉×巨桉。单交时,两个亲本可以互为父母本。即 A×B 或 B×A,如果前者为正交,后者就称为反交。由于母本往往有较强的遗传优势,正交和反交的结果有时会有所不同,故研究时常常正交、反交都进行。

2. 三杂交

把单杂交所得的杂种第一代(F1)再与第三者杂交,称三杂交,即(A×B)×C。三杂交比单杂交可结合更多的特性。例如,椴杨×山杨的杂种生长不够好,杂种再与响叶杨或毛白杨杂交,其后代表现有明显改进,生长较快。

3. 双杂交

两个不同的单交种进行杂交,称双杂交,也就是(A×B)×(C×D)。

4. 回交

由单杂交获得的 F1,再与其亲本之一进行杂交,称为回交。采用回交时,应当在杂种第一代就进行回交。

5. 多父本混合授粉杂交

以多个父本的花粉混合,对一个母本进行授粉,即 A×(B+C+D+…)。

(二)亲本选择

杂交育种应在适宜的地区选择具有优良特性的植株作为亲本。杂交亲本选择应考虑以下原则。

1. 根据育种目标选择亲本

如育种目标是速生丰产,必须选择速生树种为亲本材料;如育种目标是抗病,则应选抗病树种为亲本材料。否则其杂种后代难以达到育种目标。

2. 亲本双方优缺点互补,优良性状突出

选择亲本的双方应优点多,缺点少,优缺点能够相互补充,这样较容易达到育种目标。如小叶杨×钻天杨,是一个可以具有小叶杨材质好,又具有钻天杨速生性的优良组合。如果两个亲本都不具备材质好或速生的特点,则很难指望出现材质好或速生的杂种。

3. 亲本的地理起源和生态适应性要有一定差异

亲本的生态性不相同,后代的适应范围就较广,从中可能挑选出适应当地生长期的后代。杨树育种经验表明,用两个高纬度起源的种在中纬度不能育出生长期长的速生类型;两个低纬度起源的种在中纬度不能育出适时封顶木质化的类型;用一个低纬度的种与一个高纬度的种杂交,在中纬度可能形成最适应的速生类型。另外,同纬度不同经度的种杂交,往往容易得到较好的生态适应性。河南省在泡桐杂交中观察到,利用南方地区的白花泡桐、台湾泡桐和北方地区的兰考泡桐、毛泡桐杂交,杂种有较明显的生长优势和广泛的适应能力。

4. 根据亲本性状遗传力大小进行选配

分析已知各树种重要性状遗传规律,将会有助于有目的的选配亲本组合。例如,小叶杨具有抗旱性和抗寒性,箭杆杨、钻天杨窄冠性的遗传力较强,在培育抗寒、耐旱、窄冠品种时,可考虑采用它们作为亲本。

5. 考虑正反交中杂交可配性和性状遗传表现的差异

在有些远缘杂交试验中,正交与反交的可配性不同,为取得杂种,要正确选择父本和母本。一般认为,合子的细胞质主要来自母本,杂种中母本性状占优势。

（三）控制授粉技术

树木的人工杂交通过控制授粉来完成。首先要了解树种的开花结实习性,如树种的始花树龄、花期、花器构造、传粉方式、生殖周期等。

根据树种开花至结实的时间长短、种子大小的不同,控制授粉可以在树上进行或在室内培养花枝的基础上进行。树上杂交适宜于松、杉、柏等开花结实过程长的树种。室内花枝培养的控制授粉适宜于种子小而成熟期短的树种,如杨、柳、榆等。室内花枝培养控制授粉与树上控制授粉相比,增加了花枝采集、修剪、土培或水培的管理内容。

主要技术环节和步骤有:去雄、隔离、标记、授粉、去袋和采摘。

任务 2 林木良种繁育基地建设与管理技术

【任务分析】

（1）健全林木种子生产供应体系。努力构建以国家重点林木良种基地为骨干、以省级重点林木良种基地为基础的林木良种生产供应体系。国家和省级重点林木良种基地生产的林木良种,由省林木种苗管理机构统一组织采收、加工、储藏、调剂使用。

（2）完善苗木生产供应体系。要创新体制机制,吸引社会资本,盘活资产,逐步建成种苗生产的龙头基地。以油茶、杨树定点育苗为突破口,建立一批保障性调控苗圃,全面推行主要造林树种、珍贵乡土树种及生态林苗木基地化育苗、标准化生产、规范化管理。

（3）加强重点林木良种基地建设和管理。国家重点林木良种基地要做到高起点建设、精细化管理、标准化生产。省级重点林木良种基地要努力提高产量和良种繁育水平,争取早日戴上"国字号"桂冠。

（4）组织好林木种苗项目建设。强化现有林木种苗项目的检查、验收和监督。组织好林木种苗工程和优质林木良种繁育推广项目的储备、筛选和立项,按照择优、扶强的原则,合理布局林木种苗项目,重点加强种苗管理机构能力、重点林木良种基地、林木种质资源收集保存库建设和优质林木良种繁育推广工作。

【预备知识】

一、母树林

母树林是遗传品质得到一定改良的采种林分,是在天然林或人工林优良林分的基础上,经过留优去劣的疏伐改造,为生产遗传品质较好的林木种子而建立的。

母树林是提供造林用种的重要途径之一,在保存遗传资源方面具有重大价值。利用现有的天然林或人工林改建母树林,具有技术简单、成本低、见效快的优点。

(一)母树林的选择

1. 立地选择

气候、土壤等生态条件应与造林地相近。母树林要建立在土壤肥力较高且光照充足的地段。因此,要选择山坡中下部、地形开阔、背风向阳的阳坡或半阳坡。

2. 林分选择

林分年龄:母树林应选择中龄林或近熟林。人工林改建母树林,可选择幼龄林,以便培育低矮、冠大的树形。

林分郁闭度:以 0.5～0.7 为宜。

林分起源:选用实生林为好,插条林次之。萌芽林或起源混杂的林分不宜选用。

林分组成:以单纯林为好。若为混交林,则母树树种不得少于 50%,非目的树种最好一次伐完。

母树林面积:不得小于 3.3 公顷,最好在 6.7 公顷以上。

(二)母树林的建立

1. 踏查

在本地区范围内,根据母树林选择的条件,全面踏查,用目测法初选出母树林候选林分,并编号登记,记载其所在位置、海拔、起源、组成、林龄、郁闭度及土壤、植被等情况。

2. 实测

设置标准地进行每木调查,标准地面积应占母树林面积的 1%～2%,实测株数不得少于200 株。现场评定每株母树等级,确定砍或留。对保留母树要在树干离地面 1.5 m 处涂白漆,并填写母树林调查表(表 1.1)。

表 1.1　母树林每木调查表

树种：　　　　　　　　　　　林龄：　　　　　　　　　　　编号：

| 株号 | 胸径（cm） | 树高（m） | 枝下高（m） | 生长势 | 结实等级 | 冠　幅（m） | | | | | 干形 | 树皮特征 | 健康状况 | 母树等级 | 砍或留 | 备注 |
						东	西	南	北	平均						
1																
2																
3																
…																

说明：① 生长势分旺盛、一般、缓慢。② 结实等级分多、少、无。③ 干形分通直、中等、弯曲。④ 树皮特征分薄、中、厚。⑤ 健康状况分健康、一般、不良。⑥ 母树等级分优良、中等、劣等。优良母树：生长迅速，树体高大，单株材积大于林分平均木 15％以上，树干通直圆满，枝条细，主干不开叉，无病虫害的树木。劣等母树：胸径、树高、材积生长显著低于林分平均木，生长衰退，树干弯曲，尖削度大，冠形不整齐，侧枝粗大、枯梢、双叉或病虫害。中等母树：生长中等，介于两者之间的树木。

3．选定

按标准地每木调查数据推算，一般优良母树在林分中的比例大于 20％，劣等母树的比例小于 30％的林分可以选为母树林。

母树林选定后，填写母树林登记表（表 1.2），并编写母树林施工计划，其中包括边界、平面图、母树林面积、林道、防火线、花粉隔离带及疏伐管理措施等。

表 1.2　母树林登记表

树种：＿＿＿＿＿＿＿＿＿＿　　　　　　　　编号：＿＿＿＿＿＿＿＿＿

1．地址＿＿＿＿＿＿省＿＿＿＿＿＿县（市、区）＿＿＿＿＿＿镇＿＿＿＿＿＿林场＿＿＿＿＿＿工区

2．林班号＿＿＿＿＿＿＿＿＿＿小班号＿＿＿＿＿＿＿＿＿＿界址＿＿＿＿＿＿＿＿＿＿

3．海拔高＿＿＿＿＿＿＿＿坡向＿＿＿＿＿＿＿＿坡位＿＿＿＿＿＿＿＿坡度＿＿＿＿＿＿＿＿

4．植被＿＿＿＿＿＿＿＿＿＿＿＿＿＿＿＿＿＿＿＿＿＿＿＿＿＿＿＿＿＿＿＿＿＿＿＿＿＿

5．土壤＿＿＿＿＿＿＿＿＿＿＿＿＿＿＿＿＿＿＿＿＿＿＿＿＿＿＿＿＿＿＿＿＿＿＿＿＿＿

6．起源＿＿＿＿＿＿＿＿＿＿组成＿＿＿＿＿＿＿＿＿＿＿林龄＿＿＿＿＿＿＿＿＿＿

7．林分平均胸径＿＿＿＿＿＿＿＿＿＿cm，平均树高＿＿＿＿＿＿＿＿＿＿m

8．平均枝下高＿＿＿＿＿＿＿＿＿m，平均冠幅＿＿＿＿＿＿＿＿＿m

9．郁闭度＿＿＿＿＿＿＿＿＿密度＿＿＿＿＿＿＿＿＿株/hm²

10．健康状况＿＿＿＿＿＿＿＿＿＿＿＿＿＿＿＿＿＿＿＿＿＿＿＿＿＿＿＿＿＿＿

（三）母树林的经营管理

1．疏伐

疏伐的原则是存优去劣，兼顾距离，尽量使保留木分布均匀，树间有一定间隔。疏伐后要及时清理现场，保护保留木。

疏伐要分 2～3 次进行，间隔年限视林分发育而定。首次疏伐应伐除非目的树种、劣树及部分形质不良的中等木。雌雄异株的树种要注意林分内雌雄株的比例及分布均匀。

2．管理

适时松土除草，注意加强肥水管理、病虫害防治及护林防火，同时应做好母树林的后代

测定。母树林建立后,要按良种基地建设的要求建立技术档案。

二、种子园

种子园是用优树或优良无性系的穗条,或用优良种子培育的苗木为材料,按合理方式配置,生产具有优良遗传品质的种子。建立种子园可使林木现有优良特性得以保存,为林业生产提供品质优良的林木种子。

(一)无性系种子园

无性系种子园是指以优树或优良无性系个体作材料,通过嫁接或扦插建立起来的种子园。分为初级无性系种子园、第一代无性系种子园和第二代无性系种子园三种。

1. 种子园的区划

(1)实测种子园的面积,绘出平面图和地形图,确定周围界址。

(2)根据地形地势、土壤、建园目的要求,将种子园区划为若干大区和小区,小区面积根据株行距及无性系个数等确定。例如:一个小区有 10 个无性系,株行距为 5 m×5 m,则小区面积为 2500 m²,栽 100 株。小区尽量划成正方形或长方形。

(3)大区间设主道,小区间设便道,以便于观测、管理、采种和运输。

(4)每个大区或小区内,另辟约 5%面积的预备区,栽植一些嫁接苗及砧木苗,以供缺株时补植用。

(5)设置隔离带、防护林。

2. 嫁接苗的准备

(1)培育砧木。以本砧亲和力最强,1~2 年生为宜。

(2)采穗时间。夏秋芽接用当年新枝,随采随接;春季枝接或芽接则在休眠期采穗,在低温湿润处贮藏到翌春用。所采穗条要按优树单株分别编号捆扎。若远途运输,要严加保护。

(3)嫁接。嫁接时要特别注意防止各无性系混淆,绘制种子园无性系分布图。

3. 无性系配置

种子园的无性系一般以 50~100 个为宜,不得少于 30 个,每小区应有 15 个以上。无性系配置有以下要求:① 同一无性系或家系个体彼此不要靠近,并力求分布均匀,经疏伐后仍分布均匀。② 避免各小区无性系或家系的固定搭配。③ 使无性系在各个方向可以用同一基本序列重复外延,不受面积和形状限制。

无性系配置通常采用错位排列法,如一个小区有 10 个无性系,每个无性系栽 10 株,则可排列成如表 1.3 所示。

表 1.3 错位排列法

行＼列	无性系									
	1	2	3	4	5	6	7	8	9	10
1	1	2	3	4	5	6	7	8	9	10
2	3	4	5	6	7	8	9	10	1	2
3	5	6	7	8	9	10	1	2	3	4
4	7	8	9	10	1	2	3	4	5	6
5	9	10	1	2	3	4	5	6	7	8
6	2	3	4	5	6	7	8	9	10	1
7	4	5	6	7	8	9	10	1	2	3
8	6	7	8	9	10	1	2	3	4	5
9	8	9	10	1	2	3	4	5	6	7
10	10	1	2	3	4	5	6	7	8	9

（二）实生种子园

实生种子园是用优树的种子进行实生繁殖而建立起来的种子园。它适用于无性繁殖困难及开花结实早的树种。

1. 营建形式

（1）改建。结合优树后代测定和种源试验进行。

（2）新建。选择优势苗木造林。从优树自由授粉种子（半同胞）所培育的苗木中选择优势苗木造林；或从优树控制授粉种子（全同胞）分家系培育的苗木中，选择优良家系的优势苗木造林。

2. 家系排列

当选用优树后代苗木建立实生种子园时，家系数以 100～200 个为宜，不宜少于 60 个；同一家系的苗木之间应彼此隔开。排列方法原则上与无性系排列法相同。

3. 栽植方法

分单植、丛植、行植 3 种。丛植是每个栽植点栽 3～5 株，以后留优去劣，保留 1 株；行植是行距大株距小，以后在行内按表型进行疏伐。

4. 间伐筛选

间伐方法与母树林相同。在间伐筛选中应注意以下几点：① 筛选要根据后代测定来确定，如有不良家系，可以淘汰。② 家系内也要间伐筛选，淘汰不良植株。

（三）种子园的经营管理

（1）补植。凡出现死株应及时按无性系号或优树号补植。

（2）剪砧。无性系嫁接种子园要对植株逐年剪砧。

（3）土壤管理。包括松土、除草、间作、施肥、灌溉等。

（4）树体管理。修枝整形，控制树高。

（5）花粉管理。一般在优树搜集区或种子园内采集优良无性系的花粉进行人工辅助授粉。若为虫媒花树种，应注意传粉昆虫的保护或放养。

（6）疏伐和保护。根据子代测定资料及无性系表型鉴定材料，适当进行疏伐。注意病虫害防治、护林防火、防止人畜破坏等。

种子园建立后要建立技术档案，主要内容有：规划设计说明书及种子园区划图、种子园无性系（或家系）配置图、种子园优树登记表、种子园建立情况登记表、种子园经营活动登记表等。

三、采穗圃

采穗圃是以优树或优良无性系作材料，生产遗传品质优良的枝条、接穗和根段的林木良种繁殖圃。在无性系育种成果的应用中，建立纯系采穗圃具有重要意义。

采穗圃根据无性系测定与否，可分为初级采穗圃和高级采穗圃两种。初级采穗圃是用从未经测定的优树上采集下来的材料建立起来的，其任务只是提供建立一代无性系种子园、无性系测定和资源保存所需要的枝条、接穗和根段。高级采穗圃是用从经过测定的优良无性系、人工杂交选育定型树或优良品种上采集的营养繁殖材料建立起来的，其任务是为建立一代改良无性系种子园或优良无性系、品种的推广提供枝条、接穗和根段。

（一）采穗圃的建立

在最佳种源地区内，选择土层深厚、土壤肥沃、灌溉方便的地方建采穗圃，一般多设置在固定苗圃里。采穗圃的面积没有特殊要求，依需要和圃地条件而定。在配置时，以提供接穗为目的的采穗圃，通常培育成乔林式，株行距为 4～6 m；以提供枝条和根为目的的采穗圃，通常培育成灌丛式，株行距为 0.5～1.5 m。更新周期一般为 3～5 年。更新时应挖除根桩，增施基肥，重新定植。有条件时最好换茬，尤其是根蘖性强的树种，否则易导致材料混淆。

采穗圃营建技术的中心环节是对采穗树进行整形和修剪。树种不同常采用不同的措施。

（二）采穗圃的经营管理

1. 土壤管理
采穗圃的土壤管理，对提高穗条的质量有直接关系。采穗圃应注意及时松土除草，也可在行间种植绿肥等。

2. 水肥管理
采穗圃在大量采集穗条时，每年要消耗大量的养分，为了保证穗条的产量和质量，合理施肥是关键性措施。除草后要结合松土增施肥料，生长季节要适时追肥。土壤干旱时要适时灌溉，以利于种条的丰产和种条质量的提高。雨水过多时要及时排水。

3. 防治病虫害
要严密注意采穗圃内虫情、病情，如果发现病虫害要及时防治。对感染的枯枝残叶要及时深埋或烧掉。

任务 3 种实的采集

【任务分析】

树木的种实是苗圃经营中最基本的生产资料。优良的种实为培育优良苗木提供了前提和保证,为了获得优良充足的种实,必须掌握树木的结实规律,科学合理地进行种子采集、调制、贮藏和品质检验。树木包括乔木和灌木,都是多年生、多次结实的植物(竹类除外),实生的树木一生要经历种子(胚胎)、幼年、青年、成年和老年五个时期,而其开花结实则需要生长发育到一定的年龄阶段才能开始进行。对不同树种而言,每个时期开始的早晚和延续的时间长短都不同。即使是同一树种在不同的环境条件影响下,其各个时期也有一定的延长和缩短。由此可见,树木开始结实的年龄,除了受年龄阶段的制约外,还取决于树木的生物学特性和环境条件。

不同的树种,由于生长、发育的快慢不同,开始结实的年龄也不同。一般喜光的、速生的树种发育快,开始结实的年龄也小;反之,耐荫、生长速度慢的树种开始结实的年龄较大。乔木与灌木相比,乔木开始结实的年龄大,灌木开始结实的年龄小,如紫穗槐、胡枝子 2～3 年就可以开花结实。

【预备知识】

一、树木结实的一般规律

(一)树木结实的年龄

树木包括乔木、灌木。除竹子外的乔木和灌木,均为多年生多次结实的木本植物,一旦进入开花结实期,将每年或隔几年开花结实,多次开花结实后才逐渐转入衰老阶段。

树木从种子萌发,生长发育,直至死亡,要经历四个年龄时期,即幼年时期、青年时期、成年时期、老年时期。不同的树种,各时期开始的早晚和延续时间长短不一样。同一树种在不同外界环境条件影响下,每个年龄时期也有一定差异。

1. 幼年时期

从种子发芽开始,到植株第一次开花结实为止。这一时期树木有较大的可塑性,对外界环境条件适应能力强,迅速地进行营养器官的生长,在树木群落中有较强的竞争能力,这是个体生长发育的重要时期。幼年期的长短因树种的生物学特性和环境条件而异。

许多灌木树种 2 年就能开花结实,乔木树种一般结实较晚。速生喜光的树种幼年期较短,如马尾松 5～6 年开花结实;而慢生耐荫的树种幼年期较长,如银杏需 20 年左右。在亚热带生长的树种,5～10 年就能结实,而温带地区树种则要 15～20 年。实践证明,改善环境条件,可以缩短幼年期。

当树木生长到一定年龄,营养物质积累到一定水平,细胞液的浓度达到相当高的程度时,由于内含激素的诱导和外界条件的作用,顶端分生组织就向成花方向发展,开始形成花原基,再逐渐形成花芽,说明树木已进入"性成熟"阶段。第一次开花后,树木年复一年地进行着"芽开放、营养生长、开花结实、新芽形成、休眠"的年周期,在整个生命过程中有多次结实的能力,每年花芽分化的数量和质量与种子的产量都有密切的关系。

2. 青年时期

从第一次开花结实起,到开始大量开花结实止,历时 3～5 年。青年期的树木已形成树冠,继续进行旺盛的营养生长。青年期种子的可塑性强,对环境条件的适应能力强。但种子产量较少,空粒多,发芽率低,故一般不从青年期的母树上采种。

3. 成年时期

从青年期结束起,到结实能力开始显著下降止。树木在这一时期生长较稳定,但逐渐丧失了可塑性,对不良环境的抗性强。树木生长旺盛,对光的要求增多,结实量逐渐增加,以至达到结实的最高峰。这一时期较长,有的树种可达几十年。成年期是树木结实旺盛期,种子产量高、质量好,是采种的重要时期。

4. 老年时期

从结实能力明显下降时起,到植株死亡止。树木到了老年期,可塑性完全消失,生理活动减弱,生长极为缓慢,枝梢开始枯死,易遭病虫害。老年期树木结实量大幅度减少,种子的播种质量差,在良种生产上已无价值。

（二）树木结实的间隔期

进入结实阶段的树木,每年结实的数量有差异。灌木树种大部分年年开花结实,而且每年结实量相差不大;乔木树种则有的年份结实量多(称丰年、大年、种子年),有的年份结实很少或不结实(称歉年、小年)。树木结实的间隔期是指相邻两个丰年间隔的年限。

树木结实丰歉现象因树种特性和环境条件不同而有很大差异。树木花芽的形成主要取决于营养条件,大量结实消耗了大量的营养,树势减弱。树种和环境条件不同,树势恢复情况不同,间隔期的长短也不相同,树木补充这些营养所需的时间越长,间隔期就越长。杨、柳、桉等树种的种子形成时间短,种粒小,营养物质消耗少,每年种子产量比较均衡。落叶松、马尾松、云杉等种子形成时间长的树种及种粒大的栎类,则有明显的结实间隔期。气候条件好,土壤肥沃,阳光充足,结实间隔期就短。不良的环境条件,特别是遇到灾害性环境因子,如风、霜、冰雹、冻害、病虫害等,常导致出现或延长结实间隔期。不合理的采种方法,严重损伤母树,也会延长间隔期。

树木结实的丰歉现象主要是营养不足和某些不良环境因子综合影响的结果。在丰年,树木光合作用的产物大部分为种子发育所消耗,养分运送到根部很少,从而抑制了根系的代谢和吸收功能,反过来又影响树木枝梢生长和叶的光合作用,造成在花芽分化的关键时期营养不良,从而导致丰年花芽分化量少,翌年就出现歉年。不良环境因子不仅影响树木的光合作用,而且会直接造成落花落果,导致歉年。

与歉年相比,丰年不仅结实量多,而且种子品质好,发芽率高,幼苗的生活力强。生产上应尽量采收丰年的种子用于育苗,同时进行适量贮备,以补歉年之不足。

结实间隔期并不是树木固有的特性,也不是必然规律,可以通过加强抚育管理,改善营养、水分、光照等环境条件,克服病虫害等自然灾害,协调树木的营养生长和开花结实的关系,消除或减轻丰歉年现象,获得种子的高产稳产。

（三）影响树木开花结实的因子

树木开花结实，从花芽分化、开花、授粉、受精到种子形成的整个发育过程中，常受各种内在和外在因子影响。当某一环节受阻时，必然会影响种子的形成。影响树木结实的因子有很多，主要有以下四个方面。

1. 树种特性

（1）开花习性。树木有雌雄同株、雌雄异株之别，雌雄同株树种还有雌雄异花或异熟现象。由于传粉条件不同，结实质量也不同。

从系统发育看，异花授粉优于自花授粉。异花授粉使遗传基因重新排列组合而产生新的生命力强的子代。而自花授粉的子代生命力较弱，如欧洲赤松由于自花授粉造成子代退化，种子发芽率低，树木生长矮小畸形。因此，雌雄同株或两性花的树种，为了获得生命力强的种子，应到树林中去采种，不采孤立木的种子。有些雌雄异花的树种，如松树，雌花着生在树冠顶部，而雄花生长在树冠中下部，有利于异花授粉，果实大而重，种子品质好。有的树种，如桦木，雌花生长在树冠中下部或内部，果实质量差或不结实。雌雄花异熟的树种虽有利于异花授粉，但往往授粉不良，导致减产。如薄壳山核桃在南京5月上旬至6月上旬都有花开，但每一单株的花期只有4～5天，且多数雄花先开，雄花散粉完毕后雌花还未呈现可孕状态，故授粉困难。雪松的雄花比雌花早一个半月左右开花，花期不遇，而且雌花生于树冠上中部，雄花生于中下部，花粉粒又大又重，飞翔力低，授粉困难。雌雄异株的树木和雌雄同株的树木，如香榧、银杏、毛白杨等，如果两性花的比例失调或分布不均，均影响授粉效果和果实的产量，必须有意识地配置花期相近的授粉树或进行人工辅助授粉，才能丰产。

（2）开花结实的时间。大多数树种春季开花，果实当年秋季成熟，如落叶松、侧柏等；有的春季开花，夏季果实成熟，如杨树、柳树、榆树；还有的开花授粉后，需两年果实才能成熟，如红松、樟子松、油松等。树木从开花到果实成熟的过程中，往往受风、霜、冰雹、冻害、干旱、炎热等自然因子影响。凡是成熟期短的，受害的可能性小；反之，受害的可能性大。

2. 气候条件

（1）温度。温度对花芽分化及幼果发育有较大影响。气温较高的年份，母树营养条件好，碳水化合物和蛋白质的合成作用旺盛，细胞液浓度高，有利于形成花芽，可望丰收。若遇春寒霜冻，易使子房和花粉受伤，花粉管发育停滞，使得传粉、授精困难，结实量减少。松类、杉类的小球在授粉前已膨大，鳞叶对胚珠的包被已不甚严密，对霜冻最敏感，如受冻常引起种子歉收。极端高温、干热、缺水会伤害花及幼果，造成落花落果，影响种子的产量。

（2）降水。花芽分化期降水过多，细胞液浓度低，影响花芽的形成。开花期间连续下雨，空气湿度过大，会影响花药开裂或开裂后不散粉，影响传粉。大雨和冰雹还会摧毁花果。这些都影响种子的产量。

晴朗而较干旱的天气，可使树木枝叶的细胞液浓度增高，有利于花芽的形成和分化。故在花芽分化期必须控制水分的供给量。

（3）光照。光照是树木合成物质的基本条件，对花芽的分化有很大的影响。在有高大建筑物遮光或树木拥挤的地方，光照不足，降低了树木的光合作用效率和树体的营养水平，导致花芽分化不良。反之，阳光充足，树木的光能利用率高，光合作用的产物积累较多，进入正常结实的年龄较早，而且产量高、质量好。

光照强度影响花性及种子质量。果实大小和种子的重量，随母树得到的光照条件及营养状况的变化而变化。同一株树木,树冠上、中部及向阳面雌花数量多,果实着生多,种粒大而重,发芽率高。

光周期(即昼夜长短)也影响树木开花。北方树木向南方移栽或南方树木向北方移栽,超出一定的范围,即使树木能正常生长,也不能开花结实。

(4) 风。微风有利于授粉,大风则会吹掉花朵和幼果,影响树木结实。

3. 土壤条件

土壤供给植物所必需的养分和水分。一般情况下生长在深厚、肥沃、湿润土壤上的植物生长发育好,结实多,种子质量好。从开花到种子成熟的任何时期缺水缺肥,都会造成种子减产或品质下降。通过施肥可以提高种子的产量和质量。一般在花芽分化前应适当施氮肥;在花芽分化期和开花结实期应适当增施磷肥、钾肥,适当控制氮肥的施用量。

4. 生物因子

昆虫、病菌、鸟兽、鼠类对植物结实也有影响。昆虫可帮助虫媒花植物授粉,但各种食叶、食果、蛀干害虫和病菌、鸟兽、鼠类等的危害,常使种子减产,品质下降,甚至得不到种子。

二、树木种实的采集

为了取得大量品质优良的种子,不仅要建立良种生产基地,管理好采种母树,而且必须了解种子的成熟期和种子脱落的规律,才能做到适时采种,获得大量优良种子。过早采集,则种子未成熟;延期采种,则种子已脱落、飞散或遭受各种鸟兽的危害,大大降低种子的产量和质量。

(一) 种实成熟的特征

1. 种实的成熟

种实的成熟是受精卵细胞发育成完整种胚的过程。在这个过程中,受精卵细胞逐渐发育成具有胚根、胚轴、胚芽、子叶的完整种胚,同时伴随着营养物质的不断积累和含水量的不断下降。种子成熟包括生理成熟和形态成熟两个过程。

(1) 生理成熟。当种子内部营养物质积累到一定程度,种胚具有发芽能力时,即达到生理成熟。这时种子含水量高,内部的营养物质还处于易溶状态,生理活性强,种皮不致密,种子不饱满。这种种子采后不易贮存,易丧失发芽能力。但长期休眠的种子,如椴树、水曲柳、圆柏等,用生理成熟的种子播种能缩短休眠期,提高发芽率。

(2) 形态成熟。当种子内部生物化学变化基本结束,营养物质积累已经停止,种实的外部呈现出成熟的特征时,即达到形态成熟。这时种子含水量降低,酶的活性减弱,营养物质转为难溶状态的脂肪、蛋白质、淀粉,种皮坚硬、致密,种粒饱满,耐贮藏。

(3) 生理后熟。多数树种是在生理成熟之后进入形态成熟。但也有少数树种,如银杏、桂花、假槟榔、白蜡等,虽在形态上已表现出成熟的特征,但种胚还未发育完全,仍需经一段时间生长发育才具有发芽能力,这种现象称为生理后熟。

2. 种实成熟的特征

种实形态成熟后在颜色、气味和果皮方面表现出相应的特征。各个树种的果实达到形态成熟时,表现出各自不同的特征。根据其相似性,人们将其归纳为三类。

(1) 球果类。果鳞干燥硬化,由青绿色变为黄色或黄褐色。如杉木、湿地松由青绿色变为黄色;马尾松、侧柏、云杉变为黄褐色(图 1.1)。

图 1.1　球果(书后附有彩图)

(2)干果类。果皮干燥硬化(紧缩或开裂),由绿色转为黄色、褐色乃至紫黑色。其中蒴果、荚果的果皮干燥后沿缝线开裂,如乌桕、香椿、泡桐等;皂角等树种果皮上出现白霜。坚果类的栎属树种壳斗呈灰褐色,果皮淡褐色至棕褐色,有光泽(图 1.2)。

图 1.2　干果(书后附有彩图)

(3)肉质果类。果肉软化,颜色由绿色转为黄色、红色、紫色等。如冬青、火棘、南天竹、珊瑚树多变为朱红色,桂花、樟树、女贞、黄波罗等由绿色变为紫黑色,圆柏呈紫色,银杏、山杏呈黄色。肉质果幼果多为绿色,成熟后果实变软、有香味和甜味,色泽鲜艳,酸味及涩味消失(图 1.3)。

图 1.3　肉质果(书后附有彩图)

3．种实的成熟期

树木种实的成熟期因树种的生物学特性和生长的地理位置及立地条件而异。

树种不同，成熟期不同。如杨、柳等在春末成熟，桑、杏、桉树等在夏季成熟，云杉、冷杉、杉木、松树等在秋季成熟，苦楝、女贞、樟树、楠木等在冬季成熟。

同一树种因生长地区的地理位置不同，种子的成熟期也有差别。杉木、马尾松等树种，在南宁比在柳州种子成熟约早半个月，在柳州又比在桂林种子成熟约早半个月。

生长在同一地区的同一树种，因所处地形地势及环境条件不同，成熟期也不同。如生长在阳坡或低海拔地区，则成熟期较早；生长在阴坡或高海拔地区，则成熟期较迟。不同年份，由于天气状况不同，种子成熟期也有差别。一般气温高、降水少的年份，种子成熟较早，反之则较迟。土壤条件亦影响成熟期的早晚，如生长在沙土和沙质壤土上的树木比生长在黏重和潮湿土壤上的树木种子成熟早。同一树种林缘木、孤立木比密林内的种子成熟早；甚至在同一株树上，树冠上部和向阳面的种子比下部和阴面的种子成熟早。

此外，人类的经营活动也会提早或推迟成熟期，如合理施肥浇水，改善光照条件，能提早成熟期。

（二）采种期与采种方法

大多数树种种子成熟后逐渐从树上脱落。由于树种不同，种实脱落的方式和脱落期的长短也不同。

确定采种期和采种方法不仅要掌握成熟期，而且要考虑种粒大小和脱落特点。种子一般在形态成熟后采集，综合考虑各种因素，通常有以下三种情况。

1．立即采集

成熟后需立即采种的有两种情况。一是种粒小和易随风飞散的种子。如杨树、柳树、泡桐、木荷、木麻黄等成熟期与脱落期很相近，种子脱落后不易收集，应在成熟后脱落前立即采种。二是色泽鲜艳，易招引鸟类啄食的果实。如樟树、楠木、女贞等种子的脱落期虽较长，但因成熟的果实易招引鸟类啄食，应在形态成熟后及时从树上采种，不宜拖延。

立即采集的种子一般用高枝剪、采种钩、采种镰、采种梳等工具从树上采摘。树木较矮小，种子容易振落的，用摇落法采种。采种时用采种网或采种帆布等承接种子。

2．推迟采集

成熟后需推迟采种的也有两种情况。一是大粒种子，如栎类等，一般在果实脱落后，及时从地面上收集，也可从树上采摘或敲落。二是成熟后挂果期较长，鸟类不喜食的种实。如苦楝、槐树、马尾松等，可过些时日再从树上采摘。

3．提前采集

形态成熟后长期休眠的种子，为缩短休眠期，提高种子发芽率，可在生理成熟后、形态成熟前采种，采后立即播种或层积处理。

采种方法有采摘法、摇落法和地面收集法（图1.4）。此外，竹子等可伐木采集，长在池塘边、种子又轻的可水面收集。

采种应注意以下事项：

（1）做好保护措施，确保安全。

（2）保护母树，减少对树木的损伤。

（3）选择适宜的采种天气。一般选择无风的晴天采种，种子容易干燥，调制方便，作业

图 1.4 采种方法

也安全。伐木采种应趁早晨有露水时采集,以防种子散落。

（4）做好登记,分清种源,防止混杂。采集的种子应分批登记（表 1.4）,分别包装。并在包装容器内外挂放标签。

表 1.4 林木采种登记表

种子区、亚区＿＿＿＿＿＿＿＿＿   采种林类别＿＿＿＿＿＿＿＿＿   种批号＿＿＿＿＿＿＿＿＿
（种子区、亚区供有种子区划的树种填）

1. 采种单位名称＿＿＿＿＿＿＿＿＿＿＿＿＿＿＿＿＿＿＿＿＿＿＿＿＿＿＿＿＿＿＿＿＿＿＿＿＿＿

2. 采种现场负责人＿＿＿＿＿＿＿＿＿＿＿＿＿＿＿＿＿＿＿＿＿＿＿＿＿＿＿＿＿＿＿＿＿＿＿＿＿

3. 采种地点(县、乡、镇地名)＿＿＿＿＿＿＿＿＿＿＿＿＿＿＿＿＿＿＿＿＿＿＿＿＿＿＿＿＿＿＿

4. 采种地点的经度＿＿＿＿＿＿＿＿＿＿＿＿,纬度＿＿＿＿＿＿＿＿＿＿＿＿,海拔＿＿＿＿＿＿＿＿＿m

5. 树种(中文及学名)＿＿＿＿＿＿＿＿＿＿＿＿＿＿＿＿＿＿＿＿＿＿＿＿＿＿＿＿＿＿＿＿＿＿＿＿

6. 采种林分或采种单株状况＿＿＿＿＿＿＿＿＿＿＿＿＿＿＿＿＿＿＿＿＿＿＿＿＿＿＿＿＿＿＿＿＿

7. 林分或单株年龄:20 年以下   21～40 年生   41～60 年生   61～80 年生   80～100 年生   100 年以上

8. 供采种面积＿＿＿＿＿＿＿＿＿hm²,供采种株数＿＿＿＿＿＿＿＿＿＿株

9. 盛种容器共＿＿＿＿＿＿＿＿＿件,共重＿＿＿＿＿＿＿＿＿kg

10. 采种起止日期＿＿＿＿＿＿年＿＿＿＿月＿＿＿＿日至＿＿＿＿＿＿年＿＿＿＿月＿＿＿＿日

11. 采种方法＿＿

12. 发运时果实状况＿＿＿＿＿＿＿＿＿＿＿＿＿＿＿＿＿＿＿＿＿＿＿＿＿＿＿＿＿＿＿＿＿＿＿＿＿

13. 采集工作纪要＿＿＿＿＿＿＿＿＿＿＿＿＿＿＿＿＿＿＿＿＿＿＿＿＿＿＿＿＿＿＿＿＿＿＿＿＿＿

   采集现场负责人(签名)＿＿＿＿＿＿＿＿＿＿＿＿＿＿＿＿＿＿＿＿年＿＿＿＿月＿＿＿＿日

【任务实施】

一、目的要求

掌握当地主要林木种子采集方法和采种期。

二、材料和器具

修枝剪、采种镰、采种钩、采种叉、竹竿、高枝剪、单梯、绳套、球果采摘器、震动式采种机、安全带、采种用塑料布或帆布、采种用布袋及盛种容器等。

三、方法步骤

1. 采摘法

适用于种子轻小、脱落后易飞散的树种及色泽鲜艳、易招引鸟类啄食的果实和需提前采集的种子。如杨、柳、桉、樟、楠、女贞、落叶松、樟子松、侧柏、水曲柳等。

（1）树干低矮者,可在地面上借助修枝剪、采种钩、采种镰等采摘。

（2）树干高大者,用绳套或单梯等上树采种。

2. 摇落法

适用于树木较矮小,种子容易振落的树种及树干较高大,果实单生,用采摘法有困难的树种。如红松、檫树、栎类、黄波罗、核桃楸等,可在种实成熟后脱落前用振荡树干或打击果枝的方法(有条件的可用振动式采收机)使种实落于铺在地面的塑料布或帆布上,便于收集。

3. 地面收集

适用于大粒种子,如栎类、核桃等。在开始有种子掉落时铺上采种塑料布或帆布,种子掉落后分批收集。

4. 注意事项

（1）采种应尽量选择优良母树。

（2）根据种实是否表现成熟特征确定采种期,切忌采集未成熟果实。

（3）上树采种必须佩带安全带,注意安全。

（4）采种时要注意保护母树,不允许折取大枝,需带小枝采集者,小枝直径不能超过1 cm。

（5）种实应按树种及采种林分分别盛装,并详细填写种子登记表。

四、实习报告

列表简述当地主要林木种子成熟特征、采种期和采种方法。

任务 4 种子的调制

【任务分析】

种子调制的目的是为了获得纯净的,适于运输、贮藏或播种用的优良种子。种实采集后,要尽快调制,以免发热、发霉而降低种子的品质。种子调制工作的内容包括:脱粒、净种、干燥及分级等。

（1）自然干燥法晾晒球果时，要经常翻动果实，阴雨天和夜晚要堆积盖好。

（2）肉质果取种时，不能使果实堆沤过久，要经常翻动或换水，以免影响种子品质。

（3）种子取出后，要根据需要进行适度晾晒，以免久晒使种仁干缩而失去发芽力或未晾晒致发霉。

（4）水选时要注意，油脂含量高的种子不宜水选。经水选后的种子不宜曝晒，只宜阴干。水选的时间不宜过长，以免上浮的夹什物、空粒吸水后慢慢下沉。

【预备知识】

一、脱粒与干燥

用什么方法脱粒与干燥，取决于种子的安全含水量。安全含水量高的用阴干法，安全含水量低的可日晒，也可阴干。

（一）球果类的脱粒与干燥

球果类的脱粒是从球果中取出种子。在自然条件下，成熟的球果渐渐失去水分，果鳞反卷开裂，种子脱出。因此，要从球果中取种，关键是使果鳞干燥开裂。

球果类种子安全含水量低，用自然干燥法或人工加热干燥法。种子脱出后用日晒法或阴干法干燥，降低含水量，以利贮藏。

自然干燥法是将球果放在日光下曝晒或放在干燥通风的室内阴干，从而使种子脱出的方法。如侧柏、福建柏、杉木、湿地松和云杉的球果，曝晒3～10天，球果鳞片开裂后，翻动球果或轻轻敲打，种子即可脱出。马尾松的球果含松脂较多，不易开裂，可用沤晒法脱粒。堆沤时用2%～3%的石灰水或草木灰水浇淋球果，堆沤约10天，再用日晒处理。

应用自然干燥法必须随脱粒随收取种子。此法经济易行，不会因温度的高低而降低种子质量，但常受天气变化的影响，干燥速度较慢。

脱落后，带翅的种子还应去翅。手工去翅是将种子放在麻袋里揉搓，或将种子放在筛内搓。用去翅机去翅，工效较高。比较简单的去翅机是由铁丝网制成的滚筒，筒内设转动的棕刷，种子从盛种器落到滚筒中，当棕刷转动时摩擦种子而去翅。

（二）干果类的脱粒与干燥

干果的种类较多，脱粒的方法因安全含水量的高低和种粒大小不同而异。安全含水量高和种粒极小的种子用阴干法；安全含水量低的非极小粒种子可直接在阳光下晒干，也可阴干。

1. 阴干法

即将果实放在干燥通风的室内阴干，使种子脱出的方法。阴干法适用于坚果类、蓇葖果类、安全含水量高的蒴果及种粒极小的种子。如柳树、油茶、板栗等，一般不能曝晒，应放入室内风干3～5天，当多数蒴果开裂后，翻动果实或轻轻敲打脱粒。

2. 日晒法

即将果实放在阳光下晒干，使种子脱出的方法。日晒法适用于翅果类（杜仲除外）、荚果类和安全含水量低、种粒不是很小的蒴果。如紫薇、木槿、相思树、喜树等，直接摊开曝晒3～5天，翻动果实或轻轻敲打脱粒。

（三）肉质果类的脱粒与干燥

肉质果类包括核果、仁果、浆果、聚合果等,含有较多的果胶及糖类,容易腐烂,采集后必须及时处理,否则会降低种子的品质。

肉质果类可采用堆沤搓洗法或水浸搓洗法脱粒,脱粒后采用阴干法干燥。

1. 堆沤搓洗法

将果实堆沤数日,待果肉软化后揉搓掉果肉,放入水中漂洗干净,然后放在通风干燥的室内将种子阴干。

2. 水浸搓洗法

将果实水浸数日,待果肉软化后揉搓掉果肉,再放入水中漂洗干净,然后放在通风干燥的室内将种子阴干。

有的果实收集回来后,果肉已软化,如桂花、罗汉松等,可直接揉搓掉果肉,放入水中漂洗干净,然后放在通风干燥的室内将种子阴干。对种粒小而果肉厚的果实,如山楂、海棠等,可将果实平摊在地面碾压(不宜摊的太薄,以防种子受伤),边压边翻,使果肉破碎,再放入水池中淘洗。洗净后取出种子晾干。

二、净种与分级

（一）净种

净种的目的是去掉种子中的混杂物,如果鳞、果皮、果柄、种翅、枝叶碎片、空粒、土块、破碎种子及异类种子等,以利于种子贮藏、运输和播种。

根据种子和夹杂物的比重或大小不同,分别采用风选、筛选、水选和粒选净种。

1. 风选

适用于中、小粒种子,由于饱满种子与夹杂物的重量不同,利用风力将它们分离。风选的工具有风车、簸箕等。

2. 筛选

利用种子与夹杂物的大小不同,选用各种孔径的筛子清除夹杂物。实际工作中,由于筛选不易分离与种子大小相似的夹杂物,还应配合风选、水选净种。

3. 水选

利用种粒与夹杂物比重不同的净种方法。如银杏、侧柏、栎类、花椒及豆科的树种,可将种子浸入水中,稍加搅拌后良种下沉,杂物及空粒、秕粒、虫蛀粒均上浮,很容易分离。根据种子的比重不同,还可采用盐水、黄泥水、硫酸铜、硫酸铵等溶液选种。

油脂含量高的种子不宜水选。水选的时间不可过久,以免种子吸收过多的水分和上浮的杂物吸水后下沉。经过水选的种子不能日晒,一般进行阴干后再贮藏。

4. 粒选

是从种子中挑选粒大、饱满、色泽正常、没有病虫害的种子。这种方法适用于核桃、板栗、油桐、油茶等大粒种子的净种。

（二）种子分级

种子分级是把同一批种子按种粒大小加以分类。分级的方法有粒选和筛选。大粒种子,如栎类、核桃、油桐等可用粒选分级;中小粒种子可用不同孔径的筛子进行分级。

种子分级是实现种子标准化生产的一项重要技术措施。经过分级的种子,播种后出苗整齐,苗木生长均匀,抚育管理方便,可降低生产成本。在同一批种子中通过分级,种粒愈大,发芽率和发芽势就愈高。如油松大粒种子的千粒重 49.17 g,发芽率 91.55%;小粒种子千粒重 23.9 g,发芽率 87.5%。

种子调制过程应填写林木种子调制登记表(表 1.5)。

表 1.5 林木种子调制登记表

1. 收货时间_____年_____月_____日
2. 收到容器_____件,共重_____kg
3. 收到时果实状况_____
4. 调制纪要_____
5. 得到种子_____kg,出种率_____%
6. 盛种容器件数:麻袋_____件,聚丙烯编织袋_____件,麻袋内衬塑袋_____件,桶_____件
7. 其中_____件发往_____,发运日期_____年_____月_____日,发运时种子含水量_____%
8. 调制单位_____
   负责人(签名)_____   _____年_____月_____日

【任务实施】

一、目的要求

掌握球果类、干果类、肉质果类的脱粒方法。

二、材料和器具

本地区球果类、干果类、肉质果类树种的果实 6～10 种。
球果脱粒机、木锹、盆、框、桶、草帘或稻草、竹垫、木棒、筛子、簸箕等。

三、方法步骤

1. 球果类调制

将球果摊放在晒垫上晒干,待鳞片裂开后经常翻动或用木棒敲打球果,种子即可脱出。用筛子和簸箕净种。

马尾松和樟子松等球果含松脂较多,不易开裂,可用沤晒法脱粒。堆沤时用 2%～3% 的石灰水或草木灰水浇淋球果,堆沤约 10 天,再日晒处理。

2. 干果类调制

根据种子安全含水量的高低和种粒大小不同采取相应的调制方法,安全含水量高和种粒极小的种子用阴干法,安全含水量低的非极小粒种子用日晒法。果实干燥后翻动或用木棒敲打,种子即可脱出。根据种粒大小和比重不同分别采用筛选、风选或粒选等方法净种。

3. 肉质果类调制

肉质果类可采用堆沤搓洗法或水浸搓洗法脱粒。将果实堆沤数日或水浸数日,待果肉软化后揉搓掉果肉,放入水中漂洗干净,然后放在通风干燥的室内将种子阴干。阴干后用簸箕再净种。

4. 注意事项

(1) 日晒法调制要经常翻动,阴雨天和夜晚要堆积盖好。

(2) 脱粒后及时收取种子,以免久晒使种仁干缩而失去发芽力。

(3) 肉质果取种时,不能堆沤或水浸过久,以免影响种子品质。

四、实习报告

列表简述当地主要林木种子脱粒、干燥和净种的方法。

任务5　种子的贮藏

【任务分析】

造林树种,除少数树种的种子随采随播外,大多数树种的种子是秋采春播。另外,结实间隔期明显的树种,歉年没有种子或种子很少,丰年需多贮备种子。因此,必须对种子进行合理的贮藏,才能保证及时供应品质优良的种子,满足育苗和造林绿化的需要。种子贮藏是种子经营管理中重要的一环,种子贮藏的基本目的是通过人为地控制贮藏条件,使种子劣变减小到最低程度,在一定时期内最有效地使种子保持较高的发芽力和活力,确保满足播种育苗时对种子的需求。

【预备知识】

一、影响种子贮藏寿命的因素

种子成熟后,在尚未脱离母树之前即转入休眠状态,一直延续到其获得萌发条件为止。贮藏种子就是要使种子一直处于休眠状态,最大限度地保持种子的生命力。种子在休眠过程中仍进行着微弱的呼吸作用,通过呼吸产生能量,维持生命。呼吸作用越强,消耗贮藏物质越多,种子生命力维持的时间就越短。人为控制种子的呼吸作用,使种子的新陈代谢活动处于最低限度,是保证种子品质的关键。

种子贮藏的任务就是创造最适宜贮藏的环境条件,使种子的新陈代谢处于最微弱的程度,消除导致种子发霉变质的因素,最大限度地保持种子的生命力。

种子寿命指种子保持生命力的时间,这是一个相对的概念。种子的寿命随树种不同而有很大差异,据文献记载,在博物馆中存放 155 年的银合欢种子还具有发芽能力。只要人们掌握了某种种子的最适宜的贮藏条件,就可以延长其寿命。

（一）影响种子贮藏寿命的内因

1. 种子的生理、解剖特性

不同树种,种子内含物的类型、种皮的结构及生理活性不同,保存生活力的时间长短不同。一般认为含脂肪、蛋白质多的种子(松科、豆科)寿命较长,而含淀粉多的种子(如壳斗科)寿命短。因为脂肪、蛋白质转化为可利用状态需要的时间长,放出的能量也比淀粉高。贮藏时,分解少量蛋白质或脂肪释放的能量,就能满足种子微弱呼吸的需要,因此维持的寿命长。

刺槐、皂荚等豆科种子种皮致密,不易透水、透气,有利种子生活力的保存,硬粒的寿命可达几十年以上。而种皮膜质、易透水透气的种子,如杨、柳、桉等,寿命很短。

受过冻害或采集后及运输过程中受过潮的种子,酶的水解作用加强,水溶性糖及含氮物质增多,即使种子在干燥状态下,其呼吸作用比正常种子强得多,对种子生活力和耐贮性都有影响,生产中必须防止这种现象的发生。

2. 种子的含水量

贮藏期间种子水分含量的高低,直接影响呼吸作用的强弱和性质,也影响种子表面微生物的活动,是决定种子耐贮性的重要因素。

种子含水量高,意味着种子中出现了大量游离水,酶的活性因而增高,种子的呼吸作用加强,呼吸需氧量增大。同时,放出的大量水和热又被种子吸收,更加强了呼吸作用,并为微生物的活动创造了有利条件,将导致种子生命力很快丧失,缩短种子的寿命。密封贮藏的杉木种子,贮藏 1 年后,含水量高的种子发芽率显著下降(图 1.5)。

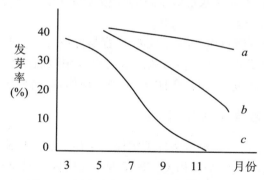

图 1.5　杉木种子含水量与发芽率的关系

图中 3 条曲线分别代表 3 种含水量(22%、18%、16%)种子

种子含水量低时,其水分处于与胶体结合的状态,称为胶体结合水。这种水基本上不移动,几乎不参与代谢活动。在这种状态下,各种酶呈吸附状态,生理活性低,没有水解能力。因此,呼吸作用极其微弱,无微生物活动所需的水热条件,对外界不良环境条件的抵抗力强,有利于保存种子的生命力。一般种子含水量在 4%～14%范围,含水量每降低 1%,种子寿命可延长 1 倍。但种子含水量也不是越低越好,过分干燥或脱水过急也会降低某些种子的生活力。如钻天杨种子含水量在 8.74%时可保存 50 天,而含水量降低到 5.5%时只能保持35 天。壳斗科树木和七叶树、银杏等种子则需较高的含水量才有利于贮藏。由此可见,适当干燥是保持种子生命力、延长种子寿命的重要措施。贮藏时,种子的含水量应根据不同树种种子的安全含水量进行控制,并分别采用不同的贮藏方法。

安全含水量(又称标准含水量)是指维持种子生活力所必需的含水量。种子在安全含水量状态时最适宜贮藏,生命力保持时间最长。不同树种,其种子的安全含水量不同(表1.6)。

表1.6 主要树木种子安全含水量

树　种	安全含水量(%)	树　种	安全含水量(%)	树　种	安全含水量(%)
马尾松	7～10	杉木	10～12	白榆	7～8
云南松	9～10	椴树	10～12	白蜡	9～13
侧柏	8～11	皂荚	5～6	元宝枫	9～11
柏木	11～12	刺槐	7～8	复叶槭	10
		杜仲	13～14	麻栎	30～40
		桦树	8～9	水曲柳	7～10

3. 种子的成熟度与后熟作用

充分成熟的种子含水量低,种皮致密发硬,种子内含物丰富又不易渗出,微生物不易寄生,呼吸作用微弱,内含物消耗少,有利于贮藏。反之则种子不耐贮藏。因此,采种时千万不要"掠青"。

在种子后熟阶段,同时进行着两个性质不同的生命活动过程:一是呼吸作用,是内部贮藏物质的消耗过程;二是生理后熟作用,在各种酶的参与下,一些较简单的可溶性有机物如氨基酸等继续缓慢地进行着合成过程,种子成熟度不断提高。在这一变化过程中,种子表面常出现水珠,贮藏时必须注意消除种子表面的水珠。随着生理后熟过程的完成,种子的呼吸作用减弱,代谢强度降低,内部含水量减少,从而使贮藏的稳定性增加。

4. 机械损伤程度和净度

对于受伤的种子,空气能自由进出,营养物质容易外渗,微生物容易侵入,种子的呼吸作用加强,贮藏寿命短。净度低的种子容易从潮湿的空气中吸收水分,使种子呼吸增强,容易滋生微生物,种子贮藏寿命短。故调制时应减少种子损伤,提高种子净度。

(二)影响种子贮藏寿命的外因

种子的寿命是指种子在一定环境条件下能保持生命活动的期限。种子寿命的长短既与其遗传因素有关,也与环境条件密切相关。种子寿命随树种不同而有很大差异。

(1)长寿种子。寿命在15年以上者,称为长寿种子,如合欢、刺槐、国槐、皂荚等种子,本身含水量低,种皮致密坚实,不易透水透气。

(2)中寿命种子。寿命在3～15年的种子,为中寿命种子,种子内含物大多是脂肪、蛋白质,如松、杉、柏等种子。

(3)短命种子。寿命在3年以内者,称为短命种子,种子内含物主要是淀粉,如板栗、栎、银杏等种子。橘子的种子只能存活几天;沙生植物梭梭的种子只能存活几个小时。

种子本身的特性是决定其寿命长短的内因,贮藏种子的环境因素,则是种子寿命长短的变化条件。种子的某些特性,很难人为地改变,而贮藏的环境条件,则能人为加以控制。短寿种子贮藏得好,可大大延长寿命;长寿种子贮藏不好,会大大缩短寿命。如杨树种子在一般条件下,最多能保存30～40天,而贮藏在用石蜡封口并放有氯化钙的瓶子里;3年后的发芽率仍可达90%。相反,如果把长寿种子存放在温度高、湿度大的条件下,也会很快地丧失发芽能力。因此,为了延长种子的寿命,应了解各种贮藏环境对种子生命活动的影响,通过人工控制和调节达到延长种子寿命的目的。

1. 温度

种子的生命活动与温度有着密切的关系。种子在贮藏期间,温度过高过低,对种子都有致命的危害。在一定温度范围内(0~55 ℃)种子的呼吸强度随温度升高而增加,这就加速了营养物质的消耗,从而缩短种子寿命。如温度继续上升至 60 ℃,则酶的活性降低,种子呼吸强度便开始下降,蛋白质开始凝固,引起种子死亡。研究证明,一般在 0~50 ℃,温度每降低 5 ℃,种子的寿命可增加 1 倍。

温度过低也不利于种子的贮藏。对含水率高的种子来说,当温度降到 0 ℃以下,种子内部自由水就会结冰,从而因生理上和机械作用的原因使种子死亡。

温度对种子的影响与含水量有密切的关系。种子含水量越低,细胞液浓度越大,则种子对高温及低温的抵抗力越强;相反,种子含水量越高,对高温及低温的抵抗力越弱(图 1.6)。

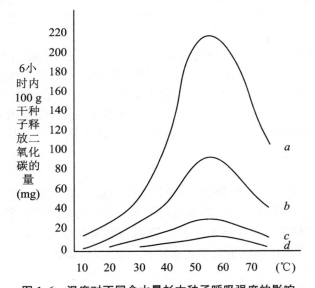

图 1.6 温度对不同含水量杉木种子呼吸强度的影响

图中 4 条曲线分别代表 4 种含水量(22%、18%、16%、14%)种子的呼吸变化

实践证明,大多数树木种子贮藏期间最适宜的温度是 0~5 ℃。在这种温度条件下,种子生命活动很微弱,同时不会发生冻害,有利于种子生命力的保存。

近年来对种子贮藏的低温、低湿或超低温的研究较多,主要是在降低种子含水量的同时,降低贮藏温度,延长种子的贮藏时间。据试验,某些含水量低的种子,只要控制在安全含水量的范围内,贮藏温度可以低至零下好几度。但栎类等安全含水量高的种子,既不耐干燥,又不耐低温,贮藏温度不能低于 0 ℃。国外已研究用液态氮(-196 ℃)贮存种子,能够延长种子寿命。该方法将种子含水量降至 7%~10%,封入铝或塑料盒内,直接浸于液态氮中。

贮藏过程中应经常检查种堆内部的温度状况,如果种子堆的温度没有随着温度的变化而变化,特别是如果空气温度显著下降而种子堆的温度却稳定不变,甚至上升,这就意味着种子堆中已经出现了自热现象,应立即采取散热措施。

2. 空气的相对湿度

种子是多孔毛细管的亲水胶体物质,有很强的吸湿性能,可直接从潮湿的空气中吸收水汽,改变种子的含水量,能对种子的寿命产生很大的影响。相对湿度愈高,种子的含水量增加得愈快。相反,在相对湿度低时,种子的含水量就会下降(表1.7)。因此,经过干燥处理,入库状态良好的种子还必须贮藏在适宜的环境中,安全含水量低的种子应贮藏在干燥的环境中,安全含水量高的种子则应贮藏在湿润的环境中。

表 1.7 空气相对湿度对杉木种子含水量的影响

日期	含水量(%)		
	相对湿度 73%	相对湿度 83%	相对湿度 94%
5 月 23 日	9.47	9.47	9.47
5 月 26 日	11.63	13.58	13.69
5 月 29 日	12.75	13.02	14.91

3. 通气条件

通气条件对种子生活力影响的程度与种子本身的含水量及贮藏温度有关。

含水量低的种子,呼吸作用很微弱,需氧极少,在密封的条件下能长久地保持生命力。含水量高的种子,种子旺盛的呼吸作用释放出大量的水汽、二氧化碳和热量,如通气不良,则水汽、二氧化碳和热量在种子堆中积累不散,氧气供给不足,最终将因窒息引起种子死亡。因此,贮藏含水量较高的种子,应适当通气,排除种堆中的水汽、二氧化碳和热量,避免无氧呼吸对种子的伤害。

4. 生物因子

种子在贮藏期间,常遭受微生物、昆虫及鼠类等的危害,影响种子的寿命。

种子表面生活着大量的微生物,即真菌与细菌。它们的繁殖发育和危害程度,与种子含水量和环境条件密切相关。降低种子含水量,是减少危害的重要手段。常温下,种子含水量如超过 18%,几小时内微生物就能繁殖起来使种子堆发热;如种子含水量低于 12%,微生物就很少活动或不活动。

昆虫及鼠类会咬破种皮,蛀食胚乳及胚,直接损坏种子,生产中可捕捉或诱杀。

综上所述,影响种子寿命的因素是多方面的,它们各因子间相互影响,相互制约。贮藏前种子生产的各个工序必须保持种子具有良好入库状态,然后再给以良好的贮藏条件,就能延长种子的寿命。实践证明,在一般情况下,种子含水量是决定贮藏方法、影响贮藏效果的主导因素。因此,必须根据种子安全含水量的高低,综合考虑适宜的贮藏条件。安全含水量较高的种子,宜贮藏在湿润、低温和适当的通气条件下;安全含水量低的种子,宜在干燥、低温、密封的条件下贮藏。

二、种子贮藏的方法

根据种子性质和安全含水量的不同,种子贮藏的方法有干藏及湿藏两大类。

(一)干藏法

将干燥过的种子贮藏于干燥的环境中称为干藏。这种方法要求一定的低温和适当干燥的环境。凡是安全含水量低的种子都适于干藏。

由于采用的具体措施不同，干藏法又分为普通干藏、密封干藏、低温干藏、低温密封干藏。

1. 普通干藏

大多数树木种子短期贮藏都可用此法。将干燥过的种子装入袋、箱、桶、缸等容器中，放在干燥、通风、已消毒的室内。对富含脂肪有香味的种子，如松、柏等，最好装入加盖的容器中，以防鼠害。易遭虫害的种子必须进行熏蒸灭虫。每吨种子用磷化铝片剂 5～8 片，散放在种子袋的空隙间，用薄膜等覆盖。12～15 ℃时需 5 天，16～20 ℃时需 4 天，利用药剂自然分解挥发灭虫。灭虫后将库房打开通气，以免中毒。多数针叶树和阔叶树种子均可采用此法保存，如侧柏、香柏、柏木、杉木、柳杉、云杉、铁杉、落叶松、落羽杉、水杉、水松、花柏、梓树、紫薇、紫荆、木槿、蜡梅、山梅花等。

2. 密封干藏

用普通干藏法易失去发芽力的种子和需长期贮存的珍贵种子，如杨、柳、桉、榆等，用密封干藏法。方法是将干燥过的种子装入经过消毒的玻璃、金属、陶瓷、聚乙烯复合薄膜等密封的容器中，放在干燥、通风、已消毒的室内。这种方法由于种子与外界空气隔绝，能保持种子处于干燥状态，种子的生理活动微弱，因而能长期保持种子的发芽能力。

近年来，有的国家在密封的容器中充以氮、氢、二氧化碳等气体以减少氧气的浓度，抑制呼吸作用；或在容器内加入木炭、草木灰或氧化钙等干燥剂，有利于延长种子寿命。

3. 低温干藏

对于一般能干藏的树木种子，将贮藏温度降至 1～5 ℃，相对湿度维持在 50%～60% 时，可使种子寿命保持一年以上，但要求种子必须进行充分的干燥。如赤杨、冷杉、小檗、朴、紫荆、白蜡、金缕梅、桧柏、侧柏、落叶松、铁杉、漆树、枫香、花椒、花旗松等，在低温干燥条件下贮存效果良好。为达到低温要求，一般应设有专门的种子贮藏库。在低温条件下，能更好地保持种子生命力，延长种子贮藏寿命。低温干藏是将种子放在 0～5 ℃ 条件下贮藏。低温密封干藏是将密封后的种子放在 0～5 ℃ 条件下贮藏。

（二）湿藏法

湿藏是把种子贮藏在湿润、低温且通气的环境中。凡是安全含水量高的种子都适于湿藏。如银杏、栎属、栗属、核桃、樟树、黄杨、柿、梨、海棠、火棘、玉兰、鹅掌楸、大叶黄杨等种子，都适于湿藏。深休眠的种子经过湿藏还可以逐渐解除种子休眠，播种后发芽迅速而整齐，既能保存种子，又能起到催芽的作用。

湿藏的基本要求是：保持湿润，防止种子干燥；通气良好，防止发热；适度的低温，控制霉菌并抑制发芽。湿藏的具体方法很多，主要介绍露天埋藏、室内堆藏、窖藏。

1. 露天埋藏

在室外选择地势高燥、排水良好、土质疏松而又背风的地方，挖深和宽都约 1 m 的贮藏坑。原则上要求将种子存放在土壤结冻层以下，地下水位以上。土坑挖好后，先在坑底铺一层小石子，再铺一层粗砂，然后在坑中央插一束高出坑面 20 cm 的秸秆或带孔的竹筒，以便通气。把种子与湿砂按 1∶3 比例（容积比）混拌均匀放入坑内或一层砂一层种子分层放置，堆到离地面 10～30 cm 时为止。用湿砂填满坑，再用土堆成屋脊形或龟背形，在坑的四周挖排水沟，在坑上方搭草棚遮阳挡雨（图 1.7）。坑上覆土厚度应根据各地气候条件而定，在北方应随气候变冷而加厚土层。

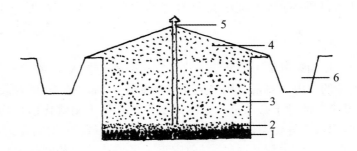

图 1.7　露天埋藏法
1. 卵石；2. 砂子；3. 种砂混合物；4. 覆土；5. 通气竹管；6. 排水沟

露天埋藏法贮藏种量大，无需专门设备，在我国北方采用较多。但露天埋藏法不易检查，在南方多雨和地温较高的地区，或土壤黏重板结、排水不良的地方，种子容易过早发芽或腐烂。在南方更应特别注意坑址的选择。

2. 室内堆藏

选择干燥、通风、阳光直射不到的屋内、地下室或草棚。在地上铺上湿砂后，将种子与湿砂分层堆积或种砂混合后堆积。种子数量多时，可堆成垄，垄间留出通道，以便于检查，有利于通气；种子数量不多时，可在屋角用砖头砌一个池子，把种子与湿砂混合后放入池内贮藏；种子数量较少时，可把种子与湿砂混合后装于木箱或竹箩、花盆、小缸等容器中，放于背阳的室内。种子堆积完毕后，在上面盖一层砂和草帘等覆盖物。是否设通气设备，根据种子和砂子的厚度决定。此法在我国高温多雨的南方采用较为普遍。

3. 窖藏

河北一带的群众贮藏板栗常采用窖藏法。做法是将种子（不混砂）用筐装好放入地窖内；或先在窖底铺竹席或草毯，再把种子倒在竹席或草毯上。窖口用石板盖严，再用土堆封好，四周挖排水沟。

此外，还可以用流水藏、雪藏、真空贮藏等方法贮藏种子。

种子贮藏应注意以下事项：

（1）干藏种子入库前应预冷。由于种子热容量较高，导热率较低，晾晒好的种子应放在阴凉地方预冷，然后分装进各容器中。

（2）库内必须清扫及消毒。库壁、天花板用甲醛和高锰酸钾熏蒸，或用煤油石灰乳剂消毒。乳剂由 5 份水、2 份生石灰、1 份煤油配成。容器可用福尔马林或高温消毒。

（3）做好种子入库登记。写明贮藏的树种、数量、采集地、调制时间和方法、贮藏时间和方法及种子质量指标等。

（4）应有专人保管，定期检查，发现问题应及时处理。

三、种子调拨与运输

林业生产中时常出现种子来源不足的现象，需要从外地调运种子，以满足生产的需要。种子调运正确与否，往往影响育苗和造林工作的成败。运输种子实质上是在经常变化的环境中贮藏种子，环境条件难以控制，更应当遵守贮藏的基本原则。应当妥善保管、包装、防止种子受到曝晒、雨淋,避免受潮、受冻、受压。运输应当尽量缩短时间。运输途中应当经常检查。运到目的地以后要及时贮藏在条件适宜的环境中。

种子运输可以认为是一种短期的贮藏。如果包装和运输不当,则运输过程中很容易导致种子品质降低,甚至使种子丧失活力。

（一）种子调拨

我国于 1988 年颁布了一系列《中国林木种子区》(GB 8822.1～GB 8822.13),为调拨种子提供了重要依据和保障。种子调拨应遵循以下 3 条原则,以保证种子的品质。

(1) 根据种源试验结果,调拨最适宜当地的优良种源。

(2) 在无最适宜当地的优良种源或无性系可调时,调用与当地气候土壤环境相近地区的优良种源。

(3) 在无种源试验结果作为参考时,调用与当地气候土壤环境相近地区的种源。

（二）种子运输

种子的运输实质上是在一个特定的环境条件下的一种短期贮藏,必须做好包装工作,以防种子过湿、发霉或受机械损伤等,确保种子的活力。

安全含水量低的种子,可直接用布袋、麻袋包装运输。每袋不宜过重或过满,这样既便于搬运,又可减少挤压损伤。安全含水量高的种子和易失水而影响生活力的种子,用塑料布或油纸包好再放入木箱或箩筐中起运;或用箩筐填入稻草分层包装。对于极易丧失发芽力的种子,在运输过程中,应保持密封条件,可用瓶、桶、塑料袋装运。

种子在运输过程中要注意防止雨淋、曝晒和受冻害,并在包装内外放置标签(图 1.8),以防种子混杂。运达目的地后应立即进行检查,并根据情况及时进行摊晾、贮藏或播种。

```
                    林木种子产地标签


    编   号：_____
    树   种：_____
    产   地：_____省（自治区、直辖市）
             _____县（市、旗）
             _____乡（林场）
    采集日期：_____
    签 证 人：_____
    签证日期：_____年_____月_____日
    签证机关：_____
```

图 1.8 林木种子产地标签

【任务实施】

一、目的要求

掌握当地主要林木种子贮藏的方法。

二、材料和器具

适于干藏和湿藏的种子各 2～3 种,每种 5～10 kg。

石灰或草木灰、木炭、氯化钙、福尔马林、木箱、小缸、布袋、砂子、卵石、秸秆、铁锹等。

三、方法步骤

1. 普遍干藏法

用于短期贮藏安全含水量低的种子。取一种种子(松类、槭类、水曲柳、杉木、侧柏、刺槐等)2～3 kg,干燥到安全含水量,装入用福尔马林消毒过的木箱、小缸、布袋中,放在背阳、干燥、通风的室内进行贮藏。注意防鼠及防潮。豆科植物的种子贮藏时应拌适量的石灰或草木灰。

2. 密封干藏法

适用于安全含水量低,但用普通干藏法易失去发芽力的种子(如杨、柳、榆、桑、桉等)及长期贮藏的珍贵树种的种子。

(1) 将种子精选,干燥到安全含水量。杨、柳等极小粒种子用阴干法,其他种子用日晒法。

(2) 用 0.2% 福尔马林溶液消毒装种容器(如广口瓶),密封 2 h,然后打开 0.5～1 h 并烘干。

(3) 在容器中装入适量种子及少量木炭或氯化钙等吸湿剂,用石蜡将瓶口密封。装种不要太满,留一定空间贮存空气。

(4) 将密封的种子容器放入干燥、通风的室内。

3. 露天埋藏法

适用于安全含水量高或深休眠的种子,如银杏、栎属、栗属、核桃、油桐、油茶、樟树、楠木、檫树、女贞等。

(1) 选择地势高燥、排水良好、土质疏松而又背风的地方。

(2) 挖贮藏坑。规格宽 1～1.5 m,长视种子量而定,深根据当地地下水位而定,一般 80～150 cm。

(3) 在坑底铺一层厚约 10～15 cm 的鹅卵石或粗砂,再铺 5～6 cm 厚细砂(砂子湿度 60% 左右),坑中央插一束高出坑面 20～30 cm 秸秆,以利通气。将种子与湿砂按 1∶3 的容积比混合后放于坑内,或一层砂子一层种子交替层积,每层厚 5 cm 左右。将种子堆到离地面 10～20 cm,用湿砂填满坑,再用土培成屋脊形,坑上覆土厚度根据各地气候而定。

(4) 在坑的四周挖排水沟,搭草棚遮阳挡雨。如有鼠害,用铁丝网罩好。

4. 室内堆藏法

适用于安全含水量高或深休眠的种子,如银杏、栎属、栗属、核桃、油桐、油茶、樟树、楠木、檫树、女贞等。

（1）选择干燥、通风、阳光直射不到的室内、地下室或草棚,清洁消毒。

（2）在地上洒水,铺一层 10 cm 厚的湿砂,然后将种子与湿砂层积或种砂混合堆放,堆至 50 cm 高度,上盖湿砂。为了便于检查和有利通风,可堆成宽 80～100 cm 的垄,长视室内大小而定,垄间留出通道。种子数量不多时,也可在木箱内混合或层积堆藏。

（3）种子堆中每隔 1 m 插一束秸秆,以利通气。

5. 注意事项

（1）湿藏必须经常保持种堆湿润,防止种子干燥。

（2）经常检查,及时发现和解决贮藏中出现的问题,如种子发热、发霉等。

四、实习报告

列表简述当地主要林木种子的贮藏方法。

任务 6　种子品质检验

【任务分析】

种子品质检验又称种子品质鉴定。通过种子播种品质的检验,才能判断各批种子的等级标准及实用价值,根据种子质量确定适宜的播种量。在种子收购、贮藏、调运前进行检查,能够科学地组织种子生产,防止劣质种子向其他地区传播,避免造成经济上的损失。因此,种子检验工作是种子经营管理工作中重要的一环,是实现种子标准化的技术保证。

种子品质检验是指对种子的播种品质进行检验,现根据国家质量技术监督局 1999 年 11 月发布的《林木种子检验规程》介绍种子品质检验的方法。

【预备知识】

一、样品的选取

种子品质检验,应从被检验的种子中取出有代表性的样品,通过对样品的检验来评定种子的质量。如果样品没有充分的代表性,无论检验工作如何细致准确,其结果也不能说明整批种子的品质。一批种子实际上是由不同成分组成的混合物,在装运种子的过程中,常将不同粗糙度、大小和轻重的种子重新组合在种子堆的各个部位。因此,要使样品有最大的代表性,必须正确掌握取样技术,严格遵守取样的有关规定。

（一）样品的基本概念

1. 种子批（种批）

指在一个县范围内相似立地条件下或在同一良种基地内,于大致相同的时间从同龄级的树木上采集,而且种实的加工和贮存方法也相同的同一树种的种子。

种批的重量限额,特大粒种子(核桃、板栗、油桐等)为 10000 kg,大粒种子(苦楝、山杏、油茶等)为 5000 kg,中粒种子(红松、华山松、樟树、沙枣等)为 3500 kg,小粒种子(油松、落叶松、杉木、刺槐等)为 1000 kg,特小粒种子(桉、桑、泡桐、木麻黄等)为 250 kg。重量超过规定 5%需另划种批。

2. 初次样品

从 1 个种批的不同部位或不同容器中分别抽样时每次抽取的种子,称为 1 个初次样品。

3. 混合样品

从 1 个种批中取出的全部初次样品均匀地混合在一起称为混合样品。混合样品的重量一般不能少于送检样品的 10 倍。

4. 送检样品

用四分法或分样器法从混合样品中按送检样品规定重量分取的供检验用的种子,称为送检样品。1 个种批抽取 1 份送检样品,并填写送检申请表(表 1.8),附林木采种登记表(表 1.9)。同时,取一份含水量送检样品和一份健康状况送检样品。

表 1.8　检验申请表

编号_____

现有送检样品一份,简要情况如下,请给予检验。

1. 树种名称_____

2. 采种地点_____

3. 采种时间_____

4. 送检样品重(g)_____

5. 种批编号_____

6. 本批种子重量(kg)_____ 容器件数_____

7. 要求检验项目_____

8. 质量检验证书寄往地点和单位名称_____

表 1.9 林木采种登记表

采样人_____

送检单位(盖章)

联系人_____
日　期_____

5. 测定样品

从送检样品中分取,供某项品质测定用的种子,称为测定样品。

(二)取样的技术要求及方法

1. 取样方法和技术要求

取样方法有取样器法和徒手法。

按照一批种子的总容器件数,计算应取样品的容器数。按《林木种子检验规程》的规定,5 袋以下,每袋都抽取,抽取初次样品的总数不得少于 5 个;6~30 袋,每 3 袋至少抽取 1 袋,总数不得少于 5 袋;31~400 袋,每 5 袋至少抽取 1 袋,总数不得少于 10 袋;400 袋以上,每 7 袋至少抽取 1 袋,总数不得少于 80 袋。

散装或装在大型容器中的种子,500 kg 以下,至少取 5 个初次样品;501~3000 kg,每

300 kg 取 1 个初次样品,但不少于 5 个初次样品;3001~20000 kg,每 500 kg 取 1 个初次样品,但不少于 10 个初次样品;20000 kg 以上,每 700 kg 取 1 个初次样品,但不少于 40 个初次样品。

根据对混合样品的数量规定,首先应判断从每件容器中抽取多少初次样品,如果同一批种子分装的容器大小不等,则应从较大的容器中抽取较多的初次样品。例如从装 100 kg 的容器中抽取的初次样品应为装 50 kg 容器的 2 倍。

同一容器中的种子,应从上、中、下等不同的部位抽取样品。散装或装在大型容器中的种子,可在堆顶的中心和四角(距边缘要有一定距离)设 5 个取样点,每点按上、中、下 3 层取样。冷藏的种子应在冷藏的环境中取样,并应就地封装样品。否则,冷藏的种子遇到潮湿温暖的空气,水汽便会凝结在种子上,使种子的含水量上升。

2. 分样方法

通常用四分法或分样器法从混合样品中按照规定的重量分取送检样品和测定样品净度。

(1) 四分法。在光滑的桌子上铺上大的纸,将种子倒在纸上。用分样板从相对应的两侧将种子拨到中间,再从另外两侧将种子拨到中间,重复 3~4 次,使种子充分混合。然后将种子整成正方形,大粒种子厚度不超过 10 cm,中粒种子厚度不超过 5 cm,小粒种子厚度不超过 3 cm。用分样板沿对角线将种子分为四等份,将对角 2 份装入容器备用,另 2 份再用前述方法和要求进行混合和分样,直到剩下的 2 份种子略多于测定样品所需数量为止。

(2) 分样器法。适用于种粒较小、流动性大的种子。将送检样品倒入分样器,分成重量大致相等的 2 份,拿其中的一份再次分样,直到剩下的一份种子略多于测定样品所需数量为止。分样时若 2 份种子重量相差超过平均重量的 5%,应调整分样器。注意在正式分样前,应将种子在分样器中先混合 2~3 次,使样品均匀。

（三）样品的封装、寄送和保存

(1) 送检样品一般可用布袋、木箱等容器进行包装。供含水量测定用的送检样品,要装在防潮容器内加以密封。调制时种翅易脱落的种子,须用硬质容器盛装,以免因种翅脱落加大夹杂物的比重。

(2) 每个送检样品必须分别包装,填写 2 份标签,注明树种、种子采收登记表编号和送检申请表的编号等,一份放在包装内,另一份挂在外面。

(3) 提取送检样品后,应尽快送往种子检验站,不得延误。

(4) 种子检验单位收到送检样品后,要进行登记,并及时检验。一时不能检验的样品,须存放在适宜的场所,避免样品的品质发生变化。检验后,送检样品仍需存放在适宜的场所保存 4 个月,以备复验。

二、检验方法

（一）净度分析

净度(纯度)是指被检验的某一树种种子中纯净种子的重量占供检样品总重量的百分比。

净度是种子播种品质的重要指标之一,是划分种子品质等级标准和确定播种量的主要依据。种子净度低,夹杂物多,吸湿性强,不耐贮存,对种子生活力的保存有较大的影响。因此在种实调制过程中,要认真做好脱粒、净种等工作,使净度达到应有的标准。

1. 提取测定样品

用四分法或分样器从送检样品中分取 2 份全样品或 2 份半样品,并将所抽取的样品称重。样品的重量按规定分取。称量精确度应达表 1.10 的要求。

表 1.10 净度测定称量精度表

测定样品（g）	称重至小数位数	测定样品（g）	称重至小数位数
1.0000 以下	4	100.0～999.9	1
1.000～9.999	3	1000 及 1000 以上	0
10.00～99.99	2		

2. 区分各种成分

将测定样品倒在玻璃板上,把纯净种子、其他植物种子和夹杂物分开。

(1) 纯净种子。完整、未受伤害、发育正常的种子;发育不完全的种子和不能识别出的空粒;虽已破口或发芽,但仍具发芽能力的种子;带翅种子中,种翅不易脱落的指带翅的种子,种翅易脱落的指去翅的种子;壳斗科种子中,壳斗不易脱落的指带壳斗的种子,壳斗易脱落的指去壳斗的种子;有 1 粒种的复粒种子。

(2) 其他植物种子。异类种子。

(3) 夹杂物。叶片、鳞片、苞片、果皮、种翅、种子碎片、土块、石砾、昆虫和其他杂质。

3. 称重

分别称纯净种子、其他植物种子和夹杂物的重量,填入净度分析记录表。

4. 检验样品误差

纯净种子、其他植物种子和夹杂物之和与样品重之间的差值应不大于 5%,否则应重做。

5. 计算测定结果

分别计算 2 个重复种子的净度,计算公式如下:

$$净度 = \frac{纯净种子重}{纯净种子重 + 其他植物种子重 + 夹杂物重} \times 100\%$$

送检样品先行清理的,净度用下式计算:

$$净度 = 送检样品净度 \times 测定样品净度$$

$$送检样品净度 = \frac{送检样品除去大杂质后的重量}{送检样品重} \times 100\%$$

其他植物种子和夹杂物重量百分率计算方法与净度的计算方法相同。测定结果应精确到 2 位小数,各种成分的重量百分率总和必须为 100%。填写检验证时,填写 1 位小数。

6. 确定种批净度

检查 2 份样品净度之间的差异是否超过容许差距。若在容许差距范围内,检验的平均净度即为种批净度。若超过容许差距,则进行补充检验分析。

7. 补充检验

在使用全样品分析的情况下,再检验 2 份样品。只要最高值和最低值的差异未超过容许差距的 2 倍,则 3 次分析的平均值即为种批净度。

在使用半样品分析的情况下,再检验一对半样品,直到有 2 份半样品的差距在容许差距范围内。将差距超过容许差距 2 倍的成对样品舍去不计,根据其余各对样品的净度计算种批净度。

(二)重量测定

种子的重量以 1000 粒纯净种子的重量计,故又称千粒重,一般以 g 为单位。千粒重能说明种子大小、饱满程度。同一树种的不同批种子,千粒重数值大,说明种子大而饱满,内部贮藏营养物质多,空粒少。用千粒重大的种子播种,发芽率高,苗木质量好。

种子重量的测定方法有全量法和重复计数法。全量法即以净度测定后的所有纯净种作为样品,用数粒器或人工计数,并换算为 1000 粒种子的重量。全量法一般用于纯净种子粒数少于 1000 粒的样品。

多数情况下用重复计数法测定种子重量。方法如下:

1. 提取测定样品

将净度测定后的纯净种子铺在光滑的桌上,充分混合后用四分法分为 4 份,每份中随机抽取 25 粒组成 100 粒,共取 8 个 100 粒,即 8 个重复。或用数粒器提取 8 个 100 粒。

2. 称重

分别称 8 个重复的重量(精度要求与净度测定相同),填入重量测定记录表。

3. 计算测定结果

计算 8 组的平均重量、标准差、变异系数,公式为:

$$\bar{x} = \frac{\sum\limits_{i=1}^{n} x_i}{n}$$

$$S = \sqrt{\frac{\sum\limits_{i=1}^{n} x_i^2 - n\bar{x}^2}{n-1}}$$

$$c = \frac{S}{\bar{x}} \times 100\%$$

4. 确定种子重量

若变异系数不超过 4%(种粒大小悬殊的不超过 6%),则 8 个组的平均重量乘以 10 即为种子的重量。若变异系数超过 4%(种粒大小悬殊的超过 6%),则重做。若仍超过,可计算 16 个组的平均重量及标准差,凡与平均重量之差超过 2 倍标准差的略去不计,未超过的各组的平均重量乘以 10 为种子重量。

(三)含水量测定

种子含水量是指种子中所含水分的重量占种子重量的百分率。种子含水量的多少是影响种子寿命的重要因素之一。测定种子含水量的目的是为妥善贮存和调运种子时控制种子适宜含水量提供依据。因此,在收购、贮藏、运输前,必须测定种子含水量。种子含水量的测定方法常用的有烘干法、甲苯蒸馏法和水分速测仪测定法等,下面主要介绍烘干法。

1. 称样品盒重(V)

分别称 2 个预先烘干过的样品盒的重量,精度要求达 3 位小数。将数据填入含水量测定记录表。

2. 提取测定样品

用四分法或分样器法从含水量送检样品中分取测定样品,放入样品盒。样品取 2 个重复,重量为直径<8 cm 的容器 4~5 g,直径≥8 cm 的容器 10 g。

取样操作时,应将含水量送检样品在容器内充分混合,并尽量减少测定样品在空气中暴露的时间,以防失水。种粒大的种子(1 kg 种子少于 5000 粒)和种皮坚硬的种子要切开或打碎,充分混合后,才取测定样品。

3. 称样品湿重(W)

分别称 2 个装有样品的样品盒的重量,精度要求达 3 位小数。

4. 烘干

(1) 低恒温烘干法。本法适用于所有种子。将装有样品的容器置于烘箱中,打开盖子搭在盒旁,升温至(103±2) ℃后烘(17±1) h。

(2) 高恒温烘干法。将装有样品的容器置于烘箱中,打开盖子搭在盒旁,升温至 130~133 ℃后烘 1~4 h。

含有挥发性物质的种子可采用甲苯蒸馏法。因为在用高温烘干时,这些种子内容易挥发的物质也随水分一起被排除,从而影响种子含水量测定的精度。甲苯蒸馏法测定的原理是,两种互不相溶的液体(水和甲苯)混合时,混合物的蒸汽压等于各种液体的蒸汽压之和,因此混合物的沸点低于各种液体单独存在时的沸点。用这种方法能使种子中的水分在低于 100 ℃的温度下全部沸腾汽化出来,经过冷凝把蒸馏出来的水分承接在测量管中,便可以直接读取种子样品中的含水量。

如果测定样品的含水量高于 17%,可采用二次烘干法。即将要测定的样品放入 70 ℃的烘箱内,预烘 2~5 h,取出后置于干燥器内冷却、称重。再以(103±2) ℃进行二次烘干,测得其含水量。

5. 称样品干重(U)

种子烘干后迅速盖好样品盒盖,并放入干燥器中冷却 30~45 min,然后分别称重,精度要求达 3 位小数。

6. 计算测定结果

计算 2 个重复的含水量,精确到 1 位小数。计算公式如下:

$$含水量 = \frac{W - U}{W - V} \times 100\%$$

若 2 个重复的差距不超过容许差距(表 1.11)的规定,则平均含水量为种批的含水量。如超过须重做。

表 1.11　含水量测定两次重复间的容许差距

种子大小类别	平均原始水分		
	<12%	12%~25%	>25%
小种子①	0.3%	0.5%	0.5%
大种子②	0.4%	0.8%	2.5%

① 小种子是指每千克超过 5000 粒的种子；

② 大种子是指每千克最多为 5000 粒的种子

（四）发芽率测定

发芽率是种子播种品质中最重要的指标，可以用来确定播种量和 1 个种批的等级价值。室内测定种子发芽率是指幼苗出现并发育到某个阶段，其基本结构的状况表明它能否在正常的田间条件下进一步长成一株合格的苗木。发芽率试验一般适用于休眠期较短的种子。发芽率测定方法如下：

1. 提取测定样品

将净度测定后的纯净种子铺在光滑的桌上，充分混合后用四分法分为 4 份，每份中随机抽取 25 粒组成 100 粒，共取 4 个 100 粒，即 4 个重复。或用数粒器提取 4 个 100 粒。

种粒特小和规定用称量法测定发芽率的树种，用四分法或分样器法从送检样品中提取测定样品，共取 4 个重复。

2. 样品预处理

种子消毒和催芽。

（1）消毒。用规定的方法消毒。

（2）催芽。用规定的方法催芽。没有具体规定的，一般用 40 ℃的温水浸种 24 h。

3. 发芽床的准备

发芽床一般有两种：种粒较小的用纸床，种粒较大的用砂床。所用器皿和材料须事先洗净，并用烘干法或煮沸法、消毒液浸泡等方法消毒。操作前应洗净双手并消毒。

（1）纸床。先在培养皿或专用发芽皿底盘上铺一层脱脂棉，然后放一张大小适宜的滤纸，加入蒸馏水浸湿。

（2）砂床。在花盆或瓷盘里铺一层厚薄适当经消毒处理的粗砂。

（3）土床。在花盆或瓷盘里铺一层厚薄适当经消毒处理的质地疏松、结构良好、不易板结的壤土作发芽床。土床只有在纸床、砂床上发芽的幼苗出现植物毒性症状，或者对纸床上的发芽鉴定产生怀疑时才使用。

4. 置床

将处理过的种子以 1 个重复为单位整齐地排列在发芽床上，种子之间必须保持一定的距离，减少病菌侵染。另外，种子要与基质密切接触，忌光种子要压入砂床中并覆盖。大粒种子若 1 个发芽床排不下 1 个重复的，或怀疑种子带有病菌的，可将 1 个重复的种子分到 2 个或 4 个发芽床上排列。置床后必须贴上标签，以防混淆。置床后将发芽床放在培养箱、专用发芽箱中，或放在其他适当的地方。

5. 观察记载与管理

（1）测定持续时间。发芽测定时间自置床之日算起，按末次计数的天数计。在规定时间发芽粒数不多,或已到规定时间仍有较多的种粒萌发,可适当延长测定时间。延长时间最多不超过规定时间的二分之一,或当发芽末期连续 3 天每天发芽粒数不足供试种子总数的 1% 时,即算发芽终止。

(2) 管理。测定期间经常检查样品及光照、水分、通气和温度条件。除忌光种子外,发芽测定每天要保证有 8 h 的光照及水分和空气的供给,温度控制在 25 ℃ 左右或按要求控制。另外,轻微发霉的种粒用清水洗净后放回原发芽床,发霉种子较多时要及时更换发芽床。

(3) 观察和记载。发芽测定期间要定期观察记载,间隔期由检验机构根据实际情况自行确定,但初次计数和末次计数必须填入发芽测定记录表。记载的项目有正常幼苗数和不正常幼苗数 2 项。

正常幼苗包括 3 种情况:基本结构——根系、胚轴、子叶、初生叶、顶芽(禾本科和棕榈科植物还要有正常的芽鞘)完整、匀称、健康、生长良好的幼苗;基本结构有轻微缺陷,但其他方面完全正常的幼苗;虽受次生性感染,但发育正常的幼苗。复粒种子无论发出几株符合上述标准的幼苗均算 1 株正常幼苗。

不正常幼苗包括 4 种情况:损伤严重的幼苗;基本结构畸形或失衡的幼苗;原发性感染或腐坏,停止正常发育的幼苗;基本结构有缺失或发育不正常的幼苗。

观察后,拣出正常幼苗、严重腐坏的幼苗和腐坏的种子,并填入发芽测定记录表。呈现其他缺陷的不正常幼苗保留到末次计数。

6. 区分未发芽种子

测定结束后,分别将各次重复的未发芽粒逐一切开,进行分类统计,并将结果填入发芽测定记录表。

(1) 空粒。仅有种皮的种粒。

(2) 涩粒。种粒内含物为紫黑色的单宁类物质,多见于杉木、柳杉种子。

(3) 硬粒。种皮透性不良,发芽测定结束仍坚硬的种子,常见于刺槐种子。

(4) 新鲜粒。能够吸水但发育进程受阻,外形依旧良好,坚实硬朗,仍具有发出正常幼苗潜力的种子。

(5) 死亡粒。既非硬粒,又非新鲜粒,未萌出任何结构的种子,如包被物极软、变色、发霉且毫无发出幼苗征兆的种子。

(6) 无胚粒。种子内有胚乳等物,但无种胚的种子。

(7) 虫害粒。内有幼虫、虫粪,或有其他迹象表明受到过昆虫侵害、影响发芽能力的种子。

7. 计算测定结果

发芽试验结束后,根据记录的资料,分别 4 个重复计算正常幼苗的百分率(种子发芽率)、不正常幼苗百分率和未发芽种子百分率。

$$发芽率 = \frac{正常幼苗数}{供检种子数} \times 100\%$$

称量发芽法的发芽率用单位重量样品中正常幼苗数表示,单位为株/g。

8. 确定种批的发芽率

检查各重复间的差异是否为随机误差,若各重复发芽率的最大值和最小值的差距没有超过容许差距范围,则平均数为种批发芽率。若各重复发芽率的最大值和最小值的差距超过容许差距范围,必须重新测定。

9. 重新测定

有下列情况之一时应重新测定,并仍按上述方法计算结果和检查误差。

(1)怀疑是休眠影响测定结果时,选择一种或几种解除休眠的方法处理,再按上述方法测定。将其中最好的结果作为测定结果填报,并注明所用方法。

(2)由于病毒或真菌、细菌蔓延干扰测定结果时,按上述方法用沙床或土床重新测定一次或几次。将其中最好的结果作为测定结果填报,并注明所用方法。

(3)难以评定的幼苗数较多而干扰测定结果时,按上述方法用沙床或土床重新测定一次或几次。将其中最好的结果作为测定结果填报,并注明所用方法。

(4)当测定条件、幼苗评定或计数显然有误差时,应按原用方法重新测定,并填报重新测定的结果。

(5)当其他不明因素使得各重复间的差距超过容许差距时,应按原用方法重新测定。若第一次和第二次的测定结果之差不超过容许差距(表 1.12),则以两次测定结果的平均数作为测定结果填报。若第一次和第二次的测定结果之差超过容许差距,应按原用方法进行第三次测定,以三次测定中相互一致的两次结果的平均数作为测定结果填报。

表 1.12　重新发芽测定容许差距

两次测定的发芽平均数		最大容许误差	两次测定的发芽平均数		最大容许误差
98~99	2~3	2	77~84	17~24	6
95~97	4~6	3	60~76	25~41	7
91~94	7~10	4	51~59	42~50	8
85~90	11~16	5			

(五)生活力测定

种子生活力是用染色法测得的种子潜在的发芽能力。当需要迅速判断种子的品质时,对休眠期长和难于进行发芽试验或是因条件限制不能进行发芽试验的种子,可采用染色法来检定。

1. 测定原理

目前测定用药剂主要有四唑和靛蓝。

(1)四唑测定原理。四唑染色法应用 2,3,5-三苯基氯化(或溴化)四唑无色溶液作为检验试剂,以显示活细胞中所发生的还原过程。在活细胞中,2,3,5-三苯基氯化四唑经氢化作用,生成一种红色而稳定的不扩散的物质,活细胞被染成红色,死细胞不被染色。这样就能根据种胚和胚乳染色的多少和部位鉴别种子是否有生活力及种子生活力的强弱。

四唑测定试剂的浓度为 0.1%~1%。浓度高,反应较快,但药剂消耗量大;浓度低,要求染色的时间较长。一般使用浓度为 0.5%的溶液。溶液随配随用,不宜久存。

(2)靛蓝测定原理。靛蓝是一种蓝色粉末,它能透过死细胞组织而染上颜色,但不能透过活细胞的原生质。因此,死细胞被染成蓝色,活细胞不被染色。这样就能根据种胚和胚乳染色的多少和部位鉴别种子是否有生活力。

靛蓝的使用浓度为 0.05%~0.1%,如发现溶液有沉淀,可适当加量。溶液随配随用,不宜久存。

2. 测定方法

（1）提取测定样品。将净度测定后的纯净种子铺在光滑的桌上，充分混合后用四分法分为 4 份，每份中随机抽取 25 粒组成 100 粒，共取 4 个 100 粒，即 4 个重复。或用数粒器提取 4 个 100 粒。

（2）种子催芽。为了软化种皮，便于剥取种仁，同时提高种子活力，检验前需进行催芽。首先，进行浸种处理。多数种子通常用始温 30～45 ℃的水浸 24～48 h，每天换水。硬粒种子和种皮致密的种子可用始温 80～85 ℃的水浸种，在自然冷却中浸种 24～72 h，每天换水。然后，将浸水后的种子置于温暖、湿润的环境下催芽 24～48 h，提高种子活力。豆科植物吸水后发芽速度较快，浸水后可不再催芽。

（3）剥取种仁或胚方。将种子纵向剖开，剥掉内外种皮，取出种仁。取种仁时既要露出种胚，又不能切伤种胚。大粒种子（如银杏、板栗）切取大约 1 cm² 包括胚根、胚轴、子叶和部分胚乳的方块（胚方）。剥取种仁或胚方时，发现空粒、腐坏粒、病虫粒等均填入生活力测定记录表中。

（4）染色鉴定。剥取种仁或胚方时顺手将剥取的种仁或胚方放入染色液中，上浮者要压沉。四唑染色要置于黑暗环境。浸种过程温度控制在 30～35 ℃，浸种时间因树种而异。

达到染色时间后，仔细观察染色情况，根据种胚和胚乳染色的多少和部位鉴别种子是否有生活力。

（5）计算测定结果。根据记录的资料，分别 4 次重复计算有生活力种子的百分率。

$$生活力 = \frac{有生活力种子数}{供检种子数} \times 100\%$$

（6）确定种子生活力。检查各重复间的差异是否为随机误差，若各重复的最大值和最小值的差距没有超过容许差距范围，则平均数为种批生活力。若各重复的最大值和最小值的差距超过容许差距范围，必须重新测定。

（7）重新测定。各重复间的差距超过容许差距时，应按原用方法重新测定。若第一次和第二次的测定结果之差不超过容许差距（表 1.12），则以两次测定结果的平均数作为测定结果填报。若第一次和第二次的测定结果之差超过容许差距，应按原用方法进行第三次测定，以三次测定中相互一致的两次结果的平均数作为测定结果填报。

（六）优良度测定

优良度是指优良种子数与供检种子总数的百分比。

此法是通过直接观察，从种子的形态、色泽、气味、硬度等来判断种子的质量，简单易行，可迅速得出结果。在生产上主要适用于种子采集、收购等工作现场。发芽测定结束时对未发芽粒的补充鉴定及休眠期长而又不能用染色法测定的种子也可应用。

优良度常用的测定方法有解剖法、挤压法。测定方法如下：

1. 提取测定样品

将净度测定后的纯净种子铺在光滑的桌上，充分混合后用四分法分为 4 份，每份中随机抽取 25 粒组成 100 粒，共取 4 个 100 粒，即 4 个重复。或用数粒器提取 4 个 100 粒。大粒种子可取 50 粒或 25 粒。

2. 浸种处理

种皮较坚硬难于解剖的种子,或用挤压法鉴定的小粒种子需进行浸种。

多数种子通常用始温 30～45 ℃的水浸种 24～48 h,每天换水。硬粒种子和种皮致密的种子可用始温 80～85 ℃的水浸种,在自然冷却中浸种 24～72 h,每天换水。

3. 鉴定

(1) 解剖法。将种子纵向剖开,仔细观察种胚、胚乳和子叶的大小、色泽、气味以及健康状况等区分优良种子及劣质种子。各重复优良粒、空粒、腐坏粒、病虫粒等记入优良度测定记录表中。

(2) 挤压法(压油法)。适用于含油脂多的种子和小粒种子的检验。

松类树种的种子含有油脂,可将种子放在两张白纸间,用瓶子滚压,使种粒破碎。凡油点明显者为好种子,油点不明显或无油点的为空粒或劣种。

桦木、泡桐等小粒种子,可将种子用水煮 10 min,取出后放在两块玻璃片中间挤压,能压出颜色正常种仁的为好种子,无种仁或种仁为黑色等不正常颜色的为劣质种子。

4. 计算测定结果

根据记录的资料,分别 4 个重复计算优良种子的百分率。

$$优良度 = \frac{优良种子数}{供检种子数} \times 100\%$$

5. 确定种子优良度

检查各重复间的差异是否为随机误差,若各重复的最大值和最小值的差距没有超过容许差距范围,则平均数为种批优良度。若各重复的最大值和最小值的差距超过容许差距范围,必须重新测定。

6. 重新测定

各重复间的差距超过容许差距时,应按原用方法重新测定。若第一次和第二次的测定结果之差不超过容许差距(表 1.12),则以两次测定结果的平均数作为测定结果填报。若第一次和第二次的测定结果之差超过容许差距,应按原用方法进行第三次测定,以三次测定中相互一致的两次结果的平均数作为测定结果填报。

（七）种子健康状况测定

种子健康状况是指种子是否携带病原菌(真菌、细菌、病毒)和害虫。种子健康状况测定是检验样品中是否存在送检人指明的病原菌和害虫。感染病害的种子不仅不耐贮藏,而且播种后发芽率低,影响产苗数量,还会将病菌传播到幼苗上,危害苗木的正常生长发育,从而影响苗木质量,增加育苗投资。因此,贮藏或播种前应检验种子的病虫感染程度。

1. 抽取测定样品

从送检样品中随机抽取 200 粒或 100 粒种子。

2. 鉴定

(1) 直观检查。将样品放在白纸或白瓷盘、玻璃板上,用放大镜观察,挑出有菌核、霉粒、虫瘿、活虫及病虫伤害的种子。

(2) 种子中隐蔽害虫的检查。将样品切开检查有虫和被虫蛀粒数。

(3) 种子病源检查。将种子放在温暖湿润的环境条件下培养一段时间,再用适当倍数的显微镜直接检查。有条件的,可进行洗涤检查和分离检查。

3. 计算测定结果

$$病害感染度 = \frac{霉粒数 + 病害粒数}{供检种子数} \times 100\%$$

$$虫害感染度 = \frac{虫害粒数}{供检种子数} \times 100\%$$

$$病虫感染度 = \frac{病虫感染粒数}{供检种子数} \times 100\%$$

如挑选出来的菌核、虫瘿、活虫等数量多时,应分别统计百分率。

以上是常规的种子品质检验方法,此外可用 X 射线摄影检验。使用即显软片,射线照射后 15 s,即可得到一张 X 射线的正片。优点是操作简便,速度快,结果比较可靠,可检查种子饱满、损伤粒、空粒和虫害粒的百分率。

授权的检验机构按照国家质量技术监督局发布的《林木种子检验规程》进行种子品质检验后,按《林木种子检验规程》的有关规定填写样品质量检验证书或种批质量检验证书,并填写检验情况综合表。

【任务实施】

一、净度分析

(一) 目的要求

学会净度分析的方法。

(二) 材料和器具

本地区主要树种的种子 2～3 种。

1/1000 天平、种子检验板、直尺、毛刷、胶匙、镊子、放大镜、盛种容器、钟鼎式分样器等。

(三) 方法步骤

1. 提取测定样品

用四分法或分样器法从送检样品中分取 2 份全样品或 2 份半样品,并称重。测定样品的重量按规定分取。称量的精度见表 1.13。

表 1.13　净度测定称量精度表

测定样品（g）	称重至小数位数	测定样品（g）	称重至小数位数
1.0000 以下	4	100.0～999.9	1
1.000～9.999	3	1000 及 1000 以上	0
10.00～99.99	2		

2. 区分各成分

将测定样品倒在玻璃板上,把纯净种子、其他植物种子和夹杂物分开。两份测定样品的同类成分不得混杂。

3. 称量

分别称纯净种子、其他植物种子和夹杂物的重量,填入净度分析记录表。

4. 检验样品误差

纯净种子、其他植物种子和夹杂物之和与样品重之间的差值应不大于 5%，否则应重做。

5. 计算测定结果

分别计算 2 个重复种子的净度，计算公式如下：

$$净度 = \frac{纯净种子重}{纯净种子重 + 其他植物种子重 + 夹杂物重} \times 100\%$$

送检样品先行清理的，净度用下式计算：

$$净度 = 送检样品净度 \times 测定样品净度$$

$$送检样品净度 = \frac{送品除去大杂质后的重量}{送检样品重} \times 100\%$$

6. 确定种批净度

检查 2 份样品净度之间的差异是否超过容许差距。若在容许差距范围内，检验的平均净度即为种批净度。若超过容许差距，则进行补充检验分析。

（四）实验报告

（1）将种子净度分析结果填入净度分析记录表（表 1.14）。

（2）写出种子净度分析应注意的问题。

表 1.14　净度分析记录表

编号_____

树种_____　样品号_____　样品情况_____

测试地点_____

环境条件：室内温度_____℃　湿度_____%

测试仪器：名称_____　编号_____

方法	试样重（g）	纯净种子重（g）	其他植物种子重（g）	夹杂物重（g）	总重（g）	净度（%）	备注
实际差距			容许差距				

本次测定：有效　☐　　　　　　　　　　测定人_____

　　　　　无效　☐　　　　　　　　　　校核人_____

　　　　　　　　　　　　　　　　　　　　测定日期_____年___月___日

二、重量测定

（一）目的要求

学会重量测定的方法。

（二）材料和器具

本地区主要树种的种子 2～3 种。

1/1000 天平、种子检验板、直尺、毛刷、胶匙、镊子、放大镜、盛种容器等。

（三）方法步骤（百粒法）

1. 提取测定样品

将净度测定后的纯净种子铺在光滑的桌上，充分混合后用四分法分为 4 份，每份中随机抽取 25 粒组成 100 粒，共取 8 个 100 粒，即 8 个重复。或用数粒器提取 8 个 100 粒。

2. 称重

分别称 8 个重复的重量（精度要求与净度测定相同），填入重量测定记录表。

3. 计算测定结果

计算 8 组的平均重量、标准差、变异系数，公式为：

$$\bar{x} = \frac{\sum\limits_{i=1}^{n} x_i}{n}$$

$$S = \sqrt{\frac{\sum\limits_{i=1}^{n} x_i^2 - n\bar{x}^2}{n-1}}$$

$$c = \frac{S}{\bar{x}} \times 100\%$$

4. 确定种子重量

若变异系数不超过 4%（种粒大小悬殊的不超过 6%），则 8 个组的平均重量乘以 10 即为种子的重量。若变异系数超过 4%（种粒大小悬殊的超过 6%），则重做。若仍超过，可计算 16 个组的平均重量及标准差，凡与平均重量之差超过 2 倍标准差的略去不计，未超过的各组的平均重量乘以 10 为种子重量。

（四）实验报告

（1）将种子重量测定结果填入重量测定记录表（表 1.15）。

（2）写出种子重量测定应注意的问题。

表 1.15　重量测定记录表

编号_____

树种_____　　样品号_____　　样品情况_____　　测试地点_____

环境条件:温度_____℃　湿度_____%　测试仪器:名称_____　编号_____

测定方法_____

重复号	1	2	3	4	5	6	7	8	9	10	11	12	13	14	15	16
X（g）																
标准差（S）																
平均数（$\bar{x}$）																
变异系数（%）																
千粒重（g）																

第　　组数据超过了容许误差,本次测定根据第　　　　组计算。

本次测定:有效　　□

无效　　□

测定人_____

校核人_____

测定日期_____年___月___日

三、种子含水量测定

（一）目的要求

学会种子含水量的测定方法。

（二）材料和器具

本地区主要树种的种子 2～3 种。

干燥箱、温度计、干燥器、称量瓶(坩埚、铝盒)、取样匙、坩埚钳、1/1000 分析天平、分样器等。

（三）方法步骤

1. 称样品盒重(V)

分别称 2 个预先烘干过的样品盒的重量,精度要求达 3 位小数。将数据填入含水量测定记录表。

2. 提取测定样品

用四分法或分样器法从含水量送检样品中分取测定样品,放入样品盒。样品取 2 个重复,重量为直径<8 cm 的容器 4～5 g,直径≥8 cm 的容器 10 g。

3. 称样品湿重(W)

分别称 2 个装有样品的样品盒的重量,精度要求达 3 位小数。

4. 烘干

低恒温烘干法,将装有样品的容器置于烘箱中,升温至(103±2)℃后烘(17±1) h。

5. 称样品干重(U)

将装有烘干样品的样品盒放入干燥器中冷却 30～45 min,然后分别称重,精度要求达 3 位小数。

6. 计算测定结果

计算两个重复的含水量,精确到 1 位小数。计算公式如下:

$$含水量 = \frac{W-U}{W-V} \times 100\%$$

若两个重复的差距不超过容许误差(表 1.16),则平均含水量为种批的含水量。如超过需重做。

表 1.16　含水量测定 2 次重复间的容许差距

种子大小类别	平均原始水分		
	<12%	12%～25%	>25%
小种子①	0.3%	0.5%	0.5%
大种子②	0.4%	0.8%	2.5%

① 小种子是指每千克超过 5000 粒的种子;

② 大种子是指每千克最多为 5000 粒的种子

(四) 实习报告

(1) 将种子含水量测定结果填入含水量测定记录表(表 1.17)。

(2) 写出种子含水量测定应注意的问题。

表 1.17　含水量测定记录表

编号_____

树种_____　　样品号_____　　样品情况_____

测试地点_____

环境条件:温度_____℃　湿度_____%

测试仪器:名称_____　编号_____

测定方法:_____

容器号			
容器重(g)			
容器及样品原重(g)			
烘至恒重(g)			
测定样品原重(g)			
水分重(g)			
含水量(%)			
平均	%		
实际差距	%	容许差距	%

本次测定:有效　　□

　　　　　　无效　　□

测定人_____

校核人_____

测定日期_____年___月___日

四、发芽测定

（一）目的要求

学会种子发芽的测定方法。

（二）材料和器具

本地区主要树种的种子 3～5 种。

恒温箱、发芽箱、培养皿、发芽皿、烧杯、解剖刀、解剖针、镊子、量筒、胶匙、滤纸、纱布、脱脂棉、温度计、直尺、福尔马林、高锰酸钾、标签、电炉、蒸煮锅、蒸馏水、滴瓶等。

（三）方法步骤

1. 提取测定样品

将净度测定后的纯净种子铺在光滑的桌上，充分混合后用四分法分为 4 份，每份中随机抽取 25 粒组成 100 粒，共取 4 个 100 粒，即 4 个重复。或用数粒器提取 4 个 100 粒。

2. 样品预处理

（1）消毒。用规定的方法消毒。

（2）催芽。用规定的方法催芽。没有具体规定的，一般用 40 ℃的温水浸种 24 h。

3. 发芽床的准备

先在培养皿或专用发芽皿底盘上铺一层脱脂棉，然后放一张大小适宜的滤纸，加入蒸馏水浸湿。

4. 置床

将处理过的种子以组为单位整齐地排列在发芽床上，种子之间必须保持一定的距离，减少病菌侵染。另外，种子要与基质密切接触，忌光种子要压入砂床并覆盖。大粒种子若 1 个发芽床排不下 1 个重复的，或怀疑种子带有病菌的，可将 1 个重复的种子分到 2 个或 4 个发芽床上排列。置床后必须贴上标签，以防混淆。将置床后的发芽床放在培养箱等适当的地方或专用发芽箱中。

5. 观察记载与管理

（1）测定持续时间。发芽测定时间自置床之日算起，按末次计数的天数计。在规定时间发芽粒数不多，或已到规定时间仍有较多的种粒萌发，可适当延长测定时间。延长时间最多不超过规定时间的二分之一。或当发芽末期连续 3 天每天发芽粒数不足供试种子总数的 1%时，即算发芽终止。

（2）管理。测定期经常检查样品及光照、水分、通气和温度条件。除忌光种子外，发芽测定每天要保证有 8 h 的光照及水分和空气的供给，温度控制在 25 ℃左右或按规定的要求控制。另外，轻微发霉的种粒用清水洗净后放回原发芽床，发霉种子较多时要及时更换发芽床。

（3）观察和记载。发芽测定期间的情况要定期观察记载，间隔期由检验机构根据实际情况自行确定，但初次计数和末次计数必须填入发芽测定记录表。记载的项目有正常幼苗数和不正常幼苗数 2 项。

观察后,拣出正常幼苗、严重腐坏的幼苗和腐坏的种子,并填入发芽测定记录表。呈现其他缺陷的不正常幼苗保留到末次计数。

6. 区分未发芽种子

测定结束后,分别将各次重复的未发芽粒逐一切开,区分空粒、涩粒、硬粒、新鲜粒、死亡粒、无胚粒、虫害粒,并将结果填入发芽测定记录表。

7. 计算测定结果

发芽试验结束后,根据记录的资料,分别 4 个重复计算正常幼苗的百分率(种子发芽率)、不正常幼苗百分率和未发芽种子百分率。

$$发芽率 = \frac{正常幼苗数}{供检种子数} \times 100\%$$

8. 确定种批的发芽率

检查各重复间的差异是否为随机误差,若各重复发芽率的最大值和最小值的差距没有超过容许差距范围,则平均数为种批发芽率。若各重复发芽率的最大值和最小值的差距超过容许差距范围,必须重新测定。

(四) 实验报告

(1)填写种子发芽测定记录表(表 1.18),计算种子各项发芽指标。

(2)写出种子发芽测定应注意的问题。

表 1.18 发芽测定记录表

编号_____

树种_____ 样品号_____ 样品情况_____ 测试地点_____

环境条件:室内温度_____℃ 湿度_____% 测试仪器:名称_____ 编号_____

预处理_____ 置床日期_____ 测定条件_____

		正常幼苗数						不正常幼苗数	未萌发粒分析							
项目		样品重(g)	初次计数			末次计数	合计		新鲜粒	死亡粒	硬粒	空粒	无胚粒	涩粒	虫害粒	合计
日期																
重复	1															
	2															
	3															
	4															
平均																

组间最大差距_____ 容许差距_____

本次测定:有效 □

　　　　　无效 □

测定人_____

校核人_____

测定日期_____年___月___日

五、生活力测定

(一)目的要求

了解测定种子生活力的基本原理,学会测定方法。

(二)材料和器具

本地区主要树种的种子 3～5 种。

恒温箱、培养皿、烧杯、解剖刀、镊子、量筒、胶匙、温度计、直尺、福尔马林、四唑、酒精、标签、蒸馏水等。

(三)方法步骤(四唑染色法)

1. 提取测定样品

将净度测定后的纯净种子铺在光滑的桌上,充分混合后用四分法分为 4 份,每份随机抽取 25 粒组成 100 粒,共取 4 个 100 粒,即 4 个重复。或用数粒器提取 4 个 100 粒。

2. 种子催芽

为了软化种皮,便于剥取种仁,同时提高种子活力,检验前需进行催芽。首先,进行浸种处理。多数种子通常用始温 30～45 ℃的水浸种 24～48 h,每天换水。硬粒种子和种皮致密的种子可用始温 80～85 ℃的水浸种,在自然冷却中浸种 24～72 h,每日换水。然后,将水浸后的种子置于温暖、湿润的环境下催芽 24～48 h,提高种子活力。豆科植物吸水后发芽速度较快,浸水后可不再催芽。

3. 剥取种仁或胚方

将种子纵向剖开,剥掉内外种皮,取出种仁。取种仁时既要露出种胚,又不能切伤种胚。大粒种子(如银杏、板栗)切取大约 1 cm^2 包括胚根、胚轴、子叶和部分胚乳的方块(胚方)。剥取种仁或胚方时,发现空粒、腐坏粒、病虫粒等记入生活力测定记录表中。

4. 染色鉴定

剥取种仁或胚方时顺手将剥取的种仁或胚方放入染色液中,上浮者要压沉。四唑染色要置于黑暗环境。浸种过程控制 30～35 ℃温度,浸种时间因树种而异。

达到染色时间后,仔细观察染色情况,根据种胚和胚乳染色的多少和部位鉴别种子是否有生活力。

5. 计算测定结果

根据记录的资料,分别 4 个重复计算有生活力种子的百分率。

$$生活力 = \frac{有生活力种子数}{供检种子数} \times 100\%$$

6. 确定种子生活力

检查各重复间的差异是否为随机误差,若各重复的最大值和最小值的差距没有超过容许差距范围,则平均数为种批生活力。若各重复的最大值和最小值的差距超过容许差距范围,必须重新测定。

（四）实验报告

（1）填写种子生活力测定记录表（表 1.19）。

（2）写出种子生活力测定应注意的问题。

表 1.19　生活力测定记录表

编号_____

树种_____　样品号_____　样品情况_____

染色剂_____　浓度_____

测试地点_____

环境条件：温度_____℃　湿度_____%

测试仪器：名称_____　编号_____

重复	测定种子粒数	种子解剖结果				进行染色粒数	染色结果				平均生活力（%）	备注
		腐烂粒	涩粒	病虫害粒	空粒		无生活力		有生活力			
							粒数	占比（%）	粒数	占比（%）		
1												
2												
3												
4												
平均												

测定方法_____

实际差距_____　容许差距_____

本次测定：有效　　□

　　　　　无效　　□

测定人_____

校核人_____

测定日期_____年____月____日

六、优良度测定

（一）目的要求

学会种子优良度的测定方法。

（二）材料和器具

本地区主要树种的种子 3～5 种。

培养皿、烧杯、解剖刀、镊子、水浴锅、碾压器、白纸、玻璃、手持放大镜等。

（三）方法步骤

1. 提取测定样品

将净度测定后的纯净种子铺在光滑的桌上，充分混合后用四分法分为 4 份，每份中随机抽取 25 粒组成 100 粒，共取 4 个 100 粒，即 4 个重复。或用数粒器提取 4 个 100 粒。大粒种子可取 50 粒或 25 粒。

2. 浸种处理

种皮较坚硬难于解剖的种子，或用挤压法鉴定的小粒种子需进行浸种。多数种子通常用始温 30～45 ℃的水浸种 24～48 h，每天换水。硬粒种子和种皮致密的种子可用始温 80～85 ℃的水浸种，在自然冷却中浸种 24～72 h，每日换水。

3. 鉴定

（1）解剖法。将种子纵向剖开，仔细观察种胚、胚乳和子叶的大小、色泽、气味以及健康状况等，区分优良种子及劣质种子。各重复优良粒、空粒、腐坏粒、病虫粒等记入优良度测定记录表中。

（2）挤压法（压油法）。适用于含油脂多的种子和小粒种子的检验。

落叶松、松类等种子含有油脂，可将种子放在两张白纸间，用瓶滚压，使种粒破碎。凡油点明显者为好种子，油点不明显或无油点的为空粒或劣种。

桦木、泡桐等小粒种子，可将种子用水煮 10 min，取出后用两块玻璃片挤压，能压出颜色正常种仁的为好种，无种仁或种仁为黑色等不正常颜色的为劣质种子。

4. 计算测定结果

根据记录的资料，分别 4 个重复计算优良种子的百分率。

$$优良度 = \frac{优良种子数}{供检种子数} \times 100\%$$

5. 确定种子优良度

检查各重复间的差异是否为随机误差，若各重复的最大值和最小值的差距没有超过容许差距范围，则平均数为种批优良度。若各重复的最大值和最小值的差距超过容许差距范围，必须重新测定。

（四）实验报告

（1）填写种子优良度测定记录表（表 1.20）。
（2）写出种子优良度测定应注意的问题。

表 1.20 优良度测定记录表

编号_____

树种_____ 样品号_____ 样品情况_____

测试地点_____

环境条件:温度_____ ℃ 湿度_____ %

测试仪器:名称_____ 编号_____

重复	测定种子粒数	观察结果						优良度（%）	备注
		优良粒	腐烂粒	空粒	涩粒	病虫粒			
1									
2									
3									
4									
平均									
实际差距				容许差距					

测定方法

本次测定:有效 ☐

无效 ☐

测定人_____

校核人_____

测定日期_____年___月___日

七、种子健康状况测定

（一）目的要求

学会种子健康状况的测定方法。

（二）材料和器具

本地区主要树种的种子 3～5 种。

培养皿、白纸或白瓷盘、玻璃板、放大镜、镊子、显微镜等。

（三）方法步骤

1. 抽取测定样品

从送检样品中随机抽取 200 粒或 100 粒种子。

2. 鉴定

（1）直观检查。将样品放在白纸或白瓷盘、玻璃板上,用放大镜观察,挑出有菌核、霉粒、虫瘿、活虫及病虫伤害的种子。

（2）种子中隐蔽害虫的检查。将样品切开检查有虫和被蛀粒数。

（3）种子病源检查。将种子放在温暖、湿润的环境条件下培养一段时间,再用适当倍数的显微镜直接检查。有条件的,可进行洗涤检查和分离检查。

3. 计算测定结果

$$病害感染度 = \frac{霉粒数 + 病害粒数}{供检种子数} \times 100\%$$

$$虫害感染度 = \frac{虫害粒数}{供检种子数} \times 100\%$$

$$病虫感染度 = \frac{病虫感染粒数}{供检种子数} \times 100\%$$

如挑出的菌核、虫瘿、活虫等数量多时,应分别统计。

(四)实验报告

(1)填写种子健康状况测定记录表(表 1.21)。

(2)写出种子健康状况测定应注意的问题。

表 1.21　种子健康状况测定记录表

编号_____

树种_____　样品号_____　样品情况_____

测试地点_____

环境条件:温度_____℃　湿度_____%

测试仪器:名称_____　编号_____

测定种子粒数	观察结果				病害感染度(%)	虫害感染度(%)	病虫害感染度(%)	备注
	健康粒	虫粒	病粒	其他				

测定方法

本次测定:有效　□　　　　　　　　　　　　测定人_____

　　　　　无效　□　　　　　　　　　　　　校核人_____

　　　　　　　　　　　　　　　　　　　　　测定日期_____年___月___日

【技能考核 1】　种子识别

(一)操作时间

10 分钟。

(二)操作程序

识别种子—填写记录表。

(三)操作现场

实验室。用材树种种子 10 种。考生不能带相关资料。

（四）操作要求与配分（100分）

在规定时间内正确识别种子,每种10分。

（五）考核评价

单独考核。实训指导教师根据学生在考核现场识别的正确率当场评分。

【技能考核2】 种子贮藏

（一）操作时间

30分钟。

（二）操作程序

用具准备—选择种子—密封干藏—室内堆藏—用具还原。

（三）操作现场

实验室。密封容器、大花盆、砂子、铲子、洒水壶、适宜干藏和适宜湿藏的种子各若干种。考生不能带相关资料。

（四）操作要求与配分（95分）

1. 密封干藏（45分）
（1）种子选择正确。（15分）
（2）装种量适合。（15分）
（3）操作熟练、规范、正确。（15分）
2. 室内堆藏（50分）
（1）种子选择正确。（15分）
（2）种、砂比例和湿度适宜。（15分）
（3）操作熟练、规范、正确。（20分）

（五）工具设备使用保护和配分

正确使用和保护工具。（5分）

（六）考核评价

5个人一组同时进行,每个学生独立完成操作。
实训指导教师根据学生在考核现场的操作情况,按考核评价标准当场逐项评分。

【技能考核3】 种子检验（1）

（一）操作时间

60分钟。

（二）操作程序

仪器用具准备—样品抽取—净度测定—千粒重测定—仪器用具还原。

（三）操作现场

实验室。天平、培养皿、直尺、镊子、计算器、数粒器等检验用具一套,检验用种子、有关表格。考生不能带相关资料。

（四）操作要求与配分（95 分）

1. 净度测定（50 分）

（1）样品抽取操作正确、规范、熟练。（20 分）

（2）正确区分识别纯净种子。（20 分）

（3）公式运用和净度计算结果正确。（10 分）

2. 重量（百粒法）测定（45 分）

（1）样品抽取操作正确、规范、熟练。（15 分）

（2）称重符合规范,精度把握正确。（10 分）

（3）平均数、标准差、变异系数和千粒重计算结果正确。（20 分）

（五）工具设备使用保护和配分

正确使用和保护检验仪器。（5 分）

（六）考核评价

5 个人一组同时进行操作,每个学生独立完成 1 个净度测定样品（采用半样品）和 4 个重量测定样品的测定,并填写记录表。

实训指导教师根据学生在考核现场的操作情况和记录表填写情况,按考核评价标准当场逐项评分。

【技能考核 4】　种子检验（2）

（一）操作时间

60 分钟。

（二）操作程序

仪器用具准备—样品抽取—发芽率测定—生活力测定—仪器用具还原。

（三）操作现场

实验室。培养皿或发芽皿、脱脂棉、滤纸镊子、解剖刀等检验用具一套,检验用种子、代用药品、酒精、有关表格。考生不能带相关资料。

（四）操作要求与配分（95 分）

1. 发芽率测定（50 分）

（1）样品抽取操作正确、规范、熟练。（20 分）

（2）样品处理方法正确、规范。（15 分）

（3）置床合理、熟练。（15 分）

2. 生活力测定（45 分）

（1）染色溶液浓度计算和配制正确、规范。（15 分）

（2）取胚方法正确、操作熟练。（20 分）

（3）种子生活力判别正确。（10 分）

（五）工具设备使用保护和配分

正确使用和保护检验仪器。（5 分）

（六）考核评价

5 个人一组同时进行操作，每个学生独立完成 1 个发芽率测定样品和 1 个生活力测定样品的测定，并填写记录表。

实训指导教师根据学生在考核现场的操作情况和记录表填写情况，按考核评价标准当场逐项评分。

（说明：① 发芽测定样品处理可用口试或笔试代替。② 种子生活力判别可用图示判别。）

【巩固训练】

一、名词解释

1. 良种　　　2. 遗传资源　　3. 种源　　　4. 种源试验　　5. 杂交育种

6. 优树　　　7. 母树林　　　8. 种子园　　9. 采穗圃　　　10. 结实间隔期

11. 生理成熟　12. 形态成熟　13. 生理后熟　14. 种子批　　15. 初次样品

16. 混合样品　17. 送检样品　18. 测定样品　19. 丰年　　　20. 歉年

二、填空题

1. 种实调制工作的内容包括：_____、_____、_____及_____等。

2. 球果类种子一般用_____法脱粒，肉质果类采用_____法脱粒，干果类则根据种子_____和_____的不同，分别采用日晒法或阴干法脱粒。

3. 净种的方法有_____、_____、_____和_____等。

4. 影响种子寿命的因素有_____、_____、_____、_____、_____、_____和_____。

5. 种子贮藏方法有干藏和湿藏，适宜干藏的是_____的种子，适宜湿藏的是_____的种子。

6. 干藏法主要有_____、_____；湿藏法主要有

_____、_____、_____。

7. 种子品质检验的项目有_____、_____、

_____、_____、_____、

_____和_____。

8. 抽取初次样品时，可选用_____或_____。

9. 千粒重的测定方法有_____和_____。

10. 种子健康状况是指种子是否携带_____和_____。

三、选择题

1. 果实成熟后需立即采种的是（　　　）

A. 易脱落的小粒种子　　　B. 挂果期长的　　　C. 大粒种子

2. 应在生理成熟后形态成熟前采种的是（　　　）

A. 生理后熟的种子　　　B. 短期休眠的种子　　C. 缩短深休眠种子的休眠期

3. 干果类适宜日晒脱粒和干燥的是（　　　）

A. 荚果　　　B. 翅果（杜仲、榆树除外）　　　C. 蒴果　　　D. 坚果

E. A＋B　　　F. A＋C

4. 种子干燥时可采用日晒法的是（　　　）

A. 松类种子　　　B. 栎类种子　　　C. 肉质果类种子　　　D. 特小粒种子

5. 肉质果类取种的方法是（　　　）

A. 日晒　　　B. 阴干　　　C. 堆沤

6. 适于湿藏的种子是（　　　）

A. 安全含水量低的种子　　B. 安全含水量高的种子　　　C. 均适合

7. 适合贮藏安全含水量很低的特小粒种子的方法是（　　　）

A. 室内堆藏　　　B. 普通干藏　　　C. 密封干藏

8. 贮藏种子最适宜的温度是（　　　）

A. $-10 \sim -5$ ℃　　B. $-5 \sim 0$ ℃　　C. $0 \sim 5$ ℃　　D. $5 \sim 10$ ℃

9. 生活力测定中四唑的使用浓度为（　　　）

A. $0.01\% \sim 0.05\%$　　B. $0.05\% \sim 0.1\%$　　C. $0.1\% \sim 0.5\%$　　D. 0.5%

10. 种子品质检验是检验种子的（　　　）

A. 遗传品质　　　B. 播种品质　　　C. A＋B

11. 下列种子组合全有生理后熟现象的是（　　　）

A. 桉树、桂花、银杏　　　　　　　　　B. 杉木、桂花、银杏

C. 杉木、马尾松、侧柏　　　　　　　　D. 桂花、银杏、假槟榔

12. 下列种子组合全没有生理后熟现象的是（　　　）

A. 桉树、桂花、银杏　　　　　　　　　B. 杉木、桂花、银杏

C. 杉木、马尾松、侧柏　　　　　　　　D. 桂花、银杏、假槟榔

13. 下列种子组合全适宜用日晒法干燥的是（　　　）

A. 马尾松、杉木、侧柏　　　　　　　　B. 杉木、桂花、银杏

C. 桉树、杉木、鱼尾葵　　　　　　　　D. 桂花、银杏、假槟榔

14. 下列种子组合全适宜用阴干法干燥的是（　　　）

A. 马尾松、杉木、侧柏   B. 杉木、桂花、银杏

C. 桉树、杉木、鱼尾葵   D. 桂花、银杏、假槟榔

15. 下列种子组合全适宜用普通干藏的是（　　　）

A. 马尾松、杉木、侧柏   B. 杉木、桂花、银杏

C. 桉树、杉木、鱼尾葵   D. 桂花、银杏、假槟榔

16. 下列种子组合全适宜湿藏的是（　　　）

A. 马尾松、杉木、侧柏   B. 杉木、桂花、银杏

C. 桉树、杉木、鱼尾葵   D. 桂花、银杏、假槟榔

四、判断题

1. 成年期健壮树木上采集的种子质量好。（　　　）

2. 一般不宜从孤立木上采种用于育苗。（　　　）

3. 树木的种子通常在形态成熟后采集。（　　　）

4. 假槟榔、桂花、银杏等大粒种子宜用立木采摘法采集，柳杉、紫薇、柳树等小粒种子宜用地面收集法采集。（　　　）

5. 种子安全含水量决定种子干燥和贮藏方法，安全水量低的种子适宜阴干和湿藏。（　　　）

6. 净种方法有筛选、风选、水选和粒选，当种子与空粒、夹杂物大小不同时，宜选用风选或水选法净种。（　　　）

7. 种子干燥方法有日晒和阴干，安全含水量低、种粒很小的种子宜用日晒法干燥。（　　　）

8. 安全含水量低、种粒很小的种子用普通干藏法贮藏。（　　　）

9. 有生活力的种子用四唑染色呈红色，用靛蓝染色呈蓝色。（　　　）

10. 发芽率、生活力、优良度测定都是测定种子发芽能力的方法，在需要知道精确结果时应采用优良度测定。（　　　）

五、问答题

1. 生理成熟的种子与形态成熟的种子有何区别？

2. 球果、干果和肉质果形态成熟表现出什么特征？

3. 举例说明怎样确定采种期。

4. 采种的基本方法有几种？各适用于何类种实？采种时应注意什么问题？

5. 试列举球果、蒴果、荚果、翅果、坚果、肉质果类树种各一例，说明其种子的调制方法。

6. 生产上常用的净种方法有哪些？各适用于哪类种子？

7. 说明普通干藏、密封干藏的做法。

8. 说明室内堆藏适用于什么种子，怎样做。

项目2　播 种 育 苗

【项目分析】

播种育苗是指将种子播在苗床上培育苗木的育苗方法。用播种繁殖所得到的苗木称为播种苗或实生苗。播种苗根系发达，对不良生长环境的抗性较强，如抗风、抗旱、抗寒等；苗木阶段发育年龄小，可塑性强，后期生长快，寿命长，生长稳定，也有利于引种驯化和定向培育新的品种。林木的种子来源广，便于大量繁殖，育苗技术易于掌握，可以在较短时间内培育出大量的苗木或嫁接繁殖用的砧木，因而播种育苗在苗木的繁殖中占有重要的地位。

任务1　育苗地选择

【任务分析】

选择适宜的育苗地十分重要。育苗地选择不当，不仅难以达到培育大量合格绿化苗的目的，而且会造成人力、物力和财力的浪费，提高育苗成本。育苗地条件好，就能以最低的育苗成本，培育出大量符合造林绿化建设需要的优质苗木，取得良好的经济效益和社会效益。目前在林业上育苗的方式多种多样，播种育苗是一种常规育苗方式，一般在苗圃中进行，播种育苗可以采用苗圃常规育苗、容器育苗等。其中苗圃常规育苗劳动强度大，育苗周期长，受自然环境影响大，苗木质量不易保证；容器育苗能够缩短育苗周期，加快育苗速度，提高苗木质量，可以有效地提高造林成活率，还能实现育苗生产的机械化。但在我国现有的林业经济条件下，林业生产中还应该首选成本低、技术相对简单的常规播种育苗，只有在具备一定条件下且只有采用容器育苗才能保证造林效果时，才放弃常规播种育苗。

因此，林业生产人员要积极学习掌握常规播种育苗技术，在既定的条件下，尽可能培育出生命力旺盛、能够抵御各种不良情况、造林成活率高的壮苗。

【预备知识】

一、育苗地的条件

选择育苗地应对各种条件进行深入细致的调查，经全面的分析研究后，加以确定。这对使用年限较长，经营面积较大，投资、设备较多的苗圃尤为重要。

1. 地理位置

（1）交通条件。应在交通方便的地方，以便于育苗所需要的物资材料的运入和苗木的运出。

（2）人力条件。大型苗圃需要劳动力较多，尤其是育苗繁忙季节需要大量临时工。因此，育苗地应在靠近居民点的地方，以保证有充足的劳动力来源，同时便于解决电力、畜力和住房等问题。

（3）周边环境。尽量远离污染源，防止污染对苗木生长产生不良影响。

2. 地形

固定苗圃应设在地势平坦、排水良好的平地或 1°～3°的缓坡地上。坡度太大容易引起水土流失，也不利于灌溉和机械作业。

山地丘陵地区，因条件所限，应尽量设在山脚下的缓坡地。如坡度较大，则应修筑带状水平梯田。忌设在易积水的低洼地、过水地，风害严重的风口，光照很弱的山谷等地段。

山地育苗时，坡向对苗木发育有很大影响。北方地区气候寒冷，生长期较短，春季干旱、风大，秋、冬季易遭受西北风的危害。因此，育苗地宜选东南坡。东南坡向光照条件好，昼夜温差小，土壤湿度也较大；而西北坡、北坡或东北坡则因温度过低，不宜作育苗地。南方温暖多雨地区，一般则以东南坡、东坡或东北坡为宜。南坡、西南坡或西坡因阳光直射，土壤干燥，不宜作育苗地。

3. 土壤

土壤是种子发芽、插穗生根和苗木生长发育所需要的水分、养分的供给者，也是苗木根系生长发育的环境条件。因此，选择育苗地时必须重视土壤条件。

土壤的结构和质地，对于土壤中的水、肥、气、热状况影响很大。通常团粒结构的土壤通气性和透水性良好，且温热条件适中，有利于土壤微生物的活动和有机质的分解，土壤肥力较高，土壤地表径流少，灌溉时渗水均匀，有利于种子发芽出土和幼苗的根系发育，同时又便于土壤耕作、除草松土和起苗作业；砂土贫瘠，表面温度高，肥力低，保水力差，不利于苗木生长；重黏土结构紧密，透水性和通气性不良，温度低，平时地表易板结或龟裂，雨后泥泞，排水不良，也不利于幼苗出土和根系发育；较重的盐碱土，因盐分过多，对苗木易产生严重的毒害作用，影响生长，甚至造成苗木死亡。实践证明，育苗地以选择较肥沃的砂质壤土、轻壤土和壤土为好。砂土、重黏土和盐碱土均不宜。

土壤的酸碱度对土壤肥力和苗木生长也有很大影响。不同的苗木对土壤酸碱度的适应能力不同：有的苗木如油松、红松、马尾松、杉木等喜酸性土壤；有的苗木如侧柏、刺槐、白榆、臭椿、苦楝等耐轻度盐碱，土壤中含盐量在 0.1％以上时尚能生长。而大多数针叶树种则适宜中性或微酸性土壤，多数阔叶树种适宜中性或微碱性土壤。在一般情况下，苗木在弱酸至弱碱的土壤里才能生长良好。当土壤过酸时，土壤中磷和其他营养元素的有效性下降，不利于苗木生长，在中性土壤中磷的有效性最大。当土壤碱性过大时，也会使磷、铁、铜、锰、锌和硼等元素的有效性显著降低。另外，土壤酸性或碱性太大对一些有益微生物的活动不利，因而影响氮、磷和其他元素的转化和供应。因此，选择育苗地时必须考虑到土壤的酸碱度要与所培育的苗木种类相适应。

4. 水源

苗木对水分供应条件要求很高，必须有良好的供水条件。水质要求为淡水，含盐量一般不超过 0.1％，最高不超过 0.15％，还要求水源无污染或污染较轻。最好在靠近河流、湖泊、池塘和水库的地方建立苗圃，便于引水灌溉。如果没有上述水源条件，就应该考虑打井灌溉。

但是，育苗地也不宜设置在河流、湖泊、池塘、水库的边上，或者其他地下水位过高的地方。地下水位过高,土壤水分过多,则通气不良,根系发育差,苗木容易发生徒长,不能充分木质化,易遭受冻害。在盐碱地区,如果地下水位高,还会造成土壤的盐渍化。地下水位过低,会增加灌溉次数和灌水量,因而会增加育苗成本。适宜的地下水位受土壤质地影响,砂土一般为 1～1.5 m,砂壤土为 1.5～2.0 m,轻壤土为 2.5～3.0 m。

5. 病虫害

苗木培育往往由于病虫的危害而遭受很大的损失。因此,在选择育苗时,应进行土壤病虫害的调查,尤其应查清蛴螬、蝼蛄、地老虎、蟋蟀等主要地下害虫的危害程度和立枯病、根腐病等病菌的感染程度。病虫危害严重的土地不宜作育苗地,或者采取有效的消毒措施后再作育苗地。

选择育苗地要综合考虑以上条件,不能强调某些条件而忽视其他条件。相对而言,土壤条件和水源更为重要。

二、育苗地面积的计算

生产用地面积可以根据各种苗木的生产任务、单位面积的产苗量及轮作制来计算。各树种的单位面积产苗量通常是根据各个地区自然条件和技术水平所确定。如果没有产苗量定额,则可以参考生产实践经验来确定。计算时用下列公式:

$$S = \frac{N \times A}{n} \times \frac{B}{C}$$

式中,S——某树种所需的育苗面积;N——该树种计划产苗量;n——该树种单位面积的产苗量;A——苗木的培育年龄;B——轮作区的总区数;C——每年育苗所占的区数。

例如:某苗圃生产半年生马尾松播种苗 150 万株,采取 3 区轮作制,每年有 1 个区休闲种植绿肥作物,2 个区育苗,单位面积产苗量为 250 株/m²,则需要育苗面积为

$$S = \frac{150 \times 10000}{250} \times \frac{3}{2} \div 60\% = 15000 \ m^2$$

若不采用轮作制,$\frac{B}{C}$ 等于 1,则育苗面积为 10000 m²。

依上述公式的计算结果是理论数值。实际生产中,在苗木抚育、起苗、假植、贮藏和运输等过程中苗木会有一定的损失。所以,计划每年生产的苗木数量时,应适当增加 3%～5%,育苗面积亦相应地增加。各个树种所占面积的总和即为生产用地的总面积。

【任务实施】 苗圃设计

一、目的要求

运用课堂和苗圃中所学得的理论知识与实践技能,根据既定的育苗任务和圃地的自然条件,在教师指导下编制育苗年度计划,进行育苗作业设计,以进一步巩固所学知识,培养学生思考问题和解决问题的能力。

要求独立思考,理论联系实际,在规定时间内完成设计书的编写。设计书力求文字简练,逻辑性强,字迹清楚、整洁,附有表格和图,装订整齐,并有封面。

二、材料和器具

绘图纸、绘图板、绘图笔、罗盘仪、计算纸。

苗圃的基本情况、育苗任务书(包括树种、苗木种类、育苗面积、计划产苗量、苗龄等)、苗木规格标准表、播种量参考表、各种物质(如种子、物、肥、药品)价格参考表、育苗作业定额参考表、各项工资标准、单位面积物质(物、肥、药品)需要量定额参考表、苗木种类符号表。

三、方法步骤

(一)测绘苗圃平面图

略。

(二)苗圃地的调查

调查苗圃地的气候条件(年降水量、年平均气温、最高和最低温度、初晚霜、风向等)、土壤条件(质地、土层厚度、pH、水分及肥力状况、地下水位等)、水源情况(种类、分布、灌溉措施)、地形特点和病虫害及植被情况。

(三)绘制苗圃区划图

以实测的苗圃平面图为基础,在实际调查的基础上,根据生产区苗圃的土壤质地、土层厚度、肥力状况、地势高低和水源条件等,按不同树种的不同苗木种类分别进行合理区划设计,尽量使各个生产区保持完整,不要分割成几块,最后按面积比例标记在区划图上。

(四)苗圃总面积和各生产区面积计算

略。

(五)苗圃规划设计说明书的编写

设计说明书是苗圃规划设计的文字材料,它与设计图是苗圃设计的两个不可缺少的组成部分。图纸上表达不出的内容,都必须在说明书中加以阐述。一般分为总论和设计两部分进行编写。

1. 总论

(1)前言。简要叙述林木苗木培育在当地经济建设中的重要意义及发展概况、本设计遵循的原则、指导思想及内容概要等。

(2)经营条件。

① 苗圃位置和当地的经济、生产及劳动力情况及其对苗圃经营的影响。

② 苗圃的交通条件。

③ 动力和机械化条件。

④ 周围的环境条件。

(3)自然条件。

① 气候条件。年降水量、年平均气温、最高和最低温度、初终霜期、风向等。

② 土壤条件。质地、土层厚度、pH、水分及肥力状况、地下水位等。

③ 水源情况。种类、分布、灌溉措施等。

④ 地形特点。

⑤ 病虫害及植被情况。

根据自然条件,分析有利和不利条件,提出发挥有利条件、克服不利条件的措施。

2. 设计

(1) 苗圃的区划说明。

① 作业区的大小。

② 各育苗区的配置。

③ 道路系统的设计。

④ 排灌系统的设计。

⑤ 防护林带及篱垣的设计。

⑥ 管理区建筑的设计。

(2) 育苗技术设计。

① 培育苗木的种类和繁殖方法。首先根据生产任务,按照国家标准规定的产量标准或经验,计算出各类苗木的育苗面积和总育苗面积。其次按照单位面积物、肥、药品、各项作业工程等定额,编制苗圃年度育苗生产计划(表 2.1)。

② 各类苗木繁殖技术要点。育苗技术设计要区分不同树种、苗木种类,依时间和作业顺序进行设计,这是设计的重点内容。设计的中心思想是力求以最低的成本,在单位面积上获得最多的合格苗。因此要充分运用所学知识,密切结合苗圃地条件和苗木特性,发扬生产上的成功经验,拟订出先进的技术措施。

区分不同苗木,设计苗木培育各项技术的要点。根据全年的作业顺序和作业项目,按季、月、旬编制具体工作计划(表 2.2),以便有步骤地组织各项作业。如培育 1 年生播种苗,需要安排整地、土壤处理、施基肥、作床或作垄、种子消毒、催芽、播种、覆盖物撤除、遮阴、松土除草、间苗补苗、灌溉排水、防鸟和鼠害、追肥、防治病虫害、苗木防寒、起苗、分级统计、假植、包装和运输等。

(3) 苗木出圃规格要求。

(4) 苗圃发展展望及投资效益估算。通过对育苗成本和生产收入进行概算,对投资效益进行分析,对苗圃的发展进行展望。

育苗成本包括直接成本和间接成本。直接成本指育苗所需种子、穗条、苗木、物料、肥料、药品的支出及劳动工资和共同生产费等;间接成本包括基本建设费、工具折旧费与行政管理费等。

育苗成本估算要区分树种、苗木种类,根据苗圃年度育苗生产计划所列各项内容和共同生产费、管理费、折旧费等计算(表 2.3)。然后依据收支项目累计金额,平衡本年度资金收支盈亏情况(表 2.4)。

共同生产费指不能直接分摊给某一树种的费用,如会议、学习、参观、病产假、奖励、劳保用品等产生的费用,可根据实际情况确定为人工费的 10%,然后换算成金额。

管理费为干部和脱产人员的人头费,根据实际情况确定,一般为人工费的 60%～65%。

折旧费指各种机具、工具、水井、排灌设备等折旧费用,一般为人工费的 25%～30%。

四、实习报告

每人完成一份完整的苗圃规划设计成果(包括外业调查材料、内业设计表、图面材料和说明书等)。

表 2.1 _____ 年度育苗生产计划表

树种	苗木种类	育苗面积	播种量	计划产苗量			苗木质量			物料							肥料		药品	
				小计	合格苗	留圃苗	地径	苗高	根长	砂子	稻草	草帘	草绳	秫秸	苇帘	木桩	堆肥	硫酸钙	钙、镁、磷	多菌灵	硫酸铜

注:表格栏目可根据实际情况适当删减。 单位:m², 千株、cm、kg、m³、张、个

表 2.2 季、月、旬工作育苗计划进程表

季	月	旬	工作项目和技术要求	用工数量			
				合计	人工	畜工	机械工
一季度	1	上					
		中					
		下					
	2	上					
		中					
		下					
	3	上					
		中					
		下					
二季度	4	上					
		中					
		下					
	5	上					
		中					
		下					
	6	上					
		中					
		下					

注:进程表编制到12月。

表 2.3　育苗作业成本计划表

树种	苗木种类	育苗面积（hm²）	产苗量（株）	用工量（工）				直接费用（元）								直接成本（元）		管理折旧费
				人工	畜工	机械工	小计	人工费	畜工费	机工费	种苗费	物料费	肥料费	药料费	共同费	小计	千株成本	

表 2.4　苗圃年度资金收支平衡

收入项目	支出项目	收支两抵后盈亏（元）

任务 2　育苗准备工作

【任务分析】

育苗准备工作包括育苗地耕作和种子处理两项内容。

【预备知识】

一、育苗地耕作

（一）土壤耕作

1. 土壤耕作的作用

土壤耕作可以疏松土壤,促进深层土壤熟化,有利于恢复和创造土壤的团粒结构,增强土壤的通气性和透水性,提高蓄水保墒能力;能提高土温,有利于土壤好气性微生物的活动,加速土壤有机质的分解,为苗木提供充足的养分;土壤耕作还可以翻埋杂草种子和作物残茬,混拌肥料及消灭部分病虫害。土壤条件的改善,有利于种子发芽、苗木扎根和苗木生长。

2. 土壤耕作的环节

土壤耕作的基本要求是"及时平整,全面耕到,土壤细碎,清除草根石块,并达到一定深度"。主要是耕地和耙地两个环节。

（1）耕地。耕地是土壤耕作的中心环节。耕地的季节和时间,应根据气候和土壤条件而定。秋耕有利于蓄水保墒,改良土壤,消灭病虫和杂草,故一般多采用秋耕,尤其在北方干旱地区或盐碱地区更为有利。但沙土适宜春耕,山地育苗,最好在雨季以前耕地。为了提高耕地的效果,应抓住土壤不干不湿、含水量为田间持水量的 $60\%\sim70\%$ 时进行耕地。

耕地的深度要根据育苗地条件和育苗要求而定。耕地深度一般在 $20\sim25$ cm,过浅起不到耕地的作用;过深苗木根系过长,起苗栽植困难。一般的原则是播种区稍浅,营养繁殖区和移植区稍深;沙土地稍浅、瘠薄黏重地和盐碱地稍深;在北方,秋耕宜深,春耕宜浅。

(2)耙地。耙地的作用是疏松表土,耙碎土块,平整土地,清除杂草,混拌肥料和蓄水保墒。

一般说来,耕后应立即耙平,尤其是在北方干旱地区,为了蓄水保墒,减少蒸发就更为重要。但在冬季积雪的北方或土壤黏重的南方,为了风化土壤,积雪保墒,冻死虫卵,耕地后任凭日晒雨淋一些时日,抓住土壤湿度适宜时耙地或第二年春再行耙地。

(二)作业方式

苗床育苗的作床时间应在播种前1～2周,以使作床后疏松的表土沉实。作床前应先选定基线,区划好苗床与步道,然后作床。一般苗床宽100～120 cm,步道底宽30～40 cm。苗床长度依地形、作业方式等而定,一般10～20 m不等,以方便管理为度。苗床走向以南北向为好。在坡地应使苗床长边与等高线平行。作床的基本要求是"床面平、床边直、土粒碎、杂物净"。苗床育苗一般分为高床和低床两种。

1. 高床

床面高出步道15～25 cm。高床有利于侧方灌溉及排水。降雨较多的地区和低洼积水、土质黏重地多采用高床育苗(图2.1)。

图2.1 高床育苗

2. 低床

床面低于步道15～25 cm。低床利于灌溉,保墒性能好。干旱地区多采用低床育苗。

(三)土壤处理

土壤处理是减轻病原菌和地下害虫对苗木危害的措施。生产上常用药剂处理和高温处理,其中主要是药剂处理。

1. 高温处理

常用的高温处理方法有蒸汽消毒和火烧消毒两种。温室土壤消毒可用带孔铁管埋入土中30 cm深,通蒸汽维持60 ℃,经30 min,可杀死绝大部分真菌、细菌、线虫、昆虫、杂草种子及其他小动物。蒸汽消毒应避免温度过高,否则可使土壤有机物分解,释放出氨气和亚硝酸盐及锰等毒害植物。

基质或土壤量少的,可放在铁板上或铁锅内,用烧烤法处理。厚30 cm的土层,90 ℃维持6 h可达到消毒的目的。

在苗床上堆积燃烧柴草,既可消毒,又可增加土壤肥力。但此法柴草消耗量大,劳动强度大。

国外用火焰土壤消毒机对土壤进行高温处理,可消灭土壤中的病虫害和杂草种子。

2. 药剂处理

(1) 硫酸亚铁。可配成 2‰～3‰ 的水溶液喷洒于苗床上,用量以浸湿床面 3～5 cm 为标准。也可与基肥混拌或制成药土撒在苗床上浅耕,每亩用药量 15～20 kg。

(2) 福尔马林。用量为 50 mL/m²,稀释 100～200 倍,于播种前 10～15 天喷洒在苗床上,用塑料薄膜严密覆盖。播种前一周打开薄膜通风。

(3) 辛硫磷。能有效地消灭地下害虫。可用辛硫磷乳油拌种,药种比例为 1∶300。也可用 50% 辛硫磷颗粒剂制成药土预防地下害虫,用量为每公顷 30～40 kg。还可制成药饵诱杀地下害虫。

（四）施基肥和接种工作

1. 施基肥

(1) 基肥的种类。

① 有机肥。由植物的残体或人畜的粪尿等有机物经微生物分解腐熟而成。常用的有机肥主要有厩肥、堆肥、绿肥、人粪尿、饼肥等。有机肥含多种营养元素,肥效长,能改善土壤的理化状况。

② 无机肥。又称矿质肥料,包括氮、磷、钾三大类和多种微量元素。无机肥容易被苗木吸收利用,肥效快,但肥分单一,连年单纯施用会使土壤物理性能变差。

③ 菌肥。从土壤中分离出来对植物生长有益的微生物制成的肥料。菌肥中的微生物在土壤和生物条件适宜时会大量繁殖,在植物根系上和周围大量生长,与植物形成共生或伴生关系,帮助植物吸收水分和养分,阻挡有害微生物对根系的侵袭,从而促进植物健康生长。常见的菌肥有菌根菌、Pt 菌根剂、根瘤菌、磷细菌肥、抗生菌肥等。

菌根菌是一种真菌,与苗木之间有一种相互有利的共生关系。它能代替根毛吸收水分和养分。接种了菌根菌的苗木,吸收能力大大加强,生长速度也大大加快,尤其在瘠薄土壤上生长的苗木这种表现特别突出。

Pt 菌根剂是一种人工培育的菌根菌肥,对促进苗生长,增强抗逆性,大幅度提高绿化成活率,促进幼树生长具有非常显著的效果。Pt 菌根剂适用范围广,松科、壳斗科、桦木科、杨柳科、胡桃科、桃金娘科等 70 多种针阔叶树种都适用。

根瘤菌是一种杆状细菌,能与豆科植物共生形成根瘤,固定空气中的氮,供给植物利用。

磷细菌肥是一类能将土壤固定的迟效磷转化为速效磷的菌肥。它适用范围广,可用于浸种、拌种或作基肥、追肥。

抗生菌肥是一种人工合成的具有抗生作用的放线菌肥。它能转化土壤中迟效养分,增加速效态的氮、磷含量,对根瘤病、立枯病、锈病、黑斑病等均有抑制病菌和减轻病害作用,同时能分泌激素促进植物生根、发芽。它适用范围广,可用作浸种、种肥和追肥。

基肥应以有机肥为主,加入适量磷肥堆沤腐熟后使用。

(2) 基肥的施用方法。施用有机肥有撒施、局部施和分层施三种。常采用全面撒施,即将肥料在第一次耕地前均匀地撒在地面上,然后翻入耕作层。在肥料不足或条播、点播、移植育苗时,也可以采用沟施或穴施,将肥料与土壤拌匀后再播种或栽植。还可以在整苗床时将腐熟的肥料撒在床面,浅耕翻入土中。

(3) 基肥的施用量。一般每公顷施堆肥、厩肥 37.5～60.0 t,或施腐熟人粪尿 15.0～

21.5 t,或施火烧土 22.5～37.5 t,或施饼肥 1.5～2.3 t。在土壤缺磷地区,要增施磷肥 150～300 kg;南方土壤呈酸性,可适当增施石灰。所施用的有机肥必须充分腐熟,以免发热灼伤苗木或带来杂草种子和病虫害。

2. 接种工作

接种的目的是利用有益菌的作用促进苗木的生长。特别是对于一些在无菌根菌等存在的情况下生长较差的树种尤为重要。

菌根菌的接种,除少数几种菌根菌人工分离培育成菌根菌肥外,大多数树种主要靠客土的办法进行接种。客土接种的方法是从与所培育苗木相同树种的林分或老育苗地内挖取表层湿润的菌根土,将其直接施入或与适量的有机肥和磷肥混拌后撒于苗床后浅耕入土,或撒于播种沟内,并立即盖土,防止日晒或风干。接种后要保持土壤疏松湿润。

根瘤菌的接种方法与菌根菌相同。其他菌肥按产品说明书使用。

二、种子处理

播种用的种子,必须是经检验合格的种子,否则不得用于播种。为了使种子发芽迅速、整齐,并促进苗木的生长,提高苗木产量和质量,在播种之前要进行选种、消毒和催芽等一系列的处理工作。

(一) 种子精选

种子经过贮藏,可能发生虫蛀和腐烂现象。为了获得纯度高、品质好的种子,确定合理的播种量,并保证幼苗出土整齐和苗木良好生长,在播种前要对种子进行精选。精选的方法有风选、水选、筛选、粒选等,可根据种子特性和夹杂物特性而定。种子精选的方法与净种方法相同。

(二) 种子消毒

为消灭种子表面所带病菌,减少苗木病害,在催芽、播种之前要对种子进行消毒灭菌。

1. 福尔马林溶液消毒

在播种前 1～2 天,把种子放入 0.15％的福尔马林溶液中,浸泡 15～30 min,取出后密封 2 h,然后将种子摊开阴干,即可播种或催芽。

2. 硫酸铜溶液消毒

用 0.3％～1.0％的硫酸铜溶液浸种 4～6 h,取出阴干备用。生产实践证明,用硫酸铜对部分树种(如落叶松)种子消毒,不仅能起到消毒作用,而且还具有催芽作用,可提高种子发芽率。

3. 高锰酸钾溶液消毒

用 0.5％的溶液浸种 2 h,或用 3％的溶液浸种 30 min,取出后密封 0.5 h,再用清水冲洗数次,阴干后备用。注意胚根已突破种皮的种子,不能采用此法。该法除灭菌作用外,对种皮也有一定的刺激作用,可促进种子发芽。

4. 敌克松粉剂拌种

用药量为种子重量的 0.2％～0.5％,先用 10～15 倍的细土配成药土,再拌种消毒。此法防治苗木猝倒病效果较好。

5. 石灰水浸种

用 1.0%～2.0% 的石灰水浸种 24 h，有较好的灭菌效果。

（三）种子催芽

1. 种子休眠

种子休眠是指有生活力的种子由于某些内在因素或外界环境条件的影响，一时不能发芽或发芽困难的自然现象。种子休眠具有一定的生物学意义，它是植物在长期的系统发育过程中自然选择的结果，有利于物种的保存和繁衍。同时，种子休眠在生产上也有一定的意义，有利于种子的调拨、运输及贮藏。当然种子休眠同样也给育苗带来诸多不便，未解除休眠的种子播种后，难以出苗，发芽期长，生长不整齐，影响苗木的质量。生产上必须采用一定的技术措施对种子进行处理，保证种子正常发芽。

（1）种子休眠的类型。种子休眠的类型有短期休眠和长期休眠两种。

① 短期休眠（被迫休眠、浅休眠、外因性休眠）。由于种子得不到发芽所必需的环境条件（如温度、水分和氧气等）而处于休眠状态。一旦这些环境条件满足要求，休眠很快被打破。如马尾松、侧柏、杨、柳、桉等。

② 长期休眠（自然休眠、生理休眠、深休眠、内因性休眠、机体休眠）。种子由于自身的原因，即使得到了发芽所需条件也不能萌发的自然现象。如圆柏、银杏、白蜡、山楂、樱桃、元宝枫等，不经处理即播种，当年不能出苗或出苗很少，第 2 年甚至第 3 年仍陆续出苗，就是由于种子具有长期休眠的特性。

（2）种子休眠的原因。种子短期休眠的原因是种子得不到发芽所需的基本条件。造成种子长期休眠的原因较为复杂，就目前的研究结果，有以下几个方面的因素。

① 种皮（或果皮）的机械障碍。有些种子成熟后，种皮坚硬致密，具有角质层或腊质，不透水，使种子不能吸胀而不能发芽。还有些种子种皮虽然能吸水，但对气体通透性较差，特别是含水量高的种子，气体更难通过，种子因得不到氧气而不能萌发。还有些种子种皮或果皮均能透水透气，但由于种皮过于坚硬，胚伸长时难以通过，也影响种子的萌芽。

因种皮机械障碍所造成休眠的种子种类很多，如相思、核桃、桃、杏等。

② 种子未完成生理后熟。有些种子在外观上已表现出固有的成熟特征，但种胚发育还不完全，达不到一定长度，种胚仍需要从胚乳中吸收养料进行组织分化或继续生长才能达到生理成熟。如桂花、银杏、南方红豆杉等。银杏在形态成熟时，种胚长度仅有胚腔长度的 1/2。南方红豆杉采收时胚长度仅有 2 mm，在室外埋藏 1 年后，胚才能分化完善，可长达 5～6 mm，方可具有发芽能力。

③ 存在抑制物质。引起种子休眠的另一个主要原因是种子内部存在着大量的抑制剂。抑制剂种类很多，主要有脱落酸、氢氰酸、酚类、醛类等。树种不同，存在的抑制剂也不同，并且存在的部位也不一样，如桃、杏种子含有苦杏仁苷，在潮湿条件下不断放出氢氰酸，抑制种子萌发；山楂中抑制物质为氢氰酸，糖槭类中为酚类物质。

对于某一树种来说，种子长期休眠可能是由于一种原因所造成，也可能是由于几种原因综合作用的结果。种子休眠的原因不同，解除休眠的方法也不相同。

2. 种子催芽

通过人为的措施，打破种子的休眠，促进种子发芽的措施叫种子催芽。

种子催芽的方法很多，生产上常用的有水浸催芽、层积催芽、变温层积催芽、雪藏催芽、药剂催芽等,可根据种子特性和经济效果来选择适宜的方法。

(1) 水浸催芽。水浸催芽是最简单的一种催芽方法。适用于被迫休眠的种子,如马尾松、侧柏、杉木等。

水浸催芽的作用在于软化种皮,促使种子吸水膨胀,使酶的活性增加,促进贮藏物质的转化,以保证种胚生长发育的需要。同时在浸种、洗种时,还可排除一些抑制性物质,有利于打破种子休眠。

水浸催芽的做法是在播种前把种子浸泡在一定温度的水中,经过一定的时间后捞出。种水体积比一般为1:3,浸种过程中每天换1～2次水。浸种的水温和时间因树种特性而异。

浸种水温对催芽效果有明显影响,一般为了使种子尽快吸水,常用热水浸种。可根据种粒大小、种皮厚薄及化学成分而定。凡种皮坚硬、含有硬粒的树种,可用70 ℃以上的高温浸种,如刺槐、皂荚、合欢、相思树、核桃等;一般种皮较厚的种子,如枫杨、苦楝、国槐等树种,可用60 ℃左右热水浸种;凡种皮薄,种子本身含水量又较低的树种,如泡桐、悬铃木、杨、柳、桑等,可用冷水或30 ℃左右的水浸种。

浸种的时间长短视种子特性而定。种皮较薄,可缩短为数小时,如杨、柳为12 h;种皮坚硬的,如核桃可延长到5～7天(表2.5)。对于大粒种子,可将种粒切开观察横断面的吸水程度来掌握浸种时间,一般有3/5部分吸收水分即可。

表 2.5　常见树种浸种水(始)温和时间表

树种	水温(℃)	浸种时间(天)
杨、柳、榆、梓、泡桐	冷水	0.5
悬铃木、桑、臭椿	30℃左右	1
樟、楠、檫	35℃左右	1
杉木、侧柏、马尾松、文冠果、柳杉、柏木	40～45	1～2
槐树、苦楝	60～70	1～3
刺槐、合欢、紫穗槐	80～90	1

水浸处理后,如有必要,可将种子放入筛子中或放在湿麻袋上,盖上湿布或草帘,放在温暖处继续催芽。每天用温水淘洗种子1～2次,并控制环境温度在25 ℃左右,当种子有30%裂嘴露白时播种。

(2) 层积催芽。层积催芽是把种子和湿润物混合或分层放置于一定的低温、通气条件下,促进其发芽的方法。此法适用于长期休眠的种子。

通过层积催芽,种皮得到软化,透性增加,种内的生长抑制性物质逐渐减少,生长激素逐渐增多,种胚得到进一步的生长发育,因此可以促进种子的发芽。

层积催芽要求一定的环境条件,其中低温、湿润和通气条件最重要。因树种特性不同,对温度的要求也不同,多数树种为0～5 ℃,极少数树种为6～10 ℃。同时,还要求用湿润物和种子混合起来(或分层放置),常用的湿润物为湿砂、泥炭等,它们的含水量一般为饱和含水量的60%,即手握湿砂成团,但不滴水,触之能散为宜。层积催芽还必须有通气设备,种子数量少时,可用秸秆束通气,种子数量多时可设置专用的通气孔。

① 一般层积催芽。根据种子数量多少不同,有不同的做法。

在处理大量种子时,可采用露天埋藏法或室内堆藏法。做法是先给种子消毒,用 45 ℃温水浸种 1 昼夜,然后把种子与湿砂按 1∶3 比例(容积比)混拌均匀,放入坑内埋藏或在室内堆藏。

当种子数量不多时,选在冬季温度不太低的地方(如冬季不生火的房子),将种砂混合物堆在室内,盖草帘保湿,待入冬后在上面可浇一次透水,使其冻结,以防冷空气侵袭。同时,可破坏种皮,增加透性,以利于种子萌发。

当种子数量很少时,也可将种砂混合物放在底部有孔的木箱或花盆内,埋于地下或置于比较稳定的低温处即可。另外,在降雪较多的地区进行层积催芽,可以用雪和碎冰代替湿沙等湿润物,催芽效果也很好,该法适用于大多数针叶树种。

层积催芽的天数是影响催芽效果的重要因素,时间太长或太短对育苗生产均有不利影响。不同树种,要求层积催芽的天数不同,如桧柏为 200 天,女贞为 60 天,应根据不同树种来确定适宜的天数(表 2.6)。

表 2.6 部分树种种子低温层积所需时间表

树种	所需时间(月)	树种	所需时间(月)
女贞、榉树	2	核桃楸	5
白蜡、复叶槭、山桃、山杏	2.5~3	椴树	5(变温)
山丁子、海棠、花椒、银杏	2~3	水曲柳	6(变温)
榛子、黄栌	4		

层积催芽注意事项:第一,要定期检查种砂混合物的温度和湿度,如果发现问题,要及时设法调节。第二,要控制催芽的程度,种子裂嘴达 30% 左右即可播种。到春季要经常观察种子催芽的程度,如果已达到所要求的程度,要立即播种或使种子处于低温条件,以控制胚根的生长。如果种子发芽不够,在播种前 1~3 周把种子取出用较高的温度(18~25 ℃)催芽。第三,催过芽的种子要播在湿润的圃地上,以防回芽。

② 变温层积催芽。即采用高温和低温交替进行催芽的方法。高温和低温是相对的概念,高温期温度一般控制在 20~25 ℃,低温期温度一般控制在 0~5 ℃。催芽前应对种子进行消毒和浸种,在变温层积催芽过程中要加强水分管理。有些种子用低温层积催芽所需的时间很长,用变温层积催芽可大大缩短催芽的时间。

变温之所以能加快种子发芽速度,是因为变温比恒温更适于林木种子所长期经历的自然条件,可使种皮伸缩受伤,刺激酶的活动,使呼吸作用加强,因而对种子发芽起到了促进作用。因此,生产上由于种种原因(如种子来得晚)来不及普通层积等,往往采用变温层积催芽来处理种子。如黄栌种子可在 30 ℃温水中浸种 24 h,混砂后在 20~25 ℃的条件下放置 4天,然后把种砂混合物移到寒冷地方,直到混合物开始结冰时,再把它移到温暖的屋子里,4天后再移到寒冷的地方,这样反复 5 次,只需 25 天,即可完成催芽过程。用普通层积法催芽,则需要 120 天。

(3) 药剂催芽。用化学药剂、微量元素、植物激素等溶液浸种,可以加强种子内部的生理过程,解除种子休眠,促进种子提早萌发,使种子发芽整齐,幼苗生长健壮。

① 化学药剂催芽。常用的化学药剂主要是酸类、盐类和碱类,如浓硫酸、稀盐酸、小苏打、溴化钾、硫酸钠、硫酸铜、钼酸铵、高锰酸钾等,其中以浓硫酸和小苏打最为常用。车梁

木、黄连木、乌桕、花椒等种皮上有油质或蜡质的种子,用1%苏打水浸种,有较好的催芽效果。漆树、凤凰木等种皮坚硬的种子,可用浓硫酸处理,以腐蚀种皮,增加透性。

② 植物激素和微量元素催芽。植物激素和微量元素,如赤霉素、2,4-D、吲哚乙酸、吲哚丁酸、萘乙酸、激动素及硼、铁、铜、锰、钼等,对种子都有一定的催芽效果。但所需浓度和浸种时间要经过试验,催芽时要慎重。据黑龙江省林科所的材料,用0.1~0.5 mg/L的2,4-D处理花曲柳种子,可提高发芽率30%~45%;浓度增至10 mg/L时无效;浓度达100 mg/L时产生药害。

(4) 其他催芽方法。用各种物理方法擦伤种皮,以利于种子吸水,可大大促进皮厚坚硬种子的发芽,如北京植物园将油橄榄种子顶端剪去后播种,获得了44.7%的较好发芽率。生产上常将种子与粗砂、碎石等混合搅拌(大粒种子可用搅拌机进行),以磨伤种皮。在国外目前已有专门的种子擦伤机。

近年来,种子催芽处理技术又有了一些新的发展,主要有以下几个方面:① 汽水浸种(aerated water soaks),将种子浸泡在不断充气的4~5 ℃水中,并保持水中氧气的含量接近饱和,能加速种子发芽。② 播种芽苗(germinant sowing)或称液体播种(fluid drilling),即在经汽水浸种时,水温保持在适宜发芽的温度,直到胚根开始出现,这时种子悬浮在水中,将其喷洒在床面,故称液体播种。据研究,该方法能使经层积催芽60天后的火炬松种子在4~5天内发芽长出胚根,而且发芽很整齐。③ 渗透调节法(priming),该方法用渗透液处理种子时,使种子处于最适宜的温度,但又能控制不让其发芽,等到播种后发芽更迅速、更整齐。最常用的渗透液为聚乙二醇,简称PEG(polyethylene glycol)。④ 静电场处理种子,根据对刺槐种子研究,经静电处理后的种子萌发生理指标和苗木生长情况均发生变化,种子导电率比对照降低,呼吸强度、脱氢酶活性、活力指数均比对照提高,用处理后的种子育苗,苗高、地径、生物量、合格苗产量都有提高。⑤ 稀土液处理,采用稀土液对油松种子进行浸种后发现,稀土溶液能提高油松种子的活力指数、发芽率、发芽势,同时还能提高萌发种子的呼吸速率和过氧化氢酶活性,促进种子可溶性糖的变化,提高种子中氨基酸的含量。

(四) 防鸟防鼠处理

1. 防鸟处理

松柏类种子发芽时顶壳出土,往往受到鸟的危害,鸟啄食种壳,折断幼芽。生产中往往用铅丹将其染成红色,避免出苗时被鸟啄食。铅丹与种子的比例一般为1:10。另外,在出苗时,采用遮盖幼苗,或驱赶、恐吓等办法防鸟害。

2. 防鼠处理

一般壳斗科树种播种后出苗前往往受老鼠的危害。生产中常用煤油或磷化锌拌种,减少鼠害。防鼠害的另一措施是先用灭鼠药灭鼠,然后再播种。

任务3 播种育苗

【任务分析】

播种育苗是指将种子播在苗床上培育苗木的育苗方法。用播种繁殖所得到的苗木称为播种苗或实生苗。播种苗根系发达,对不良生长环境的抗性较强,如抗风、抗旱、抗寒等;苗木阶段发育年龄小,可塑性强,后期生长快、寿命长、生长稳定,也有利于引种驯化和定向培育新的品种。林木的种子来源广,便于大量繁殖,育苗技术易于掌握,可以在较短时间内培育出大量的苗木或嫁接繁殖用的砧木,因而播种育苗在苗木的繁殖中占有重要的地位。

【预备知识】

一、播种时期

适时播种是培育壮苗的重要措施之一。它可以提高发芽率,使幼苗出土迅速、整齐,并直接关系到生长期的长短、苗木的出圃年限、苗木的产量及幼苗对恶劣环境的抵抗能力。

播种时期通常按季节分为春播、夏播、秋播和冬播。

(一)冬春播

冬末春初是育苗最主要的播种季节,在我国大多数地区,大多数树种都可以在春季播种。冬春土壤湿润,气温适宜,有利于种子发芽,种子出苗后,也可以避免低温和霜冻危害。

实践证明,早播不仅幼苗出土早而整齐,生长健壮,而且在炎夏到来之前,根茎处已经木质化,大大提高了苗木的抗旱和抗病能力,同时也延长了苗木生长期,这一点对干旱和生长期短的地区尤为重要。但播种过早,幼苗出土后易遭晚霜危害。目前北方地区采用塑料薄膜覆盖、温室育苗,或施用土面增温剂的方法育苗,可使播种期大大提前。

(二)夏秋播

在当年夏天,种子成熟后立即采下播种。夏播可以省去种子贮藏工序,提高出苗率,但生长期短,当年苗木小。

该法适用于夏季成熟而又不易贮藏的树种,如杨、柳、榆、桑、桦木,也适宜培育半年生苗。

夏秋播时间应尽可能提前,当种子成熟后,立即采下播种,以延长苗木生长期,提高苗木质量,使其安全越冬。由于夏季气温高,土壤易干燥,幼苗易被强光灼伤,必须细致管理。

二、苗木密度与播种量

(一)苗木密度

苗木密度是指单位面积或单位长度上苗木的数量,它对苗木产量和质量有决定性的影响。苗木培育的目标是在单位面积上获得最大限度的合格苗产量。也就是既要保证苗木个体的质量，又要有较高的群体产量。苗木的质量和产量之间存在着矛盾关系，这实质上是苗木的个体与群体之间的矛盾关系。单位面积上个体数量增加时，在一定限度内合格苗的数量随着群体的增大而递增。但超过一定的限度，苗木的质量则显著下降，合格苗的数量也急剧减少。苗木密度过大，相互拥挤，苗木个体的营养面积减小，由于光照、水分、养分供给减少，影响了光合作用，减少了干物质的积累，因而苗木质量随之降低。在这样的条件下育成的苗木，苗木细弱，根系不发达，造林成活率低。但苗木密度过小，不仅不能保证单位面积上合格苗的产量，而且圃地上也容易滋生杂草，增加了土壤水分和养分的消耗，同时也增加了抚育管理费用，提高了育苗成本。因此，培育苗木要注意控制合理的密度，在保证苗木个体有足够的营养空间，生长发育健壮的基础上，获得单位面积或单位长度上最大限度的合格苗产量。

合理密度是一个相对的概念，也是一个复杂的问题，它因树种、苗木种类、环境条件、育苗技术的不同而异。每一个树种都没有什么绝对合理的密度，合理密度是一个适宜的密度范围。在确定某一树种苗木的密度时，可以根据以下原则综合考虑。

1. 树种特性

如速生、喜光、分枝力强的应稀，反之应密。

2. 苗木种类

播种苗应密，营养繁殖苗和移植苗应稀；针叶树种应密，阔叶树种应稀。

3. 苗木培育年龄

培育小苗密，培育大苗稀。

4. 经营条件和自然条件

土壤条件好，气候条件适宜，或者经营水平高应密，反之，应稀一些。

此外，如果用机械化操作，还要考虑育苗所使用的机器、机具的规格来确定行距。

（二）播种量

播种量是指单位面积或单位长度播种行上播种的重量，它是决定合理密度的基础。我们知道，苗木密度决定着苗木品质的优劣和产量的高低，而苗木密度的大小，很大程度上取决于播种量的多少。播种量不仅与苗木生长发育有着极为密切的关系，而且在经济上也有一定意义。播种量过大，浪费种子，增加间苗工作量；但播种量过小，不仅苗木产量低，而且由于过于稀疏，光照过强，或滋生杂草，增加了抚育费用，提高了育苗成本。因此，播种前一定要科学地确定播种量，这样才能用最少的费用，生产出最多的优质壮苗。

确定播种量有两条途径：一是参考生产实践中得出的经验数据；二是通过一定的方法计算。

播种量可用以下公式计算：

$$X = C \times \frac{N \times P}{E \times K \times 1000^2}$$

式中，X——单位面积播种量（kg）。

N——单位面积产苗量。即苗木的合理密度，可根据育苗技术规程和生产经验确定。

P——千粒重（g）。

E——净度（%）。

K——发芽率(%)。

C——播种系数。种粒大小、育苗地环境条件及育苗技术水平不同,种子发芽成苗率不同,播种系数也不相同。根据各地经验,C 值大致如下:

大粒种子(千粒重在 700 g 以下)播种系数 C 略大于 1。

中小粒种子(千粒重在 3～700 g 之间)播种系数 C 的范围为 1.5～5。

极小粒种子(千粒重在 3 g 以下)播种系数 C 在 5 以上,甚至 10～20。

三、播种方法与播种技术

(一) 播种方法

常用的播种方法有条播、撒播和点播三种,应根据树种特性、育苗技术及自然条件等因素选用不同的播种方法。

1. 条播

条播是按一定的行距在播种地上开沟,把种子均匀播在沟内的播种方法。条播一般要求播幅(播种沟宽度)10～15 cm,行距 20～25 cm。这种方法在生产上应用最为广泛,适于各种中、小粒种子。条播育苗苗木通风、透光条件较好,且便于抚育管理和机械化作业,同时节省种子,起苗也方便。

在大田育苗时,为了便于机械化作业,可采用带播(即多行式条播),即把若干播种行组成一个带,加大带间距,缩小行间距。行距一般为 10～20 cm,带距 30～50 cm。具体宽度可由苗木生长特性、播种期和中耕机的构造不同而异。

播种沟的方向,可分为纵行条播和横行条播。纵行条播是指播种行的方向与苗床长边平行,便于机械化作业;横行条播是指播种行的方向与苗床的短边平行,便于手工作业。

2. 撒播

将种子直接均匀地撒播在苗床上或者垄上,称为撒播,适用于极小粒种子。其优点是可以充分利用土地,单位面积产苗量较高,并且苗木分布均匀,生长整齐一致。但这种方法抚育管理不太方便,用工较多,苗木通风透光不良,苗木生长不好。撒播在生产上多用于集中培育小苗,苗木发芽后长到 3～5 cm 即进行移植。目前化学除草剂的应用,可减少中耕除草的次数,这样就为撒播的应用创造了良好的条件。

3. 点播

在苗床上或大田上,按一定的株行距挖小穴播种,或按行距开沟后,再按株距将种子播入沟内的播种方法。主要适用于大粒种子。点播具有条播的全部优点,但苗木产量较低。点播的株行距可根据树种特性和苗木培育年限而定。点播时,种子应横放,使种子的缝合线与地面垂直,尖端指向同一方向,使幼芽出土快,株行距分布均匀。若在干旱地区播种,种子也可尖端向下,使其早扎根,以耐干旱(图 2.2)。

(二) 播种技术

播种工序包括条播开沟(压实)、播种、覆土、覆盖和浇水五个环节,每个环节工作的质量和配合的好坏,将直接影响到种子的发芽和幼苗生长。人工播种时各环节可分别进行,而当采用机械播种时,这五个环节是连续结合进行的。

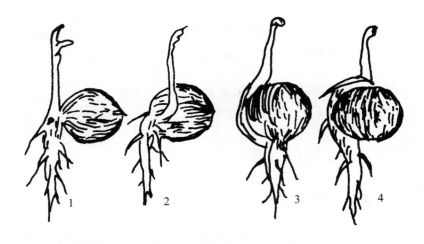

图 2.2　核桃种子放置方式对出苗的影响
1. 缝合线垂直；2. 缝合线水平；3. 种尖向下；4. 种尖向上

1. 开沟

开沟是条播和开沟点播播种的第一道工序。育苗工作人员按设计的行距和播幅在苗床上横向或纵向开沟,沟深根据土壤性质和所播种子的大小决定。开沟要求沟底平,开沟宽窄深浅一致,以便做到播种均匀及覆土厚薄均匀。采用撒播,不开沟,把种子直接撒在苗床上。播特小粒种子时,播种前要轻轻压实泥土。

2. 播种

人工播种是徒手将种子播在育苗地上。为了做到均匀播种和计划用种,播种前首先要根据事先计算的播种量,按苗床数量等量分开,把种子的数量具体落实到每一个苗床上。小粒和特小粒种子播种前应对播种沟或苗床适当镇压,再将种子均匀地撒在播种沟内或苗床上。为避免出现先密后稀的现象,可分数次播种。播杨、柳等小粒种子,应用适量细砂或泥炭土与种子均匀混合后再播。

3. 覆土

覆土的目的是为了保持种子处于水分和温度适宜的环境,并防止风吹种子和鸟兽的危害,以促进种子发芽和幼芽出土。

在播种后要立即覆土。覆土厚度是影响种子发芽的关键,要求覆土厚度一定要适宜,而且均匀。覆土过薄,种子容易暴露,受风吹和日晒的影响而得不到发芽所要求的水分,并且也容易遭受鸟、兽、虫等危害。覆土过厚,土壤通气不良,土壤温度过低,不利于种子发芽。

覆土厚度一般为种子直径的2~3倍为宜。在确定具体厚度时,应考虑树种特性、土壤条件、播种期、管理技术等因素。子叶留土种子厚,子叶出土种子薄。质地疏松土壤厚,质地黏重土壤薄。秋播厚,春播薄。部分树种播种覆土厚度见表2.7。

表 2.7 部分树种播种覆土厚度

树种	覆土厚度（cm）
杨、柳、桦、桉、泡桐等极小粒种子	以隐见种子为度
落叶松、杉木、柳杉、樟子松、榆树、黄檗、黄栌、马尾松、云杉等及种粒大小相似的种子	0.5～1.0
油松、侧柏、梨、卫矛、紫穗槐及种粒大小相似的种子	1.0～2.0
刺槐、白蜡、水曲柳、臭椿、复叶槭、椴树、元宝枫、槐树、红松、华山松、枫杨、梧桐、女贞、皂角、樱桃、李子及种粒大小相似的种子	2.0～3.0
核桃、板栗、栓皮栎、油茶、油桐、山桃、山杏、银杏及种粒大小相似的种子	3.0～5.0

覆土不仅厚度应适当，而且一定要均匀，使苗木出苗一致，生长整齐。若覆土厚薄不一，幼苗出土会参差不齐，疏密不匀，影响苗木的产量和质量（图 2.3）。

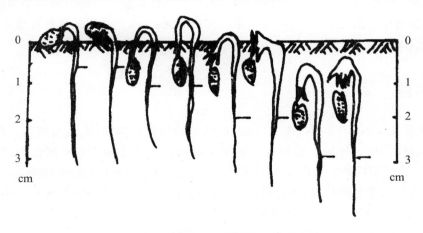

图 2.3 不同覆土厚度对苗木出土的影响

覆土材料以不影响幼苗出土为原则，尽量因地制宜，就地取材。一般大中粒种子可用育苗地的原土覆盖。对于小粒种子，若床面土壤疏松细碎也可用原土覆盖，若土壤质地黏重则多用过筛的细土覆盖。极小粒种子，不论质地如何，都要用过筛的细土覆盖。东北地区有些地方采用经过腐熟粉碎的马粪作为覆土材料，效果很好。此外，也可用腐殖质土、锯末、谷皮、黄心土或火烧土覆盖。

4. 覆盖

覆盖就是用草类或其他物料遮盖播种地。其目的是防止地表板结，保蓄土壤中的水分，防止杂草生长，避免烈日照射、大风吹蚀和暴雨打击，调节地表温度，防止冻害和鸟害，等等。因此，覆盖可以提高场圃发芽率。

覆盖材料应就地取材，可用稻草、麦秆、草帘、松针、松柏、锯屑、谷壳等。要求覆盖物不易腐烂，不带杂草种子和病虫害。近些年，生产上采用地膜覆盖，取得了理想的效果。

覆盖厚度取决于所采用的材料和当地气候条件，不宜过薄或过厚。若过薄，则达不到覆盖的目的；若过厚，则会降低土壤温度，延迟发芽，不仅浪费材料，还容易压坏幼苗。覆盖厚度一般以不见土面为度。如用稻草覆盖,其厚度为 2～3 cm,每亩约需稻草 200～250 kg;如用谷壳锯末覆盖,厚度为 1～1.5 cm。

5. 淋水

播种后淋透水,可促进种子发芽。淋水要小心,不能将种子溅出来。

以上是人工播种的方法,有条件的地方还可以进行机械播种。机械播种工作效率高,下种均匀,覆土厚度一致,且开沟、播种、覆土及镇压一次完成,既节省了人力,又可做到幼苗出土整齐一致。虽然这种方法在生产上还未普及,但它是今后育苗的发展方向。

任务 4　播种后的管理

【任务分析】

将种子播到地里,仅仅是育苗工作的开始,大量的工作是播种后的管理。俗话说,"三分种,七分管",在整个育苗过程中,要根据苗木的生长情况,开展一系列的抚育管理工作。

【预备知识】

一、揭盖

当幼苗大量出土时,应及时揭除覆盖物,以防止幼苗黄化弯曲,形成高脚苗。揭盖最好在傍晚或阴天进行,以免环境突变对幼苗造成不良影响。覆盖物一般一次性揭除,也可分2～3 次进行。培育大粒种子的苗木,可将覆盖物移至行间,以减少土壤水分蒸发,防止杂草滋生,直到幼苗生长发育健壮时,再行撤除。如用谷壳、松针、锯屑等细碎材料作覆盖物,则对幼苗出土和生长影响不大,可不必去除。

二、遮阴

苗木在幼苗期组织幼嫩,对炎热、干旱等不良环境条件的抵抗能力较弱。在炎热的夏季,为避免烈日灼伤幼苗,必要时应采取遮阴措施,降低育苗地的地表温度,使苗木免遭日灼。

1. 遮阴的应用

遮阴一般用于以下 3 种情况:一是喜阴的阴性树种和中偏阴树种,此种情况下遮阴时间较长;二是夏季播种育苗,幼苗阶段需遮阴;三是天气干旱,灌溉条件又较差时,可通过遮阴防止干旱。

2. 遮阴的时间

遮阴时间长短因树种和气候条件而异。喜阴的阴性树种和中偏阴树种,一般从幼苗期开始遮阴,停止期各地差异较大。在我国北方,雨季或更早即可停止遮阴;而在南方,如浙江、广西,秋季酷热,遮阴时间可延续到秋末。夏季播种育苗,苗木基部木质化后可撤除遮阴物。第三种应用,待高温干旱情况改善后撤除遮阴物。

有条件的可在上午 9~10 点时开始遮阴,下午 5~6 点撤除,其他时间和阴雨天或凉爽天气不遮阴。这样做,对苗木生长有利,但会增加劳动强度和育苗成本。

3. 遮阴的透光度

透光度的大小与苗木质量有密切的关系。在不影响苗木正常生长发育的情况下,为了保证苗木质量,透光度宜大一些,一般为 1/2~2/3。

4. 遮阴的方法

一般采用苇帘、竹帘、毛草、遮阳网等做材料,搭设遮阴棚进行遮阴(图 2.4)。基本上有两类,即侧方遮阴和上方遮阴。

图 2.4 遮阴方法

侧方遮阴即垂直式侧方遮阴,是将遮阴棚设置在苗床的南侧或西侧,与地面垂直。

上方遮阴是在苗床或播种带的上方设遮阴棚,可分为斜顶式、水平式、屋脊式和拱顶式四种。倾斜式上方遮阴是将遮阴棚倾斜设置,南低北高或西低东高,低的一面高约 50 cm,高的一面高 100 cm。水平上方遮阴、屋脊式和拱顶式遮阴棚两侧高约 1 m,仅顶的形状不同。目前生产上多采用水平式上方遮阴,这种遮阴棚透光度均匀,能很好地保持土壤湿度,床面空气流通,有利于苗木生长。

在苗床上插上一些干后不易落叶的杉枝、松枝及蕨类,也可以起到一定的遮阴作用。还可以套种高秆农作物遮阴。

若能采用间隙喷雾设施和滴灌设施进行灌溉,则不需遮阴,全光育苗。行间盖草能有效地降低地表温度,同时还可减少土壤水分蒸发,减少松土除草的次数。但在幼苗期易引发病虫害,要谨慎使用。

三、间苗、补苗和幼苗移植

虽然在确定播种量时,已尽量控制好播种量,播种时也力求做到均匀,使苗木出苗均匀,形成适宜的密度,力求少间苗。但在生产实践中,播种量仍往往偏大,另外播种不均匀的现象也在所难免。为了调节密度,使每株苗木都有适当的营养面积,保证苗木的产量和质量,还必须及时间苗和补苗。

1. 间苗

间苗又叫疏苗,即将部分苗木除掉,目的是使苗木密度调整到适宜的密度。间苗应贯彻"早间苗,迟定苗"的原则。早间苗能保证苗木一直有充足的营养空间,迟定苗则能确保不会因不良因素影响而造成苗木数量不足的后果。

间苗的时间主要是根据幼苗密度、幼苗生长速度而定。一般是在苗木幼苗期,分 1~3

次进行。大部分阔叶树种,如刺槐、臭椿、榆树等生长迅速、抵抗力强,在幼苗长到 5 cm 即可间苗,尽量一次间完。但大部分针叶树种,如落叶松、油松、侧柏、杉木等生长较慢,需间苗2～3 次。第 1 次在幼苗出齐后长到 5 cm 时进行,以后大约每隔 20 天间苗 1 次。定苗在幼苗期的后期或速生期初期进行,定苗量应大于计划产苗量的 5%～10%。

间苗的原则是留优去劣,留疏去密。间苗对象为受病虫危害的、机械损伤的、生长不良的、过分密集的苗木。

间苗最好在雨后或灌溉后土壤比较湿润时进行。拔除苗木时,注意不要损伤保留苗,间苗后要及时灌溉,以淤塞被拔苗留下的孔隙。

2. 补苗

补苗是从密度过大的地方取苗种植到过疏的地方。补苗可结合间苗进行,一边间苗,一边补苗。补苗最好在阴雨天或傍晚进行,补苗后及时浇水,必要时可进行遮阴。

3. 幼苗移植

移植通常是将培养到约 5 cm 高的幼苗移植到其他圃地上培养。适用于生长速度快的树种、珍贵树种和特小粒种子的育苗。生产中也有结合间苗,将间出的健壮幼苗移植。

四、中耕除草

除草与松土是苗木抚育最基本的措施之一,在生产中往往结合进行。

播种后如不覆盖,在种子尚未出土前,圃地常滋生出各种杂草,应及时将其除掉。在苗木生长过程中往往杂草伴生,不仅和苗木竞争养分、水分和光照,同时也助长了病虫害的传播。因此,在苗木整个生长期间,必须及时清除杂草。

中耕的目的就在于破除板结的表土层,改善通气条件,切断毛细管,减少土壤水分的蒸发,因此中耕又叫"无水的灌溉"。中耕与除草一般结合进行。中耕除草的次数应根据土壤、气候、杂草的蔓生程度来决定,原则上是"除早、除小、除了"。一般 1 年生苗为 6～10 次,2 年生苗为 3～6 次。育苗过程中,除草是一项繁杂的工作,劳动强度较大,为了提高劳动效率和除草效果,化学除草剂得到了广泛的应用。

五、灌水与排水

在种子发芽和幼苗生长发育的过程中,水分具有非常重要的作用。播种后表土干燥,会使种子萌发和幼芽出土受到影响,经催芽萌动的种子缺水容易回芽。特别是在北方干旱地区,春雨较少,空气干燥,春季播种覆土浅的小粒种子,更易受到干旱的危害。因此,播种小粒种子的床面,在幼苗出齐前,要经常保持床面湿润。苗木生长发育也需要大量的水分。植物枝叶生长、高生长、根系生长是通过细胞分裂而进行的,新分裂的细胞需要水分,土壤中的矿质营养需要溶于水中,才能被苗木根系吸收;植物的蒸腾作用也需要大量的水分。所以,水分不足,苗木会生长缓慢或停止生长。但水分过多,则会导致土壤通气不良,土温降低,引起土壤返碱,同样影响苗木出芽和生长发育。因此,灌溉和排水是调节土壤含水量,促进种子发芽和苗木生长,培育优质苗木的重要措施。

1. 灌溉

(1) 合理灌溉及选定灌溉量。种子发芽需要水分,但水分过多会造成苗木根系生长不良,影响苗木产量和质量。因此,灌溉要适时适量,合理灌溉。实行合理灌溉指选定最佳灌溉期和灌溉量,做到以最少的灌水量和较低的成本,达到最佳的效果。具体应根据当地气候条件、土壤条件和树种的生物学特性以及苗木各个生长发育期的特点而定。

在干旱地区、干旱时期,灌溉次数多,灌溉量大。保水能力较强的土壤,如黏土和壤土,一般次少量大;反之保水能力差的土壤,如沙土,应次多量少。圃地土壤含水量是决定是否灌溉的重要依据,适合苗木生长的土壤相对含水量一般为 60%~70%。

树种不同,对土壤水分的要求也不相同。如杨、柳、桑、杉木、落叶松等树种,由于其幼苗细弱幼嫩,要求比较湿润的土壤,灌溉次数应多一些;需水量中等的白蜡、榆树、黄栌等树种,灌溉次数可少一些;而根系分布较深的栎类、核桃、文冠果等,灌溉次数则更少。

苗木在不同的发育时期,其灌溉量也不相同。在出苗期,种子膨胀和发芽出土要求一定的湿润条件,切忌干燥,否则容易回芽。对小粒种子应采取少量多次的灌溉,最好采用喷灌。对大、中粒种子可不灌溉,以免降低地温造成土壤板结。在幼苗期,苗木根系分布较浅,对水分较敏感,必须经常灌溉,保持土壤湿润。在苗木速生期,根系分布较深,但苗木茎叶快速生长,再加上气温高,蒸腾作用旺盛,需水量最多,也要经常灌溉,每次灌溉量要大,间隔期可适当长一些。在苗木硬化期,要基本停止灌溉,以防贪青徒长,促使苗木木质化,以利于苗木安全越冬。

确定每次灌水量的原则是保持苗木根系的分布层处于湿润状态,即灌水的深度应达到主要根系分布层。因此,要熟悉和掌握各种苗木在不同时期的根系生长和分布的特点,以便确定灌溉时需要湿润的土层深度。所谓土壤处于湿润状态,是指土壤湿度不低于田间持水量的 60%。

(2)灌溉的方法。有侧方灌溉、畦灌、喷灌、滴灌等。

① 侧方灌溉。适用于高床和高垄作业,这种灌水方法是由灌水渠道把水引入步道或垄沟里,水从侧方渗入床内或垄中。其优点是水从侧方浸润到土壤中,床面或垄面不易板结,土壤通气性能良好,可减少松土次数。但耗水量大,当苗床较宽时,灌水不均匀。

② 畦灌。又叫漫灌,一般适用于低床和大田平作育苗。做法是将水直接引入作业区,水从床面或地面渗入土壤。其优点是比侧方灌溉省水。但床面易板结,土壤通气不良,水渠占地较多,灌溉效率低。另外,灌溉流量过大时,容易冲淤小苗的叶片,影响呼吸和光合作用。

③ 喷灌。是目前应用较多的一种灌溉方法(图 2.5)。主要优点是工作效率高,灌溉及时均匀,省水省工,能改善田间小气候,在春季可提高地温,在夏季可降低地温。但投资相对较高,受风的限制较多,当风力达 3~4 级以上时,喷灌不均匀。灌溉时,水点应细小,防止将幼苗冲倒、根系裸露或溅起泥土污染叶面,影响光合作用。

图 2.5 喷灌设施

④ 滴灌与微灌。滴灌是通过管道系统把水滴到土壤表层进而渗入深层的灌溉方法。滴灌的优点很多,除具备喷灌的优点外,还比喷灌更加节水,一般比喷灌省水30%～35%,比渠道灌溉省水50%以上。另外,由于滴管是黑色聚乙烯塑料,能吸收大量太阳辐射热和地面的热量,能提高水温和地温。但设施较复杂,投资较大,有时滴管容易堵塞,增加维修工作量。

微灌是将滴灌的滴水头换成微喷喷头,使水在管道水压的作用下,以雾状喷向苗床进行灌溉的方法。微喷不但节水,还具有提高空气湿度的作用。

(3) 灌溉注意事项。

① 侧方灌溉和上方灌溉宜在早、晚进行,喷灌和滴灌不受限制。

② 井水不宜直接用于灌溉,应在贮水池中提高水温后再使用。

③ 不能用污染过的水和含盐量高的水进行灌溉。

④ 灌溉要有连续性,从育苗开始到苗木出苗或移植需要不停灌溉,中间不能间断灌溉。

⑤ 硬化期要基本停止灌溉,促使苗木木质化,以利于苗木安全越冬。

2. 排水

排水在育苗过程中与灌溉同等重要。土壤积水过多,影响好气性微生物活动,降低有机质分解速度,使根系形成无氧呼吸,造成根系腐烂。排水主要是指排除因大雨或暴雨造成的育苗区积水。在地下水位较高、盐碱严重的地区,排水还具有降低地下水位,减轻土壤含盐量或抑制盐碱上升的作用。

育苗地要设置完整的排灌系统,这是做好排水工作的关键。在每个作业区,都应有排水沟,沟沟相连,直通总沟,将积水彻底排除。特别是在我国南方降雨量大,要注意排水。在北方虽然天气干旱,但在降雨量集中的月份也要注意排水。

六、追肥

追肥是在苗木生长发育期间,施用一些速效性肥料,以满足苗木对养分的大量需求的措施(图2.6)。施肥的方法有土壤追肥和根外追肥两种。

图2.6 施肥

1. 土壤追肥

土壤追肥的方法有浇施、沟施和撒施三种。浇施是将肥料溶于水后浇入苗床,或随水灌入苗床;沟施是在播种行间开沟施肥后封沟;撒施是把肥料均匀撒于苗床,降雨或灌溉后随水渗入苗床。追肥后要及时浇水冲洗粘在苗木上的肥料,或用棍棒拨动苗木,使粘在苗木上的肥料落到苗床,避免产生"烧苗"现象。

2. 根外追肥

根外追肥又称叶面施肥,是在苗木生长期间,将速效性肥料溶液喷在苗木茎叶上的施肥方法。它可避免土壤对肥料的固定和流失,用量少而效率高、肥效快。但若使用不当,则会灼伤幼苗。适宜根外追肥的肥料是速效肥,迟效性肥料没有效果。由于每次施用量少,它只能作为补给营养的辅助措施,不能完全代替土壤施肥。根外追肥要掌握好五点技术要求:① 浓度小,否则会造成"烧苗"。通常尿素的浓度为 $0.3\%\sim0.5\%$,过磷酸钙、硫酸铵和硫酸钾浓度为 $0.5\%\sim1.0\%$,磷酸二氢钾浓度为 $0.3\%\sim0.7\%$,磷酸锌和硫酸锰浓度为 $0.1\%\sim0.5\%$,硫酸铜和钼酸钠浓度为 $0.05\%\sim0.1\%$,硼酸浓度为 $0.01\%\sim0.5\%$。② 喷雾量少,叶片上不能形成水珠,否则干燥后易灼伤苗木。③ 喷于叶片的正面和背面,增大吸收面积。④ 间隔约 1 周,连续使用 $2\sim3$ 次。因每次的施肥量很少,只施 1 次难以取得明显效果。⑤ 掌握天气变化,保证施肥后至少 1 天不下雨。

追肥是补充土壤中所缺养分,以满足苗木生长对养分的需求。因此,要做到看天施肥、看地施肥和看苗施肥。看天施肥是要根据天气变化决定何时施肥、施什么肥、用量多少,以提高肥料的利用率。如雨季施肥应薄施勤施,高温期施肥不宜撒施挥发性强的肥料,等等。看地施肥是要根据土壤特点决定施什么肥、施多少。如南方土壤酸性较强且较缺磷,施肥时应适当多施磷肥,并且尽可能选择碱性或生理碱性肥料,或者施用石灰。又如沙性较大的土壤施肥应薄施勤施,黏土可加大每次施肥量,减少施肥次数。看苗施肥有三层含义:一是根据树种特性施肥。为提高施肥的效果,现在提倡配方施肥(注意不是任何肥料都可混合,如表 2.8 所示),一般氮(N)、磷(P)、钾(K)的比例为 $3:1:1$ 或 $2:1:1$。树种不同,对各种营养成分的要求不同,N、P、K 的比例应作适当调整。如豆科植物减少 N 肥比例,在基肥足时甚至不施 N 肥;阔叶树对 K 的需要量较针叶树高,应适当增加 K 肥的用量。二是根据苗木生长情况施肥。一般出苗 1 个月开始施追肥,根据苗木长势每月追肥 $1\sim2$ 次,施肥的深度和用量随苗木的长大逐渐增加。浇施 N、P、K 肥,浓度可从 0.5% 逐渐增到 2%。三是根据苗木生长发育期施肥。幼苗期和速生期应满足苗木对 N、P、K 等各种养分的需要,苗木硬化期停止施用 N 肥,促使苗木木质化,以利于苗木安全越冬。增施 P、K 肥有利于增强苗木的抗旱性和抗寒能力。

表 2.8　各种肥料混合施用表

硫酸铵							
硝酸铵	●						
氨水	×	×					
碳酸氢铵	×	●	×				
尿素	○	●	×	×			
氯化铵	○	●	×	×	○		
过磷酸钙	○	●	○	×	○	○	
钙镁磷	●	●	×	×	○	×	×

	硫酸铵	硝酸铵	氨水	碳酸氢铵	尿素	氯化铵	过磷酸钙	钙镁磷	硼酸	硫酸锰	骨粉	重过磷酸钙	磷矿粉	硫酸钾	氯化钾	窖灰钾肥	磷酸铵	硝酸磷肥	钾氮混合肥	草木灰、石灰	粪、尿	厩肥、堆肥
硼酸	○	○	×	×	○	○	○	×														
硫酸锰	○	○	×	×	○	○	○	×	○													
骨粉	○	○	×	×	○	○	○	○	○	○												
重过磷酸钙	○	●	×	×	○	○	○	×	○	○	○											
磷矿粉	○	●	×	×	○	○	●	○	○	○	○	●										
硫酸钾	○	○	×	×	○	○	○	○	○	○	○	○	○									
氯化钾	○	○	×	×	●	○	○	○	○	○	○	○	○	○								
窖灰钾肥	×	×	×	×	×	×	×	×	×	×	○	○	○	○	○							
磷酸铵	○	○	×	×	○	○	○	×	○	○	○	○	○	○	×	○						
硝酸磷肥	●	○	×	×	●	○	●	●	○	○	○	●	●	●	●	○	●					
钾氮混合肥	○	●	×	×	○	○	○	○	○	○	○	○	●	○	○	○	●	○				
草木灰、石灰	×	×	×	×	×	×	×	×	×	×	×	×	×	×	×	×	×	×	×			
粪、尿	○	○	×	×	○	○	○	○	○	○	○	○	○	○	○	○	○	○	○	×		
厩肥、堆肥	○	×	○	○	○	○	○	○	○	○	○	○	○	○	○	○	○	○	○	×	○	

×表示不可混合　●表示混合后不宜久放　○表示可以混合

应用植物激素能增强苗木抗逆能力，促进苗木健壮生长。植物激素的应用方式与根外追肥形式相同。在生长初期和速生期施用，间隔15～20天，连续施用3～5次。施用浓度一般为10～50 mg/L。

七、截根

截根是采取人为的措施截断苗木的主根。截根适用于主根发达，而侧根、须根较少的树种，如核桃、栎类、落叶松、油松等。通过截根可以控制主根生长，抑制主根生长优势，促进侧根和须根生长，从而增加根系吸收面积。同时，可抑制苗木地上部分生长，促进苗木木质化。截根还可使主根变短，便于起苗作业。因此，截根能提高苗木质量和苗木移植成活率。

截根的时间要适宜，1年生苗可在速生期到来之前进行，使苗木截根后有较长的生长期，以利侧根生长，过晚则影响苗木生长。对2年生苗可在第1年的秋季，高生长停止以后，土壤尚未冻结以前进行。截根深度根据截根时苗木主根长度决定。另外，可在播种时采取截断胚根的措施达到截根效果。

对于截根的工具，人工切根可采用截根铲，面积较大时，可用弓形起苗刀，但要把抬土板取下。也可用锋利的铲子，在苗根一定距离处，与床面呈成45°角，斜切入土。截根后，应立即灌水，使松起的土壤及苗根落回原处。

八、病虫害防治

苗木在生长的过程中,常常会受到各种病虫的危害。对苗木的病虫害,要贯彻"防重于治、综合防治"的方针,对种子、芽条、种根、插穗、砧木等繁殖材料,要进行严格检疫,防止病虫蔓延成灾。从提高育苗技术,加强管理措施入手,不断提高苗木质量,以增强抗病虫害能力,另外一旦发现病虫害要及时进行防治。特别要强调的是,在幼苗期和速生期初期,对病害较多的植物,不论有无病害发生,都要定期(一般 10 天左右)喷洒杀菌剂或保护剂。苗木病虫害防治的具体方法参见有关专业书籍。

九、苗木防寒

苗木防寒应从两方面入手,一是提高苗木的抗寒能力,二是采取保护性防寒措施。

1. 提高苗木抗寒能力

可通过处理种子,对种子进行抗寒锻炼;适时早播,延长生长期,生长后期多施 P、K 肥,及时停止施 N 肥和灌溉,使幼苗在寒冬到来之前充分木质化,增强抗寒能力。对某些停止生长较晚的树种,如榆、桑、刺槐等,在 8 月份可剪去嫩梢或截根,以促进木质化。

2. 保护性防寒措施

(1) 苗木覆盖。用草或树叶,把幼苗全部盖起来,次春再把覆盖物撤除。

(2) 设暖棚。其构造和倾斜式遮阴相似,但暖棚是南高北低,北侧紧贴地面,不透风。暖棚在晴天风较小时,可昼除夜覆,如遇寒流,可整天覆盖。目前许多地区使用塑料拱罩、塑料大棚或日光温室,上面盖有草帘等,取得了较好的防寒效果。

(3) 设防风障。在冬、春季风大的北方地区,可设防风障。即用高粱或玉米秆等在主风方向垂直埋立成行,第 2 年春季起苗前把风障清除。风障间距离一般为风障高度的 10 倍。这样可以降低风速,使苗木减轻寒害,又能增加积雪,有利于土壤保墒,预防春旱。但费工费料,育苗成本高。

(4) 其他防寒方法。根据不同的苗木和各地的实际情况,亦可采用熏烟、涂白、窖藏等防寒方法。

以上是针对播种当年苗木的抚育管理。培育 1 年后的留床苗,抚育管理的措施主要是松土除草、施肥、灌溉、病虫害防治和防寒。由于留床苗已有生长良好的根系,地上部分生长健壮,松土除草、施肥、灌溉的做法虽与播种当年相似,但抚育的次数大大减少。

【任务实施】

一、目的要求

了解苗圃地耕作的主要环节和步骤,掌握苗圃地耕作的技术及要求;熟悉人工播种育苗的整个生产过程,掌握播种前的种子处理和播种过程中的关键技术;熟悉苗木管理的各项内容,明确各项抚育措施进行的适宜时期和有关注意事项,掌握其具体操作技术。

二、材料和器具

无苗的圃地、耕耙地工具、皮尺、木桩、测绳，大、中、小粒种子各 1～5 kg，福尔马林、高锰酸钾、硫酸铜、生石灰、多菌灵、硫酸亚铁、除草剂、敌克松等药剂，称量器具，手锄、平耙、锄头、锹、划行器、移植铲、镇压板、盛种容器、筛子、畚箕、浇水器具、喷水壶、水桶、喷雾器和肥料、塑料薄膜或稻草、草帘等。

三、方法步骤

（一）苗圃地耕作

（1）耕地。拖拉机、牲畜耕地和人工挖地均可。要求时间和深度要恰当，翻耕要均匀。

（2）耙地。拖拉机、牲畜耙地和人工锤打均可。要求土壤疏松、细碎、碎土上下均匀、杂物除净。

（3）作床打垄。规格符合要求，整齐排列。

（4）土壤消毒。合理选择药剂种类和用量，使用方法恰当。

（二）播种

1. 播种前的种子处理

处理前根据种子种类和育苗地大小确定播种量，并称取种子。

（1）种子消毒。将未经催芽的种子，用下列任一种药剂进行消毒处理。

① 福尔马林。用 0.15％的福尔马林溶液浸种 15～30 min，取出后密封 2 h，然后将种子摊开阴干。

② 高锰酸钾。用 0.5％的高锰酸钾溶液浸种 2 h，或用 3％的浓度浸种 30 min。然后取出密封 0.5 h，阴干后播种。胚根已突破种皮的种子不能采用此法。

③ 敌克松粉剂拌种。用药量为种子重量的 0.2％～0.5％，先用药量的 10～15 倍的细土配成药土，再拌种消毒。

（2）种子的催芽处理：

① 水浸催芽。选短期休眠的中粒种子或小粒种子，将其消毒后，倒入容器中浸种。根据种子特性正确选择浸种温度和浸种时间。浸种后，将吸足水分的种子捞出阴干。

② 化学药剂催芽。选择种皮坚硬或种皮具有蜡质的种子，选择适当的化学药剂处理。根据选择的药剂确定适当的浓度、处理的时间和方法。

2. 播种

（1）播种方法。根据所用种子的大小，选用适当的播种方法。

（2）播种技术：

① 播种。分种：按苗床数等量分种，将播种量落实到每一个苗床。开沟：用开沟器或小锄开沟，要求通直、深度适当、沟底平实。适合撒播的种子不开沟。播种：将沟底适当进行镇压后，把种子均匀撒在播种沟内。适合撒播的种子直接撒播在苗床上。要求掌握播种的手法和均匀播种的技巧。

② 覆土。播种后要立即覆土。要求根据种子大小掌握覆土厚度,并做到厚薄均匀。

③ 镇压。要求根据天气、土壤状况确定是否镇压,并根据种子大小确定播种前镇压还是播种后镇压。

④ 覆盖。用草类或其他物料覆盖播种地,要求厚度适合。

⑤ 浇水。已催芽的种子,播种后必须浇水。要求能根据覆盖材料决定覆盖前浇水,还是覆盖后浇水,掌握好浇水的量和方式。

（三）苗木管理

1. 遮阴

要求明白什么情况下需要遮阴和如何遮阴。

2. 常规管理

内容有松土除草、灌溉排水、追肥、间苗和补苗。要求根据苗木生长时期、长势、密度、天气及土壤和杂草状况开展各项常规管理工作,掌握操作技术要领。

3. 病虫害防治

为了防止各种病害的发生,从出苗揭除覆盖物起直至速生期初期,每10天左右喷洒1次波尔多液或其他保护剂和杀菌剂。经常观察,对已经发生病害的苗木,拔除病苗,集中销毁,并对症防治,以减轻危害。发生虫害时,也要及时对症防治。要求能配制波尔多液和石硫合剂,掌握几种杀菌剂和杀虫剂的使用浓度和使用方法,具备安全用药常识。

四、实习报告

（1）简述圃地耕作的程序和技术要求。

（2）编制所播树种育苗管理月历（表2.9）。

（3）记载各项管理措施的具体实施情况,建立育苗技术档案（表2.10）。

表 2.9 播种育苗管理月历

树种：　　　　　　　　播种时间：

月份		措施	备注
_____月	上旬		
	中旬		
	下旬		
_____月	上旬		
	中旬		
	下旬		
……			

说明:从播种开始至12月。实施的措施只填"名称",不需说明具体做法。

表 2.10 育苗技术措施表

树种： 苗龄： 育苗年度：

育苗面积： 种条来源： 繁殖方法：

种(条)品质： 种(条)贮藏方法：

种子消毒催芽方法： 前茬：

| 整地 | 耕地日期： | 耕地深度： | 使用工具 | |
| | 作床时间： | 苗床面积： | | |

项目	时间	种类	用量	方法
施基肥				
土壤消毒				
追肥				

育苗	播种量：	播种时间：	播种方法：	覆土厚度：
	扦插密度：	扦插时间：	扦插方法：	成活率：
	砧木：	嫁接时间：	嫁接方法：	成活率：
	移植苗龄：	移植时间：	移植方法：	成活率：

覆盖	覆盖物：	覆盖起止时间：
遮阴	遮阴物：	遮阴起止时间：

间苗	时间	留苗密度	时间	留苗密度
灌水				
中耕				

病虫害防治	名称	发生时间	防治日期	药剂名称	浓度	方法

出圃	日期： 起苗方法： 贮藏方法： 苗木产量： 株/m²
	合格苗率： ％

	续表
育苗新技术 应用情况	
存在问题及 改进意见	

填表人：

【技能考核 1】　条播操作

（一）操作时间

60 分钟。

（二）操作程序

用具准备—整地—作床—播种—用具还原。

（三）操作现场

一块苗圃地。锄头、铲子、钉耙、杆秤、种子、洒水壶、覆盖材料。考生不能带相关资料。

（四）操作要求与配分（90 分）

（1）苗床床面平整。（8 分）
（2）苗床床边直。（7 分）
（3）土壤颗粒大小适宜。（15 分）
（4）杂草、石块、根系等杂物捡净。（8 分）
（5）播种沟深浅、距离适宜,沟底平。（10 分）
（6）播种适量、均匀。（15 分）
（7）覆土厚薄适宜、均匀。（15 分）
（8）整地、作床、播种、覆土操作规范,工作效率高。（12 分）

（五）安全生产、工具设备使用保护和配分

（1）正确使用和保护工具。（5 分）
（2）安全生产。（5 分）

（六）考核评价

5 个人一组同时进行操作,每个学生独立完成。
实训指导教师根据学生在考核现场的操作情况,按考核评价标准当场逐项评分。

【技能考核 2】　撒播操作

（一）操作时间

60 分钟。

（二）操作程序

用具准备—整地—作床—播种—用具还原。

（三）操作现场

一块苗圃地。锄头、铲子、钉字耙、电子天平、种子、洒水壶、覆盖材料。考生不能带相关资料。

（四）操作要求与配分（90 分）

(1) 苗床床面平整。（8 分）
(2) 苗床床边直。（7 分）
(3) 土壤颗粒大小适宜。（20 分）
(4) 杂草、石块、根系等杂物捡净。（8 分）
(5) 播种适量、均匀。（15 分）
(6) 覆土厚薄适宜、均匀。（20 分）
(7) 整地、作床、播种、覆土操作规范，工作效率高。（12 分）

（五）安全生产、工具设备使用保护和配分

(1) 正确使用和保护工具。（5 分）
(2) 安全生产。（5 分）

（六）考核评价

5 个人一组同时进行操作，每个学生独立完成。
实训指导教师根据学生在考核现场的操作情况，按考核评价标准当场逐项评分。

【技能考核 3】 播种苗苗期管理

（一）操作时间

60 分钟。

（二）操作程序

用具准备—松土除草—施肥—防病—用具还原。

（三）操作现场

一块幼苗地。锄头、铲子、喷雾器、肥料、多菌灵等杀菌剂、电子天平、水桶。考生不能带相关资料。

（四）操作要求与配分（90 分）

1. 人工松土除草（25 分）
(1) 操作规范、熟练。（15）
(2) 杂草除净，不伤苗木。（10）

2. 苗木追肥 (30 分)

(1) 肥料浓度适宜,全面施到。(15 分)

(2) 施肥操作规范、熟练。(15 分)

3. 苗木防病 (35 分)

(1) 药液浓度适当,配制方法正确。(10 分)

(2) 喷药彻底、全面。(10 分)

(3) 配液、喷药操作规范、熟练。(15 分)

(五) 安全生产、工具设备使用保护和配分

(1) 正确使用和保护工具。(5 分)

(2) 安全生产。(5 分)

(六) 考核评价

5 个人一组同时进行操作,每个学生独立完成。

实训指导教师根据学生在考核现场的操作情况,按考核评价标准当场逐项评分。

【巩固训练】

一、名词解释

1. 播种育苗　2. 播种苗　3. 种子休眠　4. 短期休眠　5. 长期休眠　6. 种子催芽　7. 层积催芽　8. 苗木密度

二、填空题

1. 选择育苗地从＿＿＿＿＿＿＿、＿＿＿＿＿＿＿、＿＿＿＿＿＿＿、和＿＿＿＿＿＿＿等五方面综合考虑。其中＿＿＿＿＿＿＿和＿＿＿＿＿＿＿是最主要的条件。

2. 苗床的种类有＿＿＿＿＿＿＿、＿＿＿＿＿＿＿,当地用＿＿＿＿＿＿＿。

3. 土壤耕作的基本要求是＿＿＿＿＿＿＿、＿＿＿＿＿＿＿和＿＿＿＿＿＿＿等。

4. 作床的基本要求是＿＿＿＿＿＿＿、＿＿＿＿＿＿＿和＿＿＿＿＿＿＿。

5. 常用的菌肥有＿＿＿＿＿＿＿、＿＿＿＿＿＿＿、＿＿＿＿＿＿＿和＿＿＿＿＿＿＿。

6. 基肥的施用方法有＿＿＿＿＿＿＿、＿＿＿＿＿＿＿三种。

7. 种子休眠的类型有＿＿＿＿＿＿＿、＿＿＿＿＿＿＿两种。

8. 种子自然休眠的原因有＿＿＿＿＿＿＿、＿＿＿＿＿＿＿和＿＿＿＿＿＿＿。

9. 种子的催芽方法有＿＿＿＿＿＿＿、＿＿＿＿＿＿＿、＿＿＿＿＿＿＿等方法。

10. 播种有＿＿＿＿＿＿＿、＿＿＿＿＿＿＿、＿＿＿＿＿＿＿四个时期。

11. 播种的方法有＿＿＿＿＿＿＿、＿＿＿＿＿＿＿、＿＿＿＿＿＿＿三种。

12. 条播的播种工序是＿＿＿＿＿＿、＿＿＿＿＿＿、＿＿＿＿＿＿、＿＿＿＿＿＿和＿＿＿＿＿＿。

13. 遮阴的方法有＿＿＿＿＿＿、＿＿＿＿＿＿和＿＿＿＿＿＿。

14. 灌溉的方法有＿＿＿＿＿＿、＿＿＿＿＿＿、＿＿＿＿＿＿等。

15. 给苗木施肥的方法有＿＿＿＿＿＿和＿＿＿＿＿＿,其中＿＿＿＿＿＿为主要形式。

16. 苗木抚育管理的内容有＿＿＿＿＿＿、＿＿＿＿＿＿、＿＿＿＿＿＿、＿＿＿＿＿＿、＿＿＿＿＿＿、＿＿＿＿＿＿、＿＿＿＿＿＿和＿＿＿＿＿＿。

三、单项选择题

1. 在坡地上选择育苗地时,宜选（　　）
A. 东南坡　　　　B. 北坡　　　　C. 东北坡　　　　D. 西北坡

2. 育苗用水要达到一定的水质,含盐量一般不能超过（　　）
A. 0.1%　　　　B. 0.15%　　　　C. 0.2%　　　　D. 0.25%

3. 生产用地面积是指（　　）
A. 苗床面积　　B. 步道面积　　C. 水渠面积　　D. A+B　　E. A+B+C

4. 苗床面积一般占生产用地面积的（　　）
A. 50%　　　　B. 60%　　　　C. 70%　　　　D. 80%

5. 生产上主要采用的土壤处理方式是（　　）
A. 火烧消毒　　B. 蒸汽消毒　　C. 药剂消毒

6. 以下哪种肥料（或组合）作基肥效果最好（　　）
A. 有机肥　　　B. 氮肥　　　　C. 磷肥　　　　D. A+B　　E. A+C

7. 变温层积催芽时,低温期温度一般控制在（　　）
A. 20~25 ℃　　B. 10~20 ℃　　C. 0~5 ℃　　D. −15~10 ℃

8. 本地多数树种以何时播种最佳（　　）
A. 春播　　　　B. 夏播　　　　C. 秋播　　　　D. 冬播

9. 苗木幼苗期的遮阴的透光度一般为（　　）
A. 1/2~2/3　　B. 1/4~1/2　　C. 2/3~3/4　　D. 1/3~2/3

10. 种皮上有蜡质或油质的种子,催芽的方法是（　　）
A. 水浸催芽　　B. 层积催芽　　C. 苏打水浸种　　D. 微量元素浸种

11. 生理后熟的种子适宜的催芽方法是（　　）
A. 水浸催芽　　B. 层积催芽　　C. 苏打水浸种　　D. 微量元素浸种

12. 播种时覆土厚度应是种子厚度（短轴直径）的（　　）
A. 1~2 倍　　　B. 2~3 倍　　　C. 3~4 倍　　　D. 4~5 倍

13. 遮阴是育苗的重要管理措施,它用于（　　）
A. 阳性树种　　B. 阴性树种　　C. 中偏阴树种　　D. 扦插育苗
E. B+C+D

14. 苗木间苗的主要时期是（　　）

A. 出苗期　　　　　B. 幼苗期　　　　C. 速生期　　　　D. 硬化期

15. 用化肥进行根外追肥,适宜的浓度是( )

A. 0.1%~0.5%　B. 0.5%~1.0%　C. 1.0%~1.5%　　D. 1.5%~2.0%

16. 下列追肥方法中肥效最快的是( )

A. 沟施　　　　　　B. 撒施　　　　　C. 浇施　　　　　　D. 叶面施

17. 播种育苗的防病措施有( )

A. 选好圃地　　　　B. 搞好消毒　　　C. 抓好水肥管理　　D. 定期喷杀菌剂

E. A+B+D　　　　F. A+B+C+D

18. 下列种子组合全适宜条播的是( )

A. 马尾松、杉木、侧柏　　　　　　　B. 杉木、桂花、银杏

C. 桉树、杉木、鱼尾葵　　　　　　　D. 桂花、银杏、假槟榔

19. 下列种子组合全适宜点播的是( )

A. 马尾松、杉木、侧柏　　　　　　　B. 杉木、桂花、银杏

C. 桉树、杉木、鱼尾葵　　　　　　　D. 桂花、银杏、假槟榔

20. 播种后出苗前除草,使用的除草剂应是( )

A. 残效期短的除草剂　　　　　　　B. 残效期长的除草剂

C. 移动性小的除草剂　　　　　　　D. 移动性大的除草剂

21. 采用毒土法除草,使用的除草剂应是( )

A. 残效期短的除草剂　　　　　　　B. 残效期长的除草剂

C. 移动性小的除草剂　　　　　　　D. 移动性大的除草剂

22. 应用除草剂的目的是除草保苗,除草保苗选择性产生的原因是( )

A. 植物形态解剖上的差异　　　　　B. 植物萌发时间上的差异

C. 抓好水肥管理　　　　　　　　　D. 植物生理上的差异

E. A+B+C+D　　　　　　　　　　F. A+D

四、判断题

1. 育苗地以南坡、西南坡或西坡为宜。( )

2. 选择育苗地要综合考虑各项条件,相对而言,土壤条件和水源更为重要。( )

3. 生产中常用 5%~10% 的硫酸亚铁溶液对土壤进行灭菌。( )

4. 基肥应以化肥为主。( )

5. 使用福尔马林溶液对种子消毒时,需浸泡种子 15~30 min。( )

6. 水浸催芽适用于被迫休眠的种子。( )

7. 银杏等生理后熟的种子,用水浸催芽能显著提高发芽率。( )

8. 当地大部分地区,育苗的播种时间以春季最好。( )

9. 条播一般要求播幅 10~15 cm,行距 20~25 cm。( )

10. 点播适用于小粒种子。( )

11. 播种后,覆土厚度对种子发芽没有影响。( )

12. 遮阴时间的长短因树种和气候条件而异。( )

13. 冻拔害在低洼地或黏重土壤上较为严重。( )

14. 播种育苗决定苗木数量的是幼苗期,决定苗木质量的是速生期。( )

15. 选择性除草剂是能除掉杂草、保护苗木的除草剂。（　　）

16. 合理使用除草剂既省钱省力，除草效果又好。（　　）

17. 针叶树比阔叶树抗药性能强，故在确定除草剂用药量时，阔叶树用下限，落叶针叶树用中限，常绿针叶树用上限。（　　）

五、计算题

1. 某苗圃生产 1 年生马尾松播种苗 150 万株，采取 3 区轮作制，每年有 1 区休闲种植绿肥作物，2 个区育苗，单位面积产苗量为 250 株/m²，合格苗率为 80%，需要多大生产用地面积？

2. 某苗圃需培育假槟榔苗木 100 万株，若种子千粒重为 80 g，发芽率为 80%，净度为 95%，损耗系数为 1.1，需多少公斤种子？

六、问答题

1. 怎样选择育苗地？

2. 基肥的作用有哪些？如何正确地施用基肥？

3. 举例说明如何进行土壤灭菌和灭虫。

4. 以条播为例说明播种各工序的技术要求。

5. 灌溉注意事项有哪些？

6. 怎样给苗木进行根外追肥？

7. 试述苗木的防寒措施。

8. 怎样培育优质播种苗？

项目3 扦插育苗

【项目分析】

介绍扦插成活原理、影响插穗生根的因素和扦插育苗技术。

营养繁殖又称无性繁殖,是在适宜的条件下,将植物体的营养器官(如枝、根、茎、叶、芽等)培育成一个完整新植株的繁殖方法。用这种方法培育出来的苗木称为营养繁殖苗或无性繁殖苗。

营养繁殖可保持母本的优良性状,成苗迅速,开始开花结实时间比实生苗早,不但可提高苗木的繁殖系数,而且可解决不结实或结实稀少树木的繁殖问题。营养繁殖还可用于繁殖和制作特殊造型的树木,如树月季、龙爪槐、梅桩、一树多种等。但营养繁殖苗没有明显的主根,根系不如实生苗发达(嫁接苗除外),抗性较差,寿命较短,多代重复营养繁殖可能引起退化,致使苗木生长衰弱。

扦插育苗是在一定的条件下,将植物营养器官的一部分(如根、茎、枝、叶等)插入土、沙或其他基质中,培育成一个完整新植株的育苗方法,是营养繁殖方法之一。经过剪截用于扦插的材料称插穗,用扦插繁殖所得的苗木称为扦插苗。

扦插繁殖方法简单,材料充足,可进行大量育苗和多季育苗,已经成为树木,特别是不结实或结实稀少名贵树种的主要繁殖手段之一。因插条脱离母体,必须给予适合的温度、湿度等环境条件才能成活,对一些要求较高的树种,还需采用必要的措施(如遮阴、喷雾、搭塑料棚等)才能成功。因此扦插繁殖要求管理精细,比较费工。

【预备知识1】 扦插成活原理

扦插成活的关键取决于根的形成。扦插育苗以枝插应用较多,插穗上都带有芽,芽向上长成梢,基部分化产生根,从而形成完整的植物。根据插穗不定根发生的部位不同,可以分为三种生根类型:一是皮部生根类型;二是愈伤组织生根类型;三是介于两者之间的综合生根类型。

一、皮部生根类型

皮部生根类型即以皮部生根为主,从插条周身皮部的皮孔、节等处发出很多不定根(图3.1)。皮部生根数占总根量的70%以上,而愈伤组织生根较少,甚至没有,如红瑞木、金银花、柳树等。属于此种类型的插条都存在根原始体或根原基,位于髓射线的最宽处与形成层的交叉点上。这是由于形成层进行细胞分裂,向外分化成钝圆锥形的根原始体,侵入韧皮部,通向皮孔,在根原始体向外发育过程中,与其相连的髓射线也逐渐增粗,穿过木质部通向髓部,从髓细胞中取得营养物质。一般扦插成活容易、生根较快的树种,大多是从皮孔和芽的周围生根。

二、愈伤组织生根类型

愈伤组织生根类型即以愈伤组织生根为主,从基部愈伤组织或从愈伤组织相邻近的茎节上发出不定根(图 3.1)。愈伤组织生根数占总根量的 70% 以上,皮部根较少,甚至没有,如银杏、雪松、黑松、金钱松、水杉、悬铃木等。此种生根类型的插条,其不定根的形成要通过愈伤组织的分化来完成。首先,在插穗下切口的表面形成半透明的、具有明显细胞核的薄壁细胞群,即为初生的愈伤组织。然后,初生愈伤组织的细胞继续分化,逐渐形成和插穗相应组织发生联系的木质部、韧皮部和形成层等组织。最后充分愈合,在适宜的温度、湿度条件下,从愈伤组织中分化出根。因为这种生根需要的时间长,生长缓慢,所以凡是扦插成活较难、生根较慢的树种,其生根部位大多是愈伤组织生根。

图 3.1 插穗生根类型
注:左一愈伤组织生根 右一皮部生根

三、综合生根类型

综合生根类型,即愈伤组织生根与皮部生根的数量大体相同,如杨树、葡萄、夹竹桃、金边女贞、石楠等。

【预备知识 2】 影响插穗生根的因素

一、影响插穗生根的内因

(一)树种的生物学特性

不同树种的生物学特性不同,因而它们的枝条生根能力也不一样。根据插条生根的难易程度可将树木分为四种。

(1)易生根的树种。如柳树、水杉、池杉、杉木、柳杉、连翘、小叶黄杨、月季、迎春、常春藤、南天竹、无花果、石榴、刺桐等。

（2）较易生根的树种。如侧柏、扁柏、花柏、罗汉松、槐树、茶、茶花、樱桃、野蔷薇、杜鹃、夹竹桃、柑橘、女贞、猕猴桃等。

（3）较难生根的树种。如金钱松、圆柏、龙柏、日本五针松、雪松、米兰、枣树、梧桐、苦楝、臭椿等。

（4）极难生根的树种。如黑松、马尾松、樟树、板栗、核桃、栎树、鹅掌楸、柿树、南洋杉等。

不同树种生根难易只是相对而言的，随着科学研究的不断深入，难生根树种也能取得较高的成活率，并在生产中加以推广应用。如桉树以往扦插很难成活，20 世纪 80 年代末改用组织培养苗作采穗母株，并使用生根促进剂处理，许多种桉树扦插已不成问题。另外，同一树种的不同品种生根能力也不一样，如月季、杨树、茶花等。

（二）母树及插穗的年龄

采枝条母树的年龄和枝条（插穗）本身的年龄对扦插成活均有显著的影响，对较难生根和难生根树种而言，这种影响更大。

1. 母树年龄

年龄较大的母树阶段发育老，细胞分生能力低，而且随着树龄的增加，枝条内所含的激素和养分发生变化，尤其是抑制物质的含量随着树龄的增长而增加，使得插穗的生根能力随着母树年龄的增长而降低，生长也较弱。因此，在选插穗时，应采自年幼的母树，最好选用 1～2 年生实生苗上的枝条。如湖北省潜江市林业科学研究所对水杉扦插的试验表明，1 年生母树上采集的插穗生根率为 92％；2 年生母树上采集的插穗生根率为 66％；3 年生母树上采集的插穗生根率为 61％；4 年生母树上采集的插穗生根率为 42％；5 年生母树上采集的插穗生根率为 34％。随着母树年龄增大，插穗生根率逐渐降低。

2. 插穗年龄

插穗生根的能力也随其本身年龄增加而降低，一般以 1 年生枝的再生能力最强，但具体年龄也因树种而异。例如，杨树类 1 年生枝条成活率高，2 年生枝条成活率低，即使成活，苗木的生长也较差。水杉和柳杉 1 年生的枝条较好，基部也可稍带一段 2 年生枝段；而罗汉松带 2～3 年生的枝段生根率高。一般而言，慢生树种的插穗以带一部分 2、3 年生枝段成活率较高。较难生根的树种和极难生根树种以半年生或年龄更小的枝条扦插成活率较高。

另外，枝条粗细不同，贮藏营养物质的数量不同，粗插穗所含的营养物质多，对生根有利。故硬枝扦插的枝条，必须发育充实、粗壮、充分木质化、无病虫害。

（三）枝条着生部位

树冠上的枝条生根率低，而树根和干基部萌发枝的生根率高（表 3.1）。因为母树根颈部位的 1 年生萌蘖条发育阶段最年幼，再生能力强，又因萌蘖条生长的部位靠近根系，得到了较多的营养物质，具有较高的可塑性，扦插后易于成活。干基萌发枝生根率虽高，但来源少，遗传稳定性较低。所以，从采穗圃采集插穗比较理想，如无采穗圃，可用插条苗、留根苗和插根苗的苗干。

表 3.1　杨树不同采条部位与插穗生根和生长情况

采条部位	枝条年龄	平均生根数	平均苗高（cm）	扦插日期
树干茎部萌生枝	1	21	90	11 月下旬
树冠部分枝条	1	6	50	11 月下旬
树干茎部萌生枝	1	25	133.2	3 月下旬
树冠部分枝条	1	9	82.1	3 月下旬

另外，母树主干上的枝条生根力强，侧枝尤其是多次分枝的侧枝生根力弱。若从树冠上采条，则从树冠下部光照较强的部位采条较好。在生产实践中，有些树种带一部分 2 年生枝，即采用"带踵扦插法"或"带马蹄扦插法"常可以提高成活率。

硬枝扦插的枝条，必须发育充实、粗壮、充分木质化、无病虫害。粗插穗所含的营养物质多，对生根有利。插穗的适宜粗细因树种而异，多数针叶树种为 0.3～1 cm，阔叶树种为 0.5～2 cm。

（四）枝条不同部位

同一枝条的不同部位根原基数量和贮存营养物质的数量不同，其插穗生根率、成活率和苗木生长量都有明显的差异。一般来说，常绿树种枝条中上部较好，这主要是因为枝条中上部生长健壮，代谢旺盛，营养充足，且中上部新生枝光合作用也强，对生根有利。落叶树种枝条中下部较好，因枝条中下部发育充实，贮藏养分多，为生根提供了有利因素。若落叶树种嫩枝扦插，则中上部枝条较好。由于幼嫩的枝条的中上部内源生长素含量最高，而且细胞分生能力旺盛，对生根有利，如池杉嫩枝扦插梢部插穗最好（表 3.2）。

表 3.2　池杉枝条不同部位扦插生根情况

扦插材料	基段	中段	梢段
嫩枝扦插	80	86	89
硬枝扦插	91.3	84	69.2

（五）插穗叶数和芽数

插穗上的芽是形成茎、干的基础。芽和叶能供给插穗生根所必需的营养物质和生长激素、维生素等，对生根有利。芽和叶对嫩枝扦插及针叶树种、常绿树种的扦插更为重要。插穗留叶多少要根据具体情况而定，从 1 片到数片不等。若有喷雾装置，随时喷雾保湿，可多留叶片。

二、影响插穗生根的外因

影响插穗生根的外因有温度、湿度、光照和基质通气性等，各因子之间相互影响、相互制约，必须满足这些环境条件，以提高扦插成活率。

（一）温度

插穗生根的适宜温度因树种而异。多数树种生根的最适温度为 15～25 ℃，以 20 ℃最适宜。处于不同气候带的植物,其扦插的最适宜温度不同。美国的 Malisch H. 认为温带植物最适宜的扦插温度在 20 ℃左右合适,热带植物最适宜的扦插温度在 23 ℃左右合适。苏联学者则认为温带植物最适宜的扦插温度为 20～25 ℃,热带植物最适宜的扦插温度为 25～30 ℃。

土温和气温存在适当的温差有利于插穗生根。一般土温高于气温 3～5 ℃时,对生根极为有利。在生产上可用马粪或电热线等材料增加地温,还可利用太阳光的热能进行倒插催根,提高插穗成活率。

温度对嫩枝扦插更为重要,30 ℃以下有利于枝条内部生根促进物质的利用,因此对生根有利。但温度高于 30 ℃会导致扦插失败,一般可采取喷雾或遮阴的方法降低温度。插穗活动的最佳时期,也是腐败菌猖獗的时期,因此在扦插时应特别注意采取防腐措施。

(二)湿度

在插穗生根过程中,空气的相对湿度、基质湿度以及插穗本身的含水量是扦插成活的关键,尤其是嫩枝扦插,应特别注意保持合适的湿度。

1. 空气的相对湿度

空气的相对湿度与扦插成活有密切的关系,尤其对极难生根的针、阔叶树种影响更大。插穗所需的空气相对湿度一般为 90% 左右,硬枝扦插可稍低一些,但嫩枝扦插空气的相对湿度一定要控制在 90% 以上,使枝条蒸腾强度最低。生产上可采用喷水、间隔控制喷雾、盖膜等方法提高空气的相对湿度,提高插穗生根率。

2. 基质湿度

插穗容易失去水分平衡,因此要求基质有适宜的水分。基质湿度取决于扦插基质、扦插材料及管理技术水平等。据毛白杨扦插试验,基质中的含水量一般以 20%～25% 为宜。毛白杨基质含水量为 23.1% 时,成活率较含水量为 10.7% 的基质提高 34%;含水量低于 20% 时,插穗生根和成活都受到影响。有报道表明,插穗从扦插到愈伤组织产生和生根,各阶段对基质含水量要求不同,通常以前者为高,后者依次降低。尤其是在完全生根后,应逐步减少水分的供应,以抑制插条地上部分的旺盛生长,增加新生枝的木质化程度,更好地适应移植后的田间环境。水分过多往往容易造成下切口腐烂,导致扦插失败,应引起重视。

(三)基质通气条件

插穗生根时需要氧气。通气情况良好的基质能满足插穗生根对氧气的需要,有利于生根成活。通气性差的基质或基质中水分过多,氧气供给不足,易造成插穗下切口腐烂,不利于生根成活(表 3.3)。故扦插基质要求疏松透气。

表 3.3 插床含氧量与插穗生根率

含氧量(%)	插穗数	生根率(%)	根系平均干重(mg)	平均根数(条)	平均根长(cm)
10	8	87.5	5.4	2.5	8.2
5	8	50	3.1	0.8	2.8
2	8	25	0.4	0.4	0.7
0	8	—	—	—	—

（四）光照

光照能促进插穗生根，对常绿树及嫩枝扦插是不可缺少的。但扦插过程中，强烈的光照又会使插穗干燥或灼伤，降低成活率。在实际生产中，可采取喷水或适当遮阴、盖膜等措施来维持插穗水分平衡。夏季扦插时，最好的方法是应用全光照自动间歇喷雾法，既保证了温度又不影响光照。

任务　扦插育苗技术

【任务分析】

在植物扦插繁殖中，根据使用繁殖的材料不同，可分为枝插、根插、叶插等。在苗木的培育中，最常用的是枝插。根据枝条的成熟度，枝插又可分为**硬枝扦插**与**嫩枝扦插**。

【预备知识】

一、插穗采集

1. 硬枝扦插

硬枝扦插是利用已经完全木质化的枝条作插穗进行扦插，通常分为长穗插和单芽插两种。长穗插是用带2个以上芽的插穗进行扦插，单芽插是用仅带1个芽的插穗进行扦插。常用于易生根树种和较易生根树种。

（1）硬枝插穗的选择。一般应选优良的幼龄母树上发育充实、已充分木质化的1～2年生枝条作插穗。容易生根树种，采穗母树年龄可大些。常绿树种随采随插。落叶树种在秋季落叶后尽快采集，采条后如不立即扦插，应将枝条剪成插穗后贮藏，如低温贮藏处理、窖藏处理、沙藏处理等。在育苗实践中，还可结合整形修剪时切除的枝条选优贮藏待用。

（2）硬枝插穗的剪截。一般长穗插条长15～20 cm，保证插穗上有2～3个发育充实的芽。单芽插穗长3～5 cm。剪切时上切口距芽1 cm左右，下切口在节下1 cm左右。下切口有几种切法：平切、斜切、双面切、踵状切等。一般平切口生根呈环状均匀分布，便于机械化截条，对于皮部生根型及生根较快的树种应采用平切口。斜切口与插穗基质的接触面积大，可形成面积较大的愈伤组织，有利于吸收水分和养分，提高成活率；但根多生于斜口的一端，易形成偏根，同时剪穗也较费工。双面切与基质的接触面积更大，在生根较难的植物上应用较多。踵状切即在插穗下端带2～3年生枝段，常用于针叶树。

2. 嫩枝扦插

嫩枝扦插是在生长季节，用半木质化的枝条作插穗进行扦插。嫩枝扦插多用全光照自动间歇喷雾或荫棚内塑料小棚扦插等，以保持适当的温度和湿度。扦插基质主要为疏松透气的蛭石、河沙等。嫩枝扦插多用于较难生根树种和极难生根树种，也可用于易生根树种和较易生根树种。

（1）嫩枝插穗的选择。针叶树如松、柏等，扦插以夏末剪取中上部半木质化的枝条较好。实践证明,采用中上部的枝条进行扦插,其生根情况大多数好于下部的枝条。阔叶树一般在高生长最旺盛期剪取幼嫩的枝条进行扦插。对于大叶植物,当叶未展开成大叶时采条为宜。

极难生根的树种和较难生根的树种应从幼年母树或苗木上采半木质化的一级侧枝或基部萌芽枝作插穗。极难生根的植物可以进行黄化处理或环剥、捆扎等处理。

嫩枝扦插采条后应及时喷水或放入水中,保持插穗的水分。

（2）嫩枝插穗的剪截。枝条采回后,在阴凉背风处进行剪截。插穗一般长 10～15 cm,带 2～3 个芽,保留叶片的数量可根据植物种类与扦插方法而定。

二、基质选择

选择通气良好的基质是扦插成活的重要保证,不论使用什么样的基质,只要能满足插穗对基质水分和通气条件的要求,都有利于生根。

1. 固态基质

生产上最常用的基质有河沙、蛭石、珍珠岩、石英砂、炉灰渣、泥炭土、苔藓、泡沫塑料等。这些基质的通气、排水性能良好,是良好的扦插基质。但反复使用后,颗粒往往破碎,粉末成分增加,故要定时更换新基质。一般的土壤也可作为扦插基质,但土壤的通气性、透水性较差,须掺入上述基质改善土壤的通气条件。

2. 液态基质

把插穗插于水或营养液中使其生根成活,称为液插。液插常用于易生根的树种。由于营养液作基质插穗易腐烂,一般情况下应慎用。

3. 气态基质

把空气造成水汽迷雾状态,将插穗置于雾汽中使其生根成活,称为雾插或气插。雾插只要控制好温度和空气相对湿度就能充分利用空间,加快插穗生根速度,缩短育苗周期。但由于插穗在高温、高湿的条件下生根,炼苗就成为雾插成活的重要环节之一。

育苗生产中,应根据树种的要求,选择最适宜的基质。在露地进行扦插时,大面积更换扦插土实际上是不可能的,故通常选用排水良好的砂质壤土。

三、消毒处理

扦插育苗失败的一个很重要的原因是插穗下切口腐烂,必须采取综合措施加以预防。一是选择通气透水性好的基质;二是做好基质和插穗的消毒工作;三是扦插后加强管理。对基质进行消毒,可在扦插前 1～2 天,用 0.5% 的高锰酸钾溶液或 2%～3% 的硫酸亚铁溶液、稀释 800 倍的多菌灵溶液等喷淋处理,并用塑料薄膜覆盖。对于下切口易腐烂的树种,插穗也要进行消毒,方法是将插穗放到相同浓度的上述药物溶液中浸泡 10～20 min。

四、催根处理

催根处理是提高扦插成活率的有效手段,对较难生根的树种和极难生根的树种尤显重要。易生根的树种和较易生根的树种可不催根,但插穗经催根处理育苗效果会更好。

（一）生长素及生根促进剂处理

1. 生长激素处理

常用的生长素有萘乙酸（NAA）、吲哚乙酸（IAA）、吲哚丁酸（IBA）、2,4-D 等。使用方法：一是先用少量酒精溶解生长素，然后配制成不同浓度的药液浸泡插穗下端，深约 2 cm。低浓度（如 50～200 mg/L）溶液浸泡 6～24 h，高浓度（如 500～1000 mg/L）可进行快速处理（几秒钟到数分钟）。二是将溶解的生长素与滑石粉或木炭粉混合均匀，阴干后制成粉剂，用湿插穗下端蘸粉扦插；或将粉剂加水稀释调为糊剂，用插穗下端蘸糊；或做成泥状，包裹插穗下端。处理时间与溶液的浓度随树种和插条种类的不同而异。一般生根较难的浓度要高些，生根较易的浓度要低些；硬枝浓度高些，嫩枝浓度低些。

2. 生根促进剂处理

目前使用较为广泛的有中国林业科学研究院林业研究所王涛研制的 ABT 生根粉系列，华中农业大学林学系研制的广谱性植物生根剂 HL-43，昆明市园林所等研制的 3A 系列促根粉等。它们均能提高多种树木如银杏、桂花、板栗、红枫、樱花、梅、落叶松等的生根率，其生根率可达 90% 以上，且根系发达，吸收根数量增多。ABT 生根粉插穗，低浓度通常用 50～100 mg/L 溶液浸泡 1～5 h，高浓度通常用 300～500 mg/L 快蘸。

（二）洗脱处理

洗脱处理一般有温水处理、流水处理、酒精处理等。洗脱处理不仅能降低枝条内抑制物质的含量，同时还能增加枝条内水分的含量。

1. 温水洗脱处理

将插穗下端放入 30～35 ℃的温水中浸泡几小时或更长时间，具体时间因树种而异。某些针叶树，如松树、落叶松、云杉等浸泡 2 h，起脱脂作用，有利于切口愈合与生根。

2. 流水洗脱处理

将插条放入流动的水中，浸泡数小时，具体时间也因树种不同而异。多数在 24 h 以内，也有的可达 72 h，有的甚至更长。

3. 酒精洗脱处理

用酒精处理也可有效地降低插穗中的抑制物质，大大提高生根率。一般使用浓度为 1%～3%，或者用 1% 的酒精和 1% 的乙醚混合液，浸泡时间 6 h 左右，如杜鹃类。

（三）营养处理

用维生素、糖类及其他氮素处理插条，也是促进生根的措施之一。如用 5%～10% 的蔗糖溶液处理雪松、龙柏、水杉等树种的插穗 12～24 h，对促进生根效果很显著。若糖类与植物生长素并用，则效果更佳。在嫩枝扦插时，在其叶片上喷洒尿素，也是营养处理的一种。

（四）化学药剂处理

有些化学药剂也能有效地促进插条生根，如醋酸、磷酸、高锰酸钾、硫酸锰、硫酸镁等。

如生产中用 0.1% 的醋酸水溶液浸泡卫矛、丁香等插条,能显著地促进生根。再如用 0.05%～0.1% 的高锰酸钾溶液浸泡插穗 12 h,除能促进生根外,还能抑制细菌生长,起消毒作用。

（五）低温贮藏处理

将硬枝插穗放入 0～5 ℃ 的低温条件下冷藏一定时间（至少 40 天）,使枝条内的抑制物质转化,有利于生根。

（六）增温处理

春天由于气温高于地温,在露地扦插时,往往先抽芽展叶,降低扦插成活率。为此,可采用在插床内铺设电热线或在插床内放入生马粪等措施来提高地温,促进生根。

（七）黄化处理

在扦插前用黑色的塑料袋将要作插穗的枝条罩住,使其处在黑暗的条件下生长,形成较幼嫩的组织,待其枝叶长到一定程度后,剪下进行扦插,这能为生根创造较有利的条件。

（八）机械处理

在树木生长季节,将枝条基部环剥、刻伤或用铁丝、麻绳或尼龙绳等捆扎,阻止枝条上部的碳水化合物和生长素向下运输,使枝条内贮存丰富的养分。休眠期再将枝条剪下扦插,能显著地促进生根。另外,刻伤插穗基部的皮层也能促进生根。

五、扦插

硬枝扦插春、秋两季均可,以春季扦插为主。春季扦插宜早,宜在树木萌芽前进行。秋季扦插应在秋梢停长后再进行。落叶树待落叶后进行扦插。嫩枝扦插在生长季节进行,又以夏初最适宜。

扦插前要整理好插床。露地扦插要细致整地,施足基肥,使土壤疏松,水分充足。扦插密度可根据树种生长快慢、苗木规格、土壤情况和使用的机具等确定。一般株距 10～50 cm,行距 20～30 cm。在温棚和繁殖室,一般先密集扦插,插穗生根发芽后再进行移植。插穗扦插的角度有直插和斜插两种,一般情况下多采用直插。斜插的扦插角度不应超过 45°。插入深度应根据树种和环境而定,根插将根全插入地下,落叶树种扦入后露出一个芽,常绿树种插入地下深度为插穗长度的 1/3～1/2。扦插时,根据扦插基质、插穗状态和催根情况等,分别采用直接插入法、开缝插入法、锥孔插入法或开沟浅插封垄法将插穗插入基质中。

六、插后管理

抓好扦插后管理是保证插穗成活的又一关键,嫩枝扦插尤其要细致管理。一般扦插后应立即灌一次透水,以后注意经常保持基质和空气的湿度。带叶插穗露地扦插要搭遮阴棚遮阴降温（图 3.2）,同时每天喷水,以保持湿度。插条上若带有花芽应及早摘除。插条成活后萌芽条长到 5～10 cm 时,选留一个粗壮的枝条,其余抹去。

图 3.2　遮阴

　　为提高扦插育苗成活率,有条件的地方可采用全光雾扦插技术。在不遮光的条件下,采用自动间歇喷雾设备,维持较高的空气湿度,保持插穗水分(图 3.3)。条件不具备的地方,可采用塑料棚插床,保持扦插小环境的空气湿度。

图 3.3　全光雾插

　　此外,嫩枝扦插、叶插或生根时间长的树种,扦插后必须注意防止发生腐烂。一方面,扦插基质必须排水良好,防止基质内积水,以免插穗腐烂;另一方面,每半个月喷 1 次多菌灵 800 倍稀释溶液,或喷 2%～3% 的硫酸亚铁溶液、1% 的波尔多液溶液,防止病菌滋生。

　　为了补充插穗所需要的养分,插穗生根前,每半个月叶面施肥 1 次;生根后通过土壤施肥补充养分。另外,根据插床和苗木生长情况,必要时进行松土除草和病虫防治。

【任务实施】

一、目的要求

掌握插穗选择、剪制、插后管理的技术。

二、材料和器具

本地区常用林木 5～6 种。
修枝剪、钢卷尺、盛条器、喷水壶、铁锨、平耙、塑料薄膜、遮阴网等。
生根粉或萘乙酸、酒精、高锰酸钾或硫酸亚铁、烧杯、量筒、蒸馏水等。

三、方法步骤

1. 选条
在春季萌发前和生长季节分别按硬枝扦插和嫩枝扦插的要求采条。要求根据影响扦插成活的内因选择年龄适当的母树及年龄、粗细、木质化程度适宜的枝条。

2. 剪穗
在阴凉处用锋利的修枝剪剪取插穗。插穗长度、剪口的位置、带叶数量要适宜。

3. 催根处理
用浓度为 1000～1500 mg/L 的萘乙酸或 300～500 mg/L 的生根粉速蘸,促进生根。也可以用较低浓度的生根剂、温水浸泡催根。

4. 扦插
用直插法或斜插法均可。要求扦插深浅、密度较适合。

5. 管理
扦插完毕立即浇透水。在生根期间,围绕防腐及保持基质和空气湿度做好喷水、遮阴、盖膜、消毒等工作。

四、实习报告

记录扦插实习过程和扦插成活情况(表 3.4),整理成报告。

表3.4 扦插育苗记载表

树种	插穗类型	激素处理时间及浓度	扦插时间	生根成活情况					生长情况	
				开始生根时间	开始放叶时间	扦插插穗数	成活插穗数	成活率（%）	苗高（cm）	地径（cm）

调查人＿＿＿＿＿＿＿＿＿＿＿＿＿ 调查日期＿＿＿＿＿＿＿＿＿＿＿

注:插穗类型指硬枝插穗或嫩枝插穗。

【技能考核】 扦插操作

（一）操作时间

60分钟。

（二）操作程序

用具准备—配制催根液—插穗剪取处理—扦插—用具还原。

（三）操作现场

扦插苗床。修枝剪、高枝剪、生根粉（或代用品）、容器、酒精、蒸馏水。考生不能带相关资料。

（四）操作要求与配分（95分）

（1）插穗选取适宜。（15分）
（2）插穗长短、剪口位置适宜。（15分）
（3）药液浓度适当,配制方法正确。（15分）
（4）处理插穗方法正确。（15分）
（5）扦插方法正确。（15分）
（6）扦插全过程操作规范、熟练。（20分）

（五）工具设备使用保护和配分

正确使用和保护工具。（5分）

（六）考核评价

5个人一组同时进行操作,每个学生独立完成。
实训指导教师根据学生在考核现场的操作情况,按考核评价标准当场逐项评分。
（说明:插穗选择可用口试或笔试代替。）

【巩固训练】

一、名词解释

1. 扦插育苗   2. 扦插苗

二、填空题

1. 影响插条育苗成活的因素有_____、_____、_____、_____、_____、_____、_____和_____等。

2. 硬枝扦插的工序是_____、_____、_____、_____和_____。

3. 常用的催根方法有_____、_____、_____和_____等,其中最常用的是_____。

三、单项选择题

1. 母树年龄影响插穗生根,扦插成活率最高的采条母树是(   )

A. 苗木   B. 幼树   C. 青年期树木   D. 成年期树木

2. 扦插难生根树种最好用(   )

A. 硬枝扦插   B. 嫩枝扦插   C. A、B 均可

3. 扦插难生根树种,在枝龄相同的条件下,应采(   )

A. 树干基部萌芽枝   B. 树干(或苗干)上的一级侧枝

C. 树冠上部的枝条   D. A+B

4. 易生根树种插穗的年龄一般应为(   )

A. 0.5 年生   B. 1 年生   C. 2 年生   D. 3 年生

5. 扦插育苗插穗的长度一般是(   )

A. 5~10 cm   B. 15~20 cm   C. 20~30 cm   D. 30~40 cm

6. 用生根促进剂 ABT 快速处理插穗的浓度一般是(   )

A. 50~100 mg/L   B. 100~200 mg/L

C. 300~500 mg/L   D. 500~1000 mg/L

四、判断题

1. 配制生长激素溶液通常用水直接溶解。(   )

2. 无论树种生根难易程度如何,采集插穗的要求都是一样的。(   )

3. 硬枝扦插最适宜的时间是初夏,而嫩枝扦插最适宜的时间是早春。(   )

4. 嫩枝扦插是用半木质化的枝条作插穗,即用 1 年生的枝条作插穗。(   )

五、问答题

1. 怎样提高扦插育苗成活率?

2. 嫩枝扦插与硬枝扦插有何不同?

项目4　嫁　接　育　苗

【项目分析】

嫁接是将一株植物的枝或芽接到另一株植物的茎（枝）或根上，使之愈合生长在一起，形成一个独立植株的繁殖方法，是营养繁殖方法之一。供嫁接用的枝、芽称接穗或接芽；承受接穗或接芽的植株（根株、根段或枝段）叫砧木。用一段枝条作接穗的称枝接，用芽作接穗的称芽接。通过嫁接繁殖所得的苗木称为嫁接苗。

嫁接繁殖是果树培育中一种很重要的方法。它除了具有营养繁殖的特点外，还可利用砧木对接穗的生理影响，提高嫁接苗的抗性，扩大栽培范围；可更换成年植株的品种和改变植株的雌雄性；可使一树多种、多头、多花，提高其观赏价值；也可利用"芽变"，通过嫁接培育新品种。

一般砧木都具有较强和广泛的适应能力，如抗旱、抗寒、抗涝、抗盐碱、抗病虫等，因此能增加嫁接苗的抗性。如用海棠做苹果的砧木，可增加苹果的抗旱和抗涝性，同时也增加对黄叶病的抵抗能力；用枫杨做核桃的砧木，能增加核桃的耐涝和耐瘠薄性。有些砧木能控制接穗长成植株的大小，使其乔化或矮化。如山桃、山杏是梅花、碧桃的乔化砧，寿星桃是桃和碧桃的矮化砧。一般乔化砧能推迟嫁接苗的开花、结果期，延长植株的寿命；矮化砧则能促进嫁接苗提前开花、结实，缩短植株的寿命。

【预备知识】　影响嫁接成活的因素

树木嫁接能够成活，主要是依靠砧木和接穗结合部位伤口周围的细胞生长、分裂和形成层的再生能力。其原理是接口附近的形成层薄壁细胞进行分裂，形成愈伤组织，逐渐填满接口缝隙，使接穗与砧木的新生细胞紧密相接，形成共同的形成层，向外产生韧皮部，向内产生木质部，长在一起。这样，由砧木根系从土壤中吸收水分和无机养分供给接穗，接穗的枝叶制造有机养料输送给砧木，二者结合形成了一个能够独立生长发育的新个体。由此可见，嫁接成活的关键是接穗和砧木二者形成层的紧密接合，其接合面愈大，愈易成活。影响嫁接成活的主要因素有砧木和接穗的亲和力、砧木和接穗质量、外界条件及嫁接技术等几个方面。

（一）亲和力

亲和力是指砧木和接穗在结构、生理和遗传特性上，彼此相似的程度和互相结合在一起的能力。亲和力高嫁接成活率也高，反之嫁接成活的可能性小。亲和力的强弱与树木亲缘关系的远近有关。一般规律是亲缘关系越近，亲和力越强。同种和同品种之间嫁接亲和力最强，同属不同树种之间亲和力次之，不同属和不同科树种之间亲和力较弱。

（二）生活力

愈伤组织的形成与植物种类及砧木和接穗的生活力有关。一般来说，砧木和接穗生长健壮,生活力强,体内营养物质丰富,生长旺盛,形成层细胞分裂活跃,嫁接容易成活。

（三）生物学特性

如果砧木萌动比接穗稍早,可及时供应接穗所需的养分和水分,嫁接易成活;如果接穗萌动比砧木早,则可能因得不到砧木供应的水分和养分"饥饿"而死;如果接穗萌动太晚,砧木溢出的液体太多,又可能"淹死"接穗。有些种类,如柿树、核桃富含单宁,切面易形成单宁氧化隔离层,阻碍愈合;松类富含松脂,处理不当也会影响愈合。

此外,如果砧木和接穗的细胞结构、生长发育速度不同,嫁接则会形成"大脚"或"小脚"现象。如在黑松上嫁接五针松,在女贞上嫁接桂花,均会出现"小脚"现象。除影响美观外,生长仍表现正常。因此,在没有更理想的砧木时,苗木的培育中仍可继续采用上述砧木。

（四）外界条件

在适宜的温度、湿度和良好的通气条件下进行嫁接,有利于愈合成活和苗木的生长发育。

1. 温度

温度对愈伤组织形成的快慢和嫁接成活有很大的关系。在适宜的温度下,愈伤组织形成快,嫁接易成活。温度过高或过低,都不适宜愈伤组织的形成。一般来说,植物在 25 ℃左右嫁接最适宜,但不同物候期的植物,对温度的要求也不一样。物候期早的比物候期迟的适宜温度要低一些,如桃、杏在 20～25 ℃最适宜,而山茶在 26～30 ℃最适宜。春季进行枝接时,主要以此来确定各树种安排嫁接时间的次序。

2. 湿度

湿度影响嫁接成活。一方面,嫁接愈伤组织的形成需具有一定的湿度条件;另一方面,保持接穗的生活力亦需一定的空气湿度。空气干燥会影响愈伤组织的形成和造成接穗失水干枯。土壤湿度、地下水的供给也很重要。嫁接时,如土壤干旱,应先灌水增加土壤湿度。

3. 光照

光照对愈伤组织的形成和生长有明显的抑制作用。在黑暗的条件下,有利于愈伤组织的形成,嫁接后遮光有利于成活。接后用土埋,既保湿又遮光。

（五）技术熟练程度

在嫁接操作中,要求做到"平、快、准、紧、湿"五个字。"平"指接穗和砧木的削面要平直、光滑。如果削面不平,砧木和接穗之间缝隙大,两者形成的愈伤组织难以接触或不能密切接触,则嫁接难以成活。即使成活,也会生长不良。嫁接刀是否锋利,影响削面的切削质量。"快"指嫁接速度快,避免削面风干或氧化变色,从而提高成活率。"准"指砧木与接穗的形成层对齐,使形成层形成的愈伤组织能很快密切接触。仙人掌类植物嫁接应使接穗与砧木的维管束相接。"紧"指绑扎紧,使砧木与接穗密切接触,减小缝隙。"湿"指保持接口和接穗的湿润,以维持接穗生活力且利于接口形成层产生愈伤组织。

任务　嫁接育苗技术

【任务分析】

嫁接育苗具有增强抗病性、提高产量、坐果早、抗逆性强四大优点。

【预备知识】

一、培育砧木

（一）选择砧木

性状优异的砧木是培育优良苗木的重要环节。选择砧木的条件是：① 与接穗亲合力强。② 对接穗的生长和开花有良好的影响，并且生长健壮、寿命长。③ 适应栽培地区的环境条件。④ 材料来源丰富，容易繁殖。⑤ 对病虫害抵抗力强。

（二）培育砧木

砧木一般用播种繁殖，播种繁殖困难的采用扦插繁殖。砧木选定后，提前 0.5～3 年播种育苗或扦插育苗。培育过程中，除常规的管理措施外，还应通过摘心等措施，促进砧木苗地径增粗。同时及早摘除嫁接部位的分枝，以便于嫁接操作。嫁接用砧木苗的规格一般为嫁接部位直径为 1～2.5 cm，故培育时间因树、因地、因需而定。

二、确定嫁接时期

适宜的嫁接时期对提高嫁接成活率意义重大，应根据嫁接方法、树种特性和气候特点灵活掌握。

枝接春季和秋季均可进行，以春季最好。南方春季嫁接宜早，秋季嫁接宜迟；北方春季嫁接宜迟，秋季嫁接宜早。芽接生长季节均可进行，以初夏最理想。

单宁含量高的植物应在植物的单宁含量较低的季节嫁接；伤流多的植物应在植物伤流较少的季节嫁接；仙人掌类嫁接的适宜时期是 5～6 月。

嫁接时间确定后，还应做好两项准备。一是准备好嫁接刀（或刀片）、枝剪（或手锯）、绑带、接蜡等嫁接用具用品。接蜡用来涂抹嫁接口，以减少接口失水，防止病菌侵入，促进伤口愈合。现在，这种方法已逐渐被塑料薄膜绑带绑扎封口所代替。二是对越冬贮藏过的接穗进行生活力检查、活化和浸水。生活力检查是抽取部分接穗削切新的伤口，然后插入温暖湿润的沙土中，10 天内形成愈伤组织则插穗仍有较强的生活力，否则应予以淘汰。经 0 ℃以下低温贮藏的插穗，需在嫁接前 1～2 天放在 0～5 ℃的湿润环境中活化，然后水浸 12～24 h。

三、采集接穗

选品种优良纯正,生长健壮,观赏价值或经济价值高,无病虫害的成年树作为采穗母树。一般选择树冠外围中、上部生长充实、芽体饱满的新梢或 1 年生粗壮枝条。夏季采穗,应立即去掉叶片(只保留叶柄)和生长不充实的梢部,并及时用湿布包裹,以减少水分蒸发。取回的接穗不能及时使用的,可将枝条下部浸入水中,放在阴凉处,每天换水 1～2 次,能够短期保存 4～5 天。

落叶树种春季嫁接,穗条的采集一般结合冬剪进行。采集的枝条包好后吊在井中或放入窖内沙藏,若能用冰箱或冷库在 5 ℃左右的低温下贮藏则更好。常绿树种春季嫁接,在春季树木萌芽前 1～2 周随采随接。其他时间嫁接随采随接。

四、嫁接

嫁接育苗要根据植物的特性、砧木的大小、育苗的目的和季节等,选择适当的嫁接方法。嫁接方法按所取材料不同可分为枝接和芽接。不同的嫁接方法有与之相适应的嫁接时期和技术要求。

(一)枝接

用一段枝条作接穗的嫁接称为枝接。枝接一般在树木休眠期进行,特别是在春季砧木树液开始流动,接穗尚未萌芽的时期最好。板栗、核桃、柿树等单宁多的树种,展叶后嫁接较好。枝接的优点是嫁接后苗木生长快,健壮整齐,当年即可成苗,但需要接穗数量大,可供嫁接时间较短。枝接常用的方法有切接、腹接、劈接和插皮接等。

1. 切接

切接法一般用于直径 2 cm 左右的小砧木,是枝接中最常用的一种方法(图 4.1)。

嫁接时先将砧木距地面 5 cm 左右处剪断、削平,选择较平滑的一面,用嫁接刀在砧木一侧木质部与皮层之间(也可略带木质部,在横断面上约为直径的 1/5～1/4)垂直向下切,深约 2～3 cm。

削接穗时,接穗上要保留 1～2 个完整饱满的芽,用嫁接刀从接穗上切口最近的芽位背面向内切达木质部(不超过髓心),随即向下平行切削到底,切面长 2～3 cm,再于背面末端削成 0.5 cm 的小斜面。将接穗的长削面向内插入砧木切口,使双方形成层对准。如接穗与砧木的削面大小相差较大,只对准一侧的形成层。接穗插入的深度以接穗削面上端露出 0.2～0.3 cm 为宜(俗称"露白"),这样有利于接穗与砧木愈合成活。

插入后用塑料条由下向上捆扎紧密,使形成层密接和接口保湿。嫁接后为保持接口和接穗的湿度,防止失水干枯,还可采用套袋、封土、涂接蜡,或用绑带包扎接穗等措施,减少水分蒸发,达到提高成活率的目的。

固体接蜡配方为:松香 4 份、黄蜡 2 份、动物油(或植物油)1 份。调制时先把油放入锅中,加温水,再放入黄蜡和松香,不断搅拌使全部融化,冷却即成。使用时加温融化,用刷子涂抹接口和穗端。液体接蜡使用更为方便,用刷子涂抹接口和穗端,干燥后形成蜡膜。做法是取松香 8 份、凡士林(或油脂)1 份一同加热溶解,稍微冷却后放入酒精,数量以起泡沫但泡

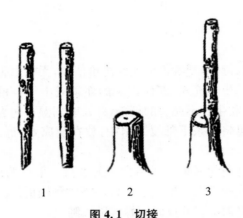

图 4.1 切接

注:1. 削接穗;2. 纵切砧木;3. 砧穗结合

沫不过高,发出"滋滋"声为宜。接着注入 1 份松节油和 2~3 份酒精,边注入边搅拌,拌匀即可。

2. 劈接

通常在砧木较粗、接穗较小时使用的一种嫁接方法(图 4.2)。根接、高接换头和芽苗砧嫁接均可使用。

嫁接时将砧木在离地面 5~10 cm 处或树冠大枝的适当部位锯断,用嫁接刀从其横断面的中心直向下劈,切口长约 3 cm。

接穗削成楔形,削面长约 3 cm,接穗要削成一侧薄一侧稍厚的形状。削接穗时先截断下端,削好削面后再在饱满芽上方约 1 cm 处截断,这样容易操作。

接穗削好后,把砧木劈口撬开,将接穗厚的一侧向砧木外侧,窄的一侧向砧木里侧插入劈口中,使两者的形成层对齐,接穗削面的上端高出砧木切口 0.2~0.3 cm。砧木较粗时,可插入 2 个或 4 个接穗。

插入后用塑料条由下向上捆扎紧密,使形成层密接且接口保湿。嫁接后同样可采用套袋、封土、涂接蜡,或用绑带包扎接穗等措施。

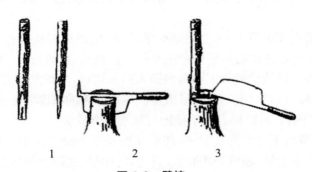

图 4.2 劈接

注:1. 削接穗;2. 劈砧木;3. 插入接穗

3. 插皮接

插皮接是枝接中最易掌握,成活率最高,应用也较广泛的一种方法(图 4.3)。要求在砧木较粗、容易剥皮的情况下采用。在苗木培育中用此法高接和低接的都有,如龙爪槐的嫁接和花果类树木的高接换种等。如果砧木较粗可同时接上3～4个接穗,均匀分布,成活后即可作为新植株的骨架。

一般在距地面5～8 cm处或树冠大枝的适当部位剪砧,削平断面,选平滑处将砧木皮层划一纵切口,深达木质部,长度为接穗长度的1/2～2/3,顺手用刀尖向左右挑开皮层。

接穗削成长2～3 cm的单斜面,削面要平直并超过髓心,背面末端削成0.5 cm的一小斜面或在背面的两侧再各微微削一刀。

嫁接时把接穗从砧木切口沿木质部与韧皮部中间插入,长削面朝向木质部,并使接穗背面对准砧木切口正中,接穗上端注意露白。如果砧木较粗或皮层韧性较好,可直接将削好的接穗插入皮层。

插入后用塑料条由下向上捆扎紧密,使形成层密接且接口保湿。嫁接后同样可采用套袋、封土、涂接蜡,或用绑带包扎接穗等措施。

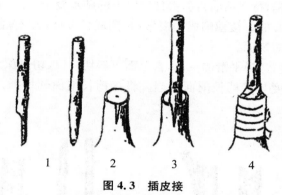

图4.3 插皮接

注:1. 削接穗;2. 切砧木;3. 插入接穗;4. 绑扎

4. 舌接

舌接是当砧木和接穗1～2 cm粗,且大小粗细差不多时使用的一种嫁接方法(图4.4)。舌接法砧木与接穗间接触面积大,结合牢固,成活率高,在苗木生产上用此法高接和低接的都有。

将砧木上端由下向上削成3 cm长的削面,再在削面由上往下1/3处,顺砧干往下切1 cm左右的纵切口,成舌状。

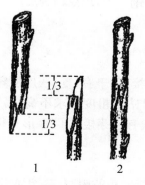

图4.4 舌接

注:1. 砧穗切削;2. 砧穗结合

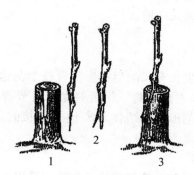

图4.5 插皮舌接

注:1. 剪砧;2. 削接穗;3. 插接穗

125

在接穗下端平滑处由上向下削 3 cm 长的斜削面,再在斜面由下往上 1/3 处同样切 1 cm 左右的纵切口,和砧木斜面部位纵切口相应。

将接穗的内舌(短舌)插入砧木的纵切口内,使彼此的舌部交叉起来,互相插紧,然后绑扎。

5. 插皮舌接

多用于树液流动、容易剥皮而又不适于劈接的树种的嫁接(图 4.5)。

将砧木在离地面 5～10 cm 处锯断,选砧木平直部位,削去粗老皮,露出嫩皮(韧皮)。将接穗削成 3～4 cm 长的单面马耳形,捏开削面皮层。将接穗的木质部轻轻插于砧木的木质部与韧皮部之间,插至微露接穗削面,然后绑扎。

6. 腹接

又分普通腹接及皮下腹接两种,是在砧木腹部进行的枝接。常用于针叶树的繁殖上,砧木不去头,或仅剪去顶梢,待成活后再剪去接口以上的砧木枝干。

(1)普通腹接(图 4.6)。接穗削成偏楔形,长削面长 3 cm 左右,削面要平而渐斜,背面削成长 2.5 cm 左右的短削面。

砧木在适当的高度,选择平滑的一面,自上而下斜切一口,切口深入木质部,但切口下端不宜超过髓心,切口长度与接穗长削面相当。将接穗长削面朝里插入切口,注意形成层对齐,接后绑扎保湿。

图 4.6 普通腹接

注:1. 削接穗;2. 切砧木;3. 插接穗

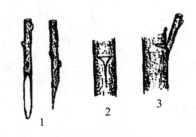

图 4.7 皮下腹接

注:1. 剪砧;2. 削接穗;3. 插接穗

(2)皮下腹接(图 4.7)。皮下腹接即砧木切口不伤及木质部,将砧木横切一刀,再竖切一刀,呈"T"字形切口。

接穗长削面平直斜削,在背面下部的两侧向尖端各削一刀,以露白为度。

撬开皮层插入接穗,绑扎。

(二)芽接

芽接是用生长充实的当年生发育枝上的饱满芽作接芽,于春、夏、秋皮层容易剥离时嫁接,其中初夏是主要时期。芽接的优点是节省接穗、对砧木粗度要求不高、易掌握、成活率高。根据取芽的形状和结合方式不同,芽接的具体方法有嵌芽接、"T"字形芽接、方块芽接、环状芽接等。

1. 嵌芽接

嵌芽接又叫带木质部芽接。此法不受树木离皮与否的季节限制,且嫁接后接合牢固,利于成活,已在生产实践中广泛应用。嵌芽接适用于大面积育苗。其具体方法如图 4.8 所示。

切削芽片时,自上而下切取,在芽的上部 1～1.5 cm 处稍带木质部往下斜切一刀,再在芽的下部 1.5 cm 处横向斜切一刀,即可取下芽片,一般芽片长 2~3 cm,宽度依接穗粗度而定。

砧木切削方法与切削芽片相同。在选好的部位自上向下稍带木质部削一个长宽与芽片相等的切面,并将此树皮的上部切去,下部留 0.5 cm 左右。

将芽片插入砧木切口,使两者形成层对齐,用塑料绑带绑扎好。

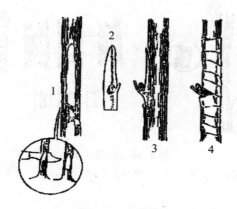

图 4.8 嵌芽接

注:1. 取芽片;2. 芽片形状;3. 插入芽片;4. 绑扎

2. "T"字形芽接

"T"字形芽接又叫盾状芽接,是育苗中芽接最常用的方法(图 4.9)。砧木一般选用 1~2 年生的小苗。砧木过大,不仅皮层过厚不便于操作,而且接后不易成活。

削芽片时先从芽上方 1 cm 左右横切一刀,切断皮层,再从芽片下方 1.5 cm 左右连同木质部向上斜削到横切口处取下芽片,芽片一般不带木质部。

砧木的切法是距地面 5 cm 左右,选光滑无疤部位横切一刀,切断皮层,然后从横切口中央向下竖切一刀,使切口呈"T"字形。

用刀从"T"字形切口交叉处挑开,把芽片往下插入,使芽片上边与"T"字形切口的横切口对齐。

芽片插入后用塑料绑带从下向上一圈一圈地把切口包严,注意将芽和叶柄留在外面,以便检查成活。

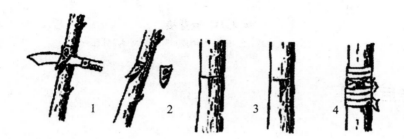

图 4.9 丁字形芽接

注:1. 削取芽片;2. 芽片形状;3. 切砧木;4. 插入芽片与包扎

3. 方块芽接

方块芽接又叫块状芽接(图4.10)。此法芽片与砧木形成层接触面大,成活率高。

具体方法是取长方形芽片,再按芽片大小在砧木上切割剥皮或切成"工"字形剥开,嵌入芽片,然后绑扎紧。

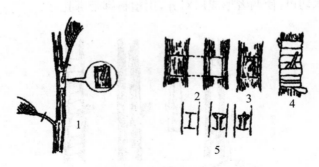

图4.10 方块芽接

注:1. 接穗去叶及削芽;2. 砧木切削;3. 芽片嵌入;4. 绑扎;5. 工字形砧木切削及芽片插入

4. 套芽接

套芽接又称环状芽接(图4.11)。其接触面大,成活率高。主要用于皮部易剥离的树种,在春季树液流动后进行。

具体方法是先从接穗芽上方1 cm处断枝,再从下方1 cm处环切割断皮层,然后用手轻轻扭动使树皮与木质部脱离,或纵切一刀后剥离,抽出管状芽套。

选粗细与接穗相同或稍粗的砧木,用相同的方法剥掉树皮,或条状剥离。

将芽套套在木质部上,再将砧木上的皮层向上包合,盖住砧木与接穗的接合部,绑扎紧。

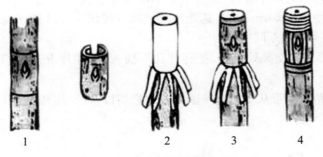

图4.11 套芽接

注:1. 套状芽片;2. 削砧木树皮;3. 接合;4. 绑扎

五、接后管理

(一)检查成活

枝接和根接一般在接后1个月可进行成活率的检查。成活后接穗上的芽新鲜、饱满,甚至已经萌发生长;未成活则接穗干枯或变黑腐烂。

芽接一般半个月可进行成活率的检查。成活者的叶柄一触即落,芽体与芽片呈新鲜状态;未成活则芽片干枯变黑。

（二）解除绑缚物

在检查时如发现绑缚物太紧,要松绑,以免影响接穗的发育和生长。当新芽长至2～3 cm时,可全部解除绑缚物。但生长快的树种,枝接最好在新梢长到20～30 cm 长时解绑。过早解绑,接口仍有被风吹干,造成死亡的可能。

（三）补接

嫁接未成活应及时进行补接。适宜枝接的枝接,适宜芽接的芽接,视季节、树种特性而定。

（四）剪砧

嫁接前没有剪去砧木的,嫁接成活后要及时在接口上方断砧,以促进接穗的生长。一般树种大多可采用一次剪砧,即在嫁接成活后将砧木从接口上方1 cm处剪去,剪口要平,以利于愈合。

（五）抹芽、除萌

嫁接成活后,砧木常萌发许多萌芽或根蘖,为集中养分供给接穗新梢的生长,要及时抹掉砧木上的萌芽和根蘖。如接穗新梢生长较慢,可将部分萌芽枝留几片叶摘心,以促进新梢生长,待新梢长到一定高度再除掉萌芽条。抹芽和除蘖一般要反复进行多次,才能将萌蘖清除干净。

（六）立支柱

嫁接苗长出新梢时,遇到大风接口易脱落,从而影响成活。故在风大的地方,新梢长到5～8 cm 时,应紧贴砧木立支柱,将新梢绑于支柱上。在生产上,此项工作较为费工,通常采用如降低接口、在新梢基部培土、嫁接于砧木的主风方向等其他措施来防止或减轻风折。也可采取二次断砧法,先留一段砧木绑扎新梢,无风害后再在适合的位置断砧。

嫁接成活后,应加强水肥管理,进行松土除草和防治病虫害,促进苗木生长。

【任务实施】 嫁接育苗

一、芽接

（一）目的要求

掌握"T"字形芽接、嵌芽接和方块芽接的嫁接操作要领。

（二）材料和器具

采条母树、砧木、修枝剪、嫁接刀、盛穗容器、湿布、塑料绑带、油石等。

（三）方法步骤

1. 剪穗

采穗母树必须是具有优良性状、生长健壮、无病虫害的植株。生长季节从采穗母树树冠外围中上部向阳面采集当年生具饱满芽的枝条。采穗后要立即去掉叶片（保留 0.5 cm 的叶柄）。

2. 嫁接操作

进行"T"字形芽接、嵌芽接和方块芽接操作。要求按照操作要领切削砧木和芽片，并准确接合和紧密绑扎。

3. 管理

接后 2 周检查成活率，距接口约 1 cm 剪断砧木，约 1 个月后解绑。嫁接未活的及时补接，同时进行除萌及田间管理。

（四）实习报告

将各种嫁接方法的操作过程及嫁接成活率情况整理成报告（表 4.1）。

表 4.1　嫁接成活调查表

树种	嫁接方法	嫁接日期	嫁接数量	愈合情况	成活数量	成活率

调查人＿＿＿＿＿＿＿＿＿＿＿　　调查日期＿＿＿＿＿＿＿＿＿＿＿

二、枝接

（一）目的要求

掌握劈接、切接、插皮接的嫁接操作要领。

（二）材料和器具

采条母树、砧木、修枝剪、嫁接刀、盛穗容器、湿布、塑料绑带、油石等。

（三）方法步骤

1. 剪穗

采穗母树必须是具有优良性状、生长健壮、无病虫害的植株。休眠期或生长季节从采穗母树树冠外围中上部向阳面采集 1 年生或当年生具饱满芽的枝条。采穗后要立即去掉叶片（保留 0.5 cm 的叶柄）。

2. 嫁接操作

进行劈接、切接、插皮接、腹接、靠接等方法的操作。要求按照操作要领切削砧木和接穗，并准确接合和紧密绑扎。特别注意绑扎时不能使接穗与砧木的形成层错位。

3. 管理

接后 1 个月要检查成活率, 腹接距接口约 1 cm 剪断砧木。再过 1 个月后解绑, 生长快的树种要立支柱。嫁接未活的及时补接, 同时进行除萌及田间管理。

（四）实习报告

将各种嫁接方法的操作过程及嫁接成活率情况整理成报告 (表 4.2)。

表 4.2　嫁接成活调查表

树种	嫁接方法	嫁接日期	嫁接数量	愈合情况	成活数量

调查人＿＿＿＿＿＿＿＿＿＿＿　　调查日期＿＿＿＿＿＿＿＿＿＿＿

【技能考核】　嫁接操作

（一）操作时间

60 分钟。

（二）操作程序

用具准备—切接 (或劈接)—块状芽接 (或"T"字形芽接)—用具还原。

（三）操作现场

一块育有粗 2 cm 苗木的苗圃地。枝剪、嫁接刀、绑带、磨刀石。考生不能带相关资料。

（四）操作要求与配分 (90 分)

1. 切接 (或劈接) 操作 (50 分)
(1) 接穗和嫁接部位选择适当。(10 分)
(2) 操作过程掌握"五字诀"。(25 分)
(3) 整个过程操作规范、熟练。(15 分)

2. 块状芽接 (或"T"字形芽接) 操作 (40 分)
(1) 接穗和嫁接部位选择适当。(10 分)
(2) 操作过程掌握"五字诀"。(15 分)
(3) 整个过程操作规范、熟练。(15 分)

（五）安全生产、工具设备使用保护和配分

(1) 正确使用和保护工具。(5 分)
(2) 安全生产。(5 分)

（六）考核评价

5 个人一组同时进行操作, 每个学生独立完成。

实训指导教师根据学生在考核现场的操作情况,按考核评价标准当场逐项评分。

(说明:插穗选择可用口试或笔试代替。)

【巩固训练】

一、名词解释

1. 嫁接育苗　　2. 嫁接苗　　3. 亲和力

二、填空题

1. 嫁接繁殖除具有营养繁殖的共同点外,还有_____、_____、_____和_____的优点。

2. 嫁接育苗的工序是_____、_____、_____、_____和_____。

3. 嫁接的方法主要有_____、_____、_____和_____。

4. 影响嫁接成活的因素有_____、_____、_____和_____。

5. 嫁接操作要领"平、快、准、紧、湿"的含义是_____、_____、_____、_____和_____。

三、单项选择题

1. 以下情况亲和力最强的是(　　)
A. 同种不同个体间　　　　　　B. 同属不同树种间
C. 属与属树种间　　　　　　　D. 科与科树种间

2. 当地枝接最佳的季节是(　　)
A. 春季　　　　B. 夏季　　　　C. 秋季　　　　D. 冬季

3. 检查枝接成活率一般应在嫁接后(　　)
A. 0.5 个月　　B. 1 个月　　C. 1.5 个月　　D. 2 个月

4. 嫁接育苗解绑时间一般应在成活检查后(　　)
A. 0.5 个月　　B. 1 个月　　C. 1.5 个月　　D. 2 个月

四、判断题

1. 亲和力是影响嫁接成活的首要因素,一般来说,嫁接宜选同树种或同属树种的健壮苗木作砧木,不宜选不同属和不同科树种的苗木作砧木。(　　)

2. 一般来说,枝接(切接、劈接)最适宜的嫁接时间是早春,芽接适宜的时间是初夏。(　　)

3. 检查芽接成活率一般应在嫁接后 1 个月。(　　)

4. 在南方,春季嫁接宜早、秋季嫁接宜迟;在北方,春季嫁接宜迟、秋季嫁接宜早。(　　)

五、问答题

1. 如何提高嫁接育苗成活率?

2. 以切接为例,叙述嫁接操作技术要点。

项目 5　容器育苗与大棚育苗

【项目分析】

随着科学技术的发展,近年来设施育苗已经非常普及,在人为控制生长发育所需要的各种条件下,按照一定的生产程序操作,连续不断地培育出优质的植株。容器育苗是利用容器装上营养土进行苗木培育的方法,采用这种方法培育的苗木叫容器苗。塑料大棚育苗是利用塑料薄膜覆盖材料所建成的大棚,为苗木创造适宜生长环境的一种育苗技术。容器育苗与塑料大棚育苗技术,已经在苗木生产中被广泛运用。

任务 1　容器育苗

【任务分析】

在装有营养土的容器里培育苗木称为容器育苗。用这种方法培育的苗木称为容器苗。

容器育苗在 20 世纪 50 年代开始兴起,60 年代得到了快速的发展,70 年代在欧美等国家的发展达到了高潮。

容器育苗最早用于造林用苗的培育,现在主要用于繁殖裸根苗、栽植不易成活的植物种类和珍稀植物种类。目前容器育苗不仅在露地进行,而且已经发展到在温室或塑料大棚内培育植物。

【预备知识】

一、容器育苗的特点

(一) 容器育苗的优点

1. 繁殖和栽植不受季节限制

一般容器育苗是在人为控制的水分、养分、温度、光照、气体等环境下进行的,故较少受到外界环境的影响,因此可合理安排用工,一年四季进行。另外,容器苗一年四季均可栽培,便于合理安排劳力,有计划地进行分期绿化。

2. 移栽成活率高

容器苗根系发育良好,移植时根系不会受到损伤,根系吸收功能不受影响,可大大提高栽植成活率。

3. 节省种子

樟子松每公斤种子播种育苗产苗量仅为 3 万株,用容器育苗产苗量则可达 12 万株,提高了 3 倍左右。

4. 节约育苗用地

由于容器育苗是在容器中进行,对苗圃地要求不严,不需要占用肥力较高的土地,只要有一般的空地即可进行繁殖育苗。

5. 缩短育苗年限,并利于机械化育苗

一般苗床育苗需要 8~12 个月才能移植,但采用容器育苗,只需 3~4 个月或更短的时间即可移植。容器的装土、播种、覆土等全部过程都可以使用自动化机械进行流水操作,一般 6 个工人在 1 天之内可完成 40 万个营养杯的播种任务,为育苗工厂化开辟了前景。

6. 利于树木生长

容器苗根系发育好,起苗时不伤根,根系吸收功能不受影响,不仅可大大提高栽植成活率,而且栽植后生长快、发育好。

(二)容器育苗的缺点

1. 技术复杂

容器育苗在培养土的配制、各种规格容器的使用及幼苗施肥和病虫害的防治等方面要求较高,育苗技术比较复杂。

2. 成本高

由于容器育苗需要大量的培养土,加上特制的容器等,育苗成本和运输等费用比裸根育苗高。目前,在国外一般高出 0.5~1 倍,而在我国则高出 3~5 倍。

二、容器的种类、形状与大小

(一)容器的种类

国内研制、应用的育苗容器种类很多(图 5.1),分为可以和苗木一起植入土中的容器和不能与苗木一同植入土中的容器两类。第一类容器,制作材料能够在土壤中被水和植物根系所分散,并为微生物所分解。如用纸张制造的营养袋、营养杯,用泥土制作的营养钵(杯)、营养砖,用竹编制的营养篮(竹篓)等。第二类容器,制作材料不易被水、植物根系所分散和微生物所分解。如用无毒塑料制作的营养袋,用硬塑料制作的塑料营养桶,用多孔聚苯乙烯(泡沫塑料)制作的营养砖等,在栽植时要先将容器去掉后,才能进行栽植。

(二)容器的形状

容器的形状有六角形、四方形、圆筒形和圆锥形等。另外容器还有单杯和连杯、有底和无底之区别。其中以无底的六角形和四方形最为理想。因为这两种容器有利于根系舒展。早期采用的圆筒状营养杯易使根系在容器中盘旋成团,栽植后根系不易伸展。经过改良的圆筒状或圆锥状容器,其内壁表面附有 2~6 个垂直突起的棱状结构,以便使根系向下延伸。

(三)容器的规格

目前幼苗培育所用容器一般高 8~25 cm,直径 5~15 cm。容器太小不利根系的生长;

图 5.1　育苗容器

容器太大需培养土较多,会导致分量加重,给苗木的运输带来不便,育苗、栽植费用高。故当前各国仍在探索保证栽植成效所允许的最小容器规格。

三、容器育苗技术

(一)营养土的配制

营养土(基质)要因地制宜,就地取材。最好具备下列条件:

(1)来源广,成本较低,具有一定肥力。

(2)理化性状良好,有较好的保湿、通气、排水性能。

(3)重量轻,便于搬运。

(4)不带病原菌、虫卵和杂草种子。

(5)经过多次灌溉,不易出现板结现象。

容器育苗常用于配制营养土的材料有腐殖质土、泥炭土、山地土、碎稻壳、碎树皮、锯末、蛭石和珍珠岩粉等。其中以腐殖质土为最好,泥炭土、稻壳、蛭石和珍珠岩粉也是很好的基质,用于育苗效果好。但在大量育苗的情况下,营养土需要量大,材料来源可能不足,故常与山地土、黄土混合制成营养土。生产中有时甚至用黄土作为配制基质的主要材料,加入适量的化肥或有机肥制成营养土。

配制营养土要注意以下事项:

(1)肥料要适量,避免产生烧苗现象。如果使用的是化学肥料,一般控制在 1%~2%。

(2)有机肥要充分腐熟再使用,减少带菌并避免发热烧苗。

(3)各种成分要混合均匀。如果混合不均匀,也会产生烧苗现象。

(4)营养土充分混合后堆放一段时间再用,避免烧苗。混拌有机肥的营养土要堆沤 1

135

个月后再使用。

（5）调节 pH 值,满足树种的需要。培养土的酸碱度应该根据所培育的树种特性来确定。一般针叶树种要求 pH 值在 4.5～5.5,阔叶树要求 pH 值在 5.7～6.5。

现列举一些树木培育容器苗的基质成分及其比例,以供参考(表 5.1)。

表 5.1 培育容器苗的基质成分及其比例

基质成分及其比例	容器	树种
火烧土 30%～50%,黄心土 40%～60%,菌根土 10%～20%,过磷酸钙 1%～2%	塑料薄膜容器	马尾松、湿地松、火炬松
火烧土或腐殖质土或圃地土 30%～40%,黄心土 40%～50%,腐熟厩肥 10%～20%,过磷酸钙 1%～2%	塑料薄膜容器	木麻黄、大叶相思
火烧土 30%～40%,圃地土 40%～50%,腐熟厩肥 10%～20%,过磷酸钙 2%	营养砖	桉树
黄心土 50%～60%,火烧土 20%～30%,菌根土 10%～20%,过磷酸钙 2%	塑料薄膜容器	松树
腐殖质土 50%,黄心土 30%,土杂肥 20%,过磷酸钙 2%	塑料薄膜容器	桉树
黄心土 50%～70%,腐殖质土 30%～50%,过磷酸钙 2%,黏性土加沙 5%～10%	塑料薄膜容器	侧柏、冷杉
圃地土 80%,土杂肥 20%,过磷酸钙 2%	塑料薄膜容器	侧柏、云杉、冷杉
腐殖质土 60%,黄心土 20%～25%,土杂肥 15%～20%	塑料薄膜容器	侧柏
黄心土或林地表土(黏性土掺沙土 1%～2%),过磷酸钙 2%	营养钵	侧柏

（二）装袋、置床与消毒

1. 装袋

泛指在容器中填装营养土。装袋时要振实营养土,以防灌水后下沉过多。容器育苗灌水后土面一般要低于容器边口 1 cm,防止灌水后水流出容器。

2. 置床

指将装有营养土的容器挨个整齐排列成苗床(图 5.2)。一般床宽约 1 m,长依地形决定。在容器的下面要有砖块和水泥板做成的下垫面,以防止苗木的根系穿透容器,长入土地中。苗床周围用砖头围上或培土,以防容器翻倒。容器与容器之间的孔隙不必填充。装袋和置床是结合进行的,将营养土运到育苗地,装 1 个顺手排放好 1 个。

在大棚内育苗,将容器排放在容器架上。容器架上下两层应相隔 1 m,保证光照条件。

图5.2　装袋、置床及育苗

3. 消毒

置床后应做好消毒工作，严把病虫害关。方法是用多菌灵800倍液，或用2%~3%的硫酸亚铁水溶液等喷洒，浇透营养土。如果有地下害虫，用50%辛硫磷颗粒剂制成药饵诱杀地下害虫。

（三）移苗或播种、扦插

1. 移苗

又称上杯。做法是先在苗床上露地播种，小苗长到3~5 cm时将小苗移入容器中培育。小苗培育阶段的播种及管理与播种育苗相同。移苗是目前容器育苗常用的方式，特别适合小粒和特小粒种子的容器育苗。

2. 播种

即直接将种子播入容器的育苗方法。育苗所用的种子必须是经过检验和精选的优良种子，播前应进行消毒和催芽，保证每一个容器中都获得一定数量的幼苗。每个容器的播种粒数根据种子大小和催芽程度决定。大粒种子和经催芽已露白的种子一般播1粒；未经催芽或虽已催芽，但尚未露白的小粒种子一般播2~3粒。目前，这种容器育苗方式正逐渐减少。

3. 扦插

即将插穗插入容器中的育苗方法。其扦插过程和要求与普通的扦插育苗方法相同。在容器中扦插育苗也是目前容器育苗常用的方式。

（四）容器苗的管理

容器育苗的管理措施主要有灌水、遮阴、盖膜、施肥、病虫防治等。

1. 灌水

灌水是容器育苗的关键环节之一。其灌水方法一般采用喷灌。在幼苗期水量应充足，促进幼苗生根;速生期的后期要控制灌水量,促进苗木径的生长,使苗木粗壮,抗逆性强。根据实验证明,由于喷水量和喷水间隔期不同,经过 6 周后,苗木表现出不同的生根状况。

(1)喷水过多,营养土经常潮湿,几乎不生侧根。

(2)喷水不足,仅表面湿润,根生在容器上部,侧根很少。

(3)采用一般的喷水间隔,生长 2～3 条侧根。

(4)采用喷水、干燥交替进行,即当营养土表面已干燥再进行浇水,则生侧根数多。

灌水不宜过急,否则水从容器表面溢出而不能湿透底部。水滴不宜过大,防止营养土流失或溅到叶面上,影响苗木生长。因此,常用滴灌法或喷灌法灌水。

2. 遮阴

移苗初期和扦插生根前,若无自动间隙喷雾设施,则必须进行遮阴,减少水分消耗。

3. 盖膜

盖膜是保持湿度的重要措施。扦插生根前,若无自动间隙喷雾设施,必须采取盖膜与遮阴相结合的措施,保持小环境有较高的空气湿度,提高扦插成活率。

4. 追肥

容器苗追肥一般采用浇施。肥料溶于水后,结合浇水施入。一般 7～10 天或 10～15 天施 1 次肥。

5. 病虫害防治

容器育苗的环境湿度较大,应重视病虫害防治。具体方法参见有关专业书籍。

【任务实施】

一、目的要求

掌握营养土的配制及育苗和管理技术。

二、材料和器具

容器、园土、肥料和种子(或苗木、插穗)、薄膜或稻草、桶、洒水壶、遮光网、拱条、铲子等。本地区常用林木 5～6 种。修枝剪、钢卷尺、盛条器、喷水壶、铁锹、平耙等。生根粉或萘乙酸、酒精、烧杯、量筒、蒸馏水等。

三、方法步骤

(一)营养土配制

1. 配制营养土

各成分比例合理,尤其要控制好肥料比例。充分混合后堆沤备用。注意调节 pH 值。

2. 装土和置床

将营养土装入容器,挨个整齐排列成苗床。装袋时要振实营养土。

3. 营养土消毒

育苗前 1～2 天用多菌灵或其他杀菌剂灭菌。掌握好浓度和用量。

（二）移苗

1. 移苗

小苗长到 3～5 cm 时将小苗移入容器。

2. 管理

移苗后,做好遮阴、盖膜、灌溉、施肥和病虫防治工作。

（三）扦插

1. 选条

在春季萌发前和生长季节分别按硬枝扦插和嫩枝扦插的要求采条。要求根据影响扦插成活的内因选择年龄适当的母树及年龄、粗细、木质化程度适宜的枝条。

2. 剪穗

在阴凉处用锋利的修枝剪剪取插穗。插穗长度、剪口的位置、带叶数量要适宜。

3. 催根处理

用浓度为 1000～1500 mg/L 的萘乙酸或 300～500 mg/L 的生根粉速蘸,促进生根。也可以用较低浓度的生根剂、温水浸泡催根。

4. 扦插

用直插法将插穗插入容器中。要求扦插深浅适宜。

5. 管理

扦插完毕立即浇透水。在生根期间,围绕防腐及保持基质和空气湿度做好喷水、遮阴、盖膜、消毒等工作。

四、实习报告

按操作步骤详述容器育苗的方法步骤和技术要求。

任务 2　塑料大棚育苗

【任务分析】

塑料大棚又称塑料温室,是用塑料作覆盖材料的温室,为与玻璃温室区别而得名。所用材料可以是塑料薄膜,也可以是阳光板。在塑料大棚内进行育苗称塑料大棚育苗,又可称塑料温室育苗。

早在 20 世纪 50 年代后期,国外已在植物的育种工作中运用了塑料大棚。到了 20 世纪 60 年代,气候寒冷、生长期短的国家和地区相继采用了塑料大棚进行园艺生产。我国的塑料大棚是在 20 世纪 60 年代末进行蔬菜生产时才开始出现,目前在观赏植物的育苗上已被广泛采用。

塑料大棚育苗之所以能够迅速发展,最主要的原因是随着塑料工业的发展,塑料的价格低廉。另外,塑料大棚结构简单、建造容易、拆装方便、适应机械操作、容易形成自动化配套控制及工厂化生产,以及造价上的优势,因此被广泛推广。利用塑料大棚培育树苗既可以提高苗木质量,加快苗木生长速度,缩短育苗周期,又可以提高单位面积的产苗量,提高土地利用率。

【预备知识】

一、塑料大棚育苗的特点

(一)塑料大棚育苗的优点

1. 能增温增湿,延长苗木的生长期

塑料大棚内,受外界不良的气候影响小,其气温比空旷地区的温度一般能提高 2~5 ℃,最高能提高 6~8 ℃;湿度提高 7%~13%。有利于提早播种、提早发芽,并能延长苗木生长期 1 个月左右,从而加大苗木的生长量。

2. 便于进行环境条件的控制,利于苗木生长

在塑料大棚内,便于人为控制温度和湿度,同时可以避免幼苗受风、霜、干旱、大风、污染等的影响,为苗木生长发育提供良好的条件。一般在塑料大棚内生长的苗木的生长量比同龄露地苗木大 1~2 倍。

3. 便于运用新技术

塑料大棚育苗为推行无土栽培、容器育苗、穴盘育苗、化学除草、喷灌、滴灌等都提供了便利。

4. 利于工厂化育苗

现代化的苗木生产日趋专业化、集中化、标准化,苗木的生产将走向工厂化、车间化。大型塑料温室的发展,形成了生产苗木的大型车间,配合组培育苗、容器育苗、无土栽培以及全光喷雾扦插等技术,可建成大型的现代化苗木生产基地。

(二)塑料大棚育苗的缺点

塑料大棚有其他类型的温室不可代替的优点,但其也同样存在不可克服的缺点。

(1)随着塑料大棚运用时间的延长,塑料的老化、硬化、透明度降低的问题也会随之出现。

(2)由于塑料大棚通风换气条件较差,大棚内的病虫害也会随之而来。苗木在塑料大棚内比其他类型的温室中更容易感染各种病虫害,如白粉病、蚧壳虫等。

二、塑料大棚小气候特点

(一)光照

1. 可见光透过率低

大棚顶覆盖有塑料薄膜,当太阳光照射时,一部分被反射,另一部分被吸收,加上覆盖材料老化、尘埃、水滴附着,造成透光率降至 50%~80%。在冬季光照不足时,影响植物生长。

2. 光照分布不均匀

塑料大棚的光照与大棚的设置方向、屋面形状，以及屋面的角度等有很大的关系。在大棚北面和东面的光照明显较大棚南面和西面弱。

3. 寒冷季节光照时数少

不论何种设施形式（高度自动化的现代大棚除外），冬季都要盖草帘等保温材料，减少棚内光照时数。

（二）温度

1. 棚内温度高于棚外温度

在塑料大棚内，由于白天的太阳热储藏于土中，晚上地面放热时被塑料覆盖物阻隔，热气不能很快外散，故室内的温度比室外的温度高。若无遮光等控温条件，夏季棚内温度高，除少数耐高温植物可以留在大棚内继续养护外，其他植物必须移至室外荫棚中养护。

2. 晴天昼夜温差大

塑料大棚内的温度随着外界气温升降及日照强度变化而发生明显的变化。晴天昼夜温差很大，而在阴天昼夜温差相对较小。

（三）湿度

棚内的湿度状况受棚内土壤蒸发、植物蒸腾和通风等因素的影响。在一般情况下，棚内相对湿度高于外界，尤其是冬春季节，因多层覆盖和减少通风，一直处于空气湿度较高的状态。

（四）二氧化碳浓度

大气中二氧化碳浓度为 0.03%，在密闭和通风不良的棚内，由于植物光合作用消耗了二氧化碳，棚内容易出现二氧化碳亏缺，导致植物二氧化碳饥饿，影响光合效率。一天中，由于夜间植物进行呼吸作用释放二氧化碳，棚内早上的二氧化碳浓度较高。日出后，随着光合作用的进行，棚内二氧化碳被大量消耗，浓度迅速下降，甚至出现亏缺现象。

三、塑料大棚的建造

（一）棚址的选择

为了充分发挥塑料大棚的覆盖效果，建造大棚时选择适宜的场所十分必要，如果在不利的环境和场所建造塑料大棚，即使具有优良的栽培技术，也不能发挥塑料大棚的最高效益。

（1）大棚应建在通风、向阳、南面开阔的地方。在深秋初春，太阳光线充分的棚地，日照充足，有利于保温，能促进植物生长。南面开阔，不要有遮光的障碍物，西北面最好有防风的树林。

（2）大棚应建在地下水位低、水源充足、有灌溉条件的地方。

（3）大棚应建在地势平坦的地方。因为坡地容易造成大棚内部温度不一致，地势高的地方温度偏高，而地势低的地方土壤比较容易受潮。如果只能选择在坡地建造塑料大棚，一定要选择南低北高的地形。

（4）大棚应建在土壤肥沃、土层深厚的地方。如果育苗利用大棚内原有土壤，要求土壤肥沃、土层深厚、质地疏松，以免土壤肥力不足。在大棚内进行容器育苗或穴盘育苗则无此要求。

（5）大棚应建在工业污染区或污染源以外。在有较严重空气污染的地方，一定要避开污染的下风方向。

（二）塑料大棚的类型

1. 按供热方式分类

（1）日光塑料大棚。室内热量仅依靠自然光照，不进行人工加温。日光塑料大棚的温度虽然不能满足部分花卉对温度的要求，对花卉花期调控的能力较弱，但日光塑料大棚结构可简可繁，又不需要消耗能源，生产成本较低。因此，在纬度40°以南的地区还是具有很大的应用潜力。

（2）加温塑料大棚。加温塑料大棚室内具有各种类型的人工加温系统，如电热加温、热水加温、热气加温、热风加温、烟道加温等。加温塑料大棚一般多为固定式保护栽培，它可以栽培各种类型的花卉，对花卉的花期调控能力也较日光塑料大棚强。

2. 按建筑材料分类

（1）竹木结构。在竹竿取材容易的地区使用较多。这种塑料大棚主要以竹木材料作为支撑结构。拱条用竹竿或毛竹片，屋面纵向横梁（或横条）和室内柱子用竹竿或圆木，跨度6～12 m，长度30～60 m，脊高1.8～2.5 m。在棚宽方向每2 m设一条立柱，立柱粗6～8 cm，顶端成拱形。这种塑料大棚取材方便、结构简单、投入资金少、建造也容易。但它存在着室内立柱多、空间低矮、操作不便、骨架遮阴面积大、抗风雪能力弱等缺点。

（2）全木结构。与竹木结构大体一样，但因木材价格较高，故较少使用。

（3）铝合金结构。这种塑料大棚以铝合金作为大棚的骨架结构。

（4）全塑结构。目前已经有成品生产，正处于逐步推广过程中。

（5）焊接钢结构。该类型结构的大棚以钢筋与钢管焊接成大棚的骨架，跨度在8～20 m，长度在50～80 m，脊高一般在2.5～3 m。这种大棚具有骨架强度高、室内无支柱、空间大、透光性能好等优点。但也存在因室内较高的空气湿度对钢材有腐蚀作用的缺点。

（6）镀锌钢架结构。主要采用镀锌钢管制成各种成套的管架。这种塑料大棚应用方便，能够随意组装。它拆装简单、塑料薄膜覆盖容易，并能够防锈，现处于大规模发展阶段。

（7）混合结构。这种塑料大棚的骨架除了用竹、木、钢等材料以外，还采用了水泥预制构件。

3. 按栽培面积分类

单个塑料棚按大小可分为小型棚、中型棚和大型棚。大、中、小型棚目前尚无严格的区分界限，大致如下：

（1）小型棚。跨度1.5～3 m，棚高1 m左右，长20～30 m，每个棚栽培面积为30～90 m^2。

（2）中型棚。跨度4～5 m，棚高1.6～1.8 m，长度30～50 m，每个棚栽培面积为120～250 m^2。

（3）大型棚。跨度6～10 m，棚高2～2.7 m，长度40～60 m，每个棚栽培面积为200～300 m^2。

4. 按屋面形式分类

（1）单栋塑料大棚。以单体形式设计,建造容易。

① 单斜面式。大棚南低北高,北侧和东、西两侧有墙体。其特点是保温和防风性能良好,但在建造时比较费工。

② 双斜面式。又称屋脊型。它有 2 个屋顶坡面,大棚以南北走向为主。其特点是没有墙体、内部光线均匀、栽培面积大、容易连栋,但该屋面类型保温效果较差。

③ 拱圆式。大棚屋面为拱圆形,能够适应日光不同角度的射入,并且建造容易、结构简单,还具有良好的抗风、抗雪性能。连栋也比较方便。

④ 全圆式。又称无支柱充气式大棚,大棚的屋面为全圆形,目前使用较少。

（2）连栋塑料大棚。连栋大棚是指 2 个或 2 个以上的大棚连接成为一体,形成 1 个室内空间。这种大棚便于集中管理,可扩大生产规模,降低单位面积生产成本;便于实现机械化操作和自动化控制;便于缓冲室内环境的急剧变化。连栋大棚从形式上又可分为:

① 双斜面边栋。是数个双斜面大棚的连接体。

② 拱圆式连栋。是数个拱圆形大棚的连接体。

5. 按与地面的关系分类

按塑料大棚与地面的关系可分为地上式塑料大棚、地下式塑料大棚和半地下式塑料大棚三种类型。

（三）塑料大棚的结构

1. 规格

（1）跨度。单栋大棚在 5～18 m,一般在 8～12 m。竹木结构跨度较小,钢结构跨度较大。温暖的地区跨度较大,寒冷地区则较小。一般来说,为了增加安全性,跨度不可过大。连栋大棚每个单栋的跨度一般在 5～10 m。

（2）长度。棚体长度根据通风换气效果和管理要求来确定,短的 10～30 m,长的可达百米,一般在 30～50 m。棚体太长对通风、透光、加温、灌水、机械作业均不利。日本的钢结构大棚多为 50 米。

（3）高度。大棚越高通风换气越好,但散热加快,升温缓慢,栽培植物易受低温影响,也增加了大棚的不安全性和维修、盖草席等作业的难度。因此,在不影响植物生长发育和生产管理操作的条件下,应尽量降低棚高。

人工操作的大棚高度较低,一般在 2～3 m。有机械设备或进行无土栽培的大棚、生产大型花木的大棚,棚高常增到 3.0～4.2 m,檐高 2.0～2.5 m。我国常用的单斜面日光大棚棚高在 2.0～2.5 m,后墙高度在 1.5～1.8 m。

（4）单栋面积。一般在 200～1000 m^2 之间,多数面积为 330～670 m^2。

2. 棚面坡度

大棚屋面坡度主要取决于太阳的季节高度,即太阳高度角,以太阳光线垂直射入薄膜表面最为理想。但也要考虑到建棚的难易程度、空气流通和风害、积雪等诸多因素。

计算棚面坡度时,要考虑大棚建造地的纬度和冬至日中午太阳高度角。太阳光直射入薄膜时,透光率最大,但这种情况在一天中很短,阳光一般都是斜射到薄膜平面上。阳光入射角为 0°～40°时,光照透过率减少不显著;阳光入射角为 40°～60°时,光线透过率显著降低;阳光入射角为 60°～90°时,光线透过率则急剧下降。棚面坡度的理论值可用下式计算:

$$\Delta = \alpha - \beta - 40°$$

式中 α 为纬度，β 为冬至日太阳直射点纬度。冬至日太阳直射点纬度值为 $-23°27'$，故计算公式可简化成：

$$\Delta = \alpha - 16°33'$$

例如，山东泰安纬度为 $36°10'$，其理论最小棚面坡度为 $19°37'$，在建造大棚时坡度取 $20°$。

具体的棚面坡度要根据建造场地、大棚有无加温设备综合分析确定。为增加光照和提高室温，日光大棚棚面坡度可增加 $2°\sim3°$。综合考虑到大棚结构和建造难易，整体光照、调温和室内操作方便程度，大棚的屋面坡度一般要小一些。屋脊型以 $27°\sim29°$ 为宜；多雪地区可增加到 $31°\sim33°$。大型单栋可用 $20°\sim23°$ 的坡度，甚至更小些。

拱圆式大棚则很少考虑棚面坡度这一因素。

3. 大棚走向

大棚主要靠太阳辐射热来提高温度。棚的走向对于受光面的大小、透光率、日光照射量有直接影响。根据资料统计，由于阳光照射的入射角度不同，反射光的损失就不同。当太阳光与棚面成垂直照射时，透光量为 90%；与棚面偏 $30°$，光量损失 2.7%；与棚面偏 $45°$，光量损失 11.2%；与棚面偏 $60°$，光量损失 41.2%。因此，确定大棚的走向必须依据纬度和太阳照射的高度角来考虑。

南北走向的大棚，风的阻力大，棚间有阴影，早晨和晚间的光线较差，中午日光多呈垂直照射，透光率大，棚内温度上升快。冬季时东侧的温度较西侧高；在早春时则是西侧温度高于东侧；仲春时又是东侧温度高于西侧。平均温度则是冬季偏低夏季偏高。

东西走向的大棚，风的阻力小，光线均匀，日照均衡，反射光较少，棚内温度变化较小，一般南侧温度高于北侧的温度，南北温差很小，能够避免夏季高温的危害。

大棚采用什么走向，视当地气候、生产的具体情况而定。一般在寒冷地区常采用南北走向的单斜面大棚，大规模的单栋棚群则采用东西走向，全年生产或连栋式的大棚一般提倡采用南北走向。

4. 大棚的骨架

(1) 单斜面桡架。骨架是由后墙、立柱、桡木、檩木等构成。后墙、山墙起防风保温以及支撑桡木和后坡顶的作用。一般用泥土、石头、灰泥垒筑，或用砖和泥堆砌而成。泥土或石头垒筑墙体的断面为梯形，下底宽 $0.7\sim1.0$ m，上宽 $0.5\sim0.7$ m。土墙主要是用麦秆、稻秆或乱麻绳混合的泥浆垛砌而成，外表用泥抹光滑。砖墙一般采用空心墙，厚为 0.5 m，空心部分宽 $12\sim24$ cm。为加强砖墙的保温性能，可在砖墙外侧再垒筑 0.4 m 厚的土墙。砖墙内外表面和顶部必须用灰泥抹严，防止透气。在山墙留门，门的规格依大棚面积和操作的方便情况而定。在后墙留窗或不留；半地下式大棚必须留窗，每隔 $6\sim10$ m 留一个，或视情况而定。有些大棚在前侧留有 $50\sim60$ cm 的框架，以便装设窗口。

半地下式大棚在建棚前先挖出深 $0.6\sim0.8$ m 的坑窖。挖土时先挖表面集中堆放，待地下坑窖挖好平整后，再均匀填入表土 20 cm，填土后窖深保持在 $0.3\sim0.6$ m 范围。地窖边沿多用砖石作基础，以保证大棚棚体的安全。山东有深度在 0.8 m 的半地下式大棚，生产效果很好，但前侧阴影大。

单斜面桡架跨度 $5\sim8$ m。在北纬 $40°$ 以南地区宜用 7 m 或 7 m 以上的跨度，北纬 $40°$ 以北则宜用 6 m 跨度。6 m 跨度的大棚，后墙高 $1.5\sim1.8$ m，脊高 $2.5\sim2.8$ m；7 m 跨度的大

棚,后墙高 1.8～2.0 m,脊高 2.8～3.0 m;8 m 跨度的大棚,后墙高 1.8～2.5 m,脊高 3.0～3.2 m。这样,在北纬 40°以南地区可保证棚面倾角不小于 20°。棚长一般以 30～60 m 为好,但也有不少大棚长达 80～100 m。大棚开间一般为 3 m,大的开间为 4～6 m,面积一般在 330～670 m² 为好。

单斜面桁架大棚的桁、檩、立柱骨架以竹木结构为主,亦有用钢架、管架和水泥预制件的。竹材直径不小于 5 cm,桁、檩、立柱圆木小头直径在 8～12 cm。桁架、立柱、檩、梁之间的连接主要有榫接、扣钉和捆绑。钢管外径 19～23 mm,壁厚 1.2 mm,可承受 20～30 m/s 以上风速,再加上墙体具有巨大的承载力,安全性能得到充分保证。钢架主要用 3 mm×30 mm×30 mm、4 mm×40 mm×40 mm 等角钢,采用焊接和螺钉连接。

（2）双斜面结构骨架。双斜面结构骨架以全木结构、全钢结构为主,也有全塑结构。骨架形式主要有:

① 无梁式。大棚仅有侧墙,顶部用钢材或塑料管作支撑,棚内无横梁,有时有支柱。无梁式结构简单,建棚容易,投资少,但跨度不宜大,适于小型大棚或温室。

② 横梁式。大棚有一横梁连接屋脊型的人字架。

③ 拉杆式。在横梁与架顶之间连接一拉杆,以强化屋架结构。

④ 桁架式。为全钢结构大棚,用钢管和角钢焊接成牢固的屋脊式桁架,以安装固定多个桁架组成棚的支撑架。

⑤ 支撑式。不管以上哪种屋架,在内部设支柱分别支撑中柱、中檩等处。

另外,为了加强其结构或便于安装其他设备设施,如喷灌系统、补充光照系统、双层保温幕等,还可以添加斜支架、单梁等。

木结构屋架采用杉、柏、松、槐等优质木料,梁、檩常用 6 cm×12 cm 或 6 cm×13 cm 的方木,立柱用小头直径 12 cm 的圆木或 6 cm×12 cm 规格的方柱。采用榫接,扣钉连接。

全塑结构为成套成品,可按使用说明书了解其规格和安全性。

双斜面结构骨架大棚单栋的跨度在 7～15 m,最大可达 18 m,脊高 2.0～4.5 m,檐高 1.0～2.5 m。棚面坡度应不低于 20°,以达到良好的采光效果。双斜面骨架大棚面积一般在 500～1000 m²。

（3）拱圆骨架。与双斜面大棚相近,有无梁式、横梁式、拉杆式和支撑式,不同点是棚面为半圆形。拱面要用有柔韧性或易弯曲且不变形的材料。南方的塑料大棚常采用拱圆骨架。

拱圆骨架大棚采用的骨架材料也有竹木结构、全钢结构、全塑结构等。

全钢结构是拱圆大棚的重要结构形式,它利用钢管的强度和可弯曲性,制成各种组合管件,配装成各种规格大棚,结构简单,安装方便。这类结构的跨度一般为 3.5～5.5 m,脊高 1.8～3.0 m,侧面折弯处高 0.5～1.8 m,棚长在 30～50 m 之间。各种部件之间靠接头和卡具连接。

竹竿是拱圆大棚易取得的重要材料,全竹和竹木结构都较实用;硬质塑料管也能构成全塑结构的拱圆大棚;但更安全、更多的是用全钢结构,以角铁作支架,用钢管作拱顶,也有全部为角铁的拱圆结构。

拱圆大棚略低于双斜面大棚,跨度、长度、面积与双斜面相近。

（4）全圆形塑料大棚。主要是指圆形屋顶的,如"蒙古包"式的塑料大棚,是无支柱的充气塑料大棚。

充气塑料大棚的做法比较简单。首先是根据要求大小备好塑料薄膜，然后四周挖方形或圆形的沟，沟的深度与宽度均在 5 cm 左右。挖好沟后，平铺塑料薄膜，并在薄膜的四周填土固定。也可以将薄膜折叠卷回粘成管带，用钉子或木条固定在桩子上，木桩入土深度一般为 1.5 m，地平面的薄膜同样要用土填紧以防漏气。然后充气，完全依靠空气压力，没有任何支架。

充气大棚的门一般安装在大棚的一侧，但为了避免大风时门框擦破薄膜，多将门装在地下，成为半地下式大棚。而且门框与塑料薄膜之间，要用强度较大、韧性较强的塑料，避免遇到大风损坏。同时应用塑料薄膜做成一个短的通道，但通道不能直入，以防空气压力太大。

为了充分通气，要在大棚内安装 2 个电扇。按照一个 27 m×8 m 的充气大棚来计算，可用直径 300 mm 的电扇，压强应达到 75 N/m²，相当于 0.3 水压计。在电扇的对面要有一个平衡重量的折叠，在棚内压强超过 75 N/m²（0.3 水压计）时即行打开。

（四）大棚的布局

为了便于生产和管理，大棚要集中建造。长棚一般采用平行式排列，每个棚区排列 3～4 个大棚，四周留有运输道。短棚一般采用对称式排列，每个棚区排列大棚 6～8 个，棚的四周同样留有运输道。棚与棚之间应保留一定的距离。一般棚侧间距以 1.5～2 m 为好，棚头间距以 3～4 m 为宜。

（五）覆盖材料的选择与拼接

1. 覆盖材料的选择

（1）塑料薄膜的优越性。

① 透光性好。对于可见光来讲，新的农用薄膜其透光率并不低于玻璃，可以透过 85%～89%。如果污染问题得以解决，或者采用外面防尘、里面防滴的薄膜，盖上半年以后，也可保持 60%以上。

② 保温性强。塑料薄膜在温室使用主要因为它能够保温，塑料薄膜的保温性能基本上与玻璃的保温性能相差不多。

③ 气密性好。用薄膜覆盖，既能保温，又可保湿，创造出适合于植物生长的温湿度小气候。

④ 伸长率大。塑料质轻、耐用、柔软、可塑性大，薄膜的抗张力可有 165～250 kg/cm²，伸长率为 200%～300%，这对于大棚覆盖都是非常优越的条件。

⑤ 焊接性好。塑料像其他金属一样，烂了可以焊接，小块可以焊接成大块，成卷的塑料布可以焊接成几亩的大块。薄膜的可焊接性比玻璃好，要用多大，要取什么形状，都可以用电熨斗、电烙铁等进行焊接，非常便利。

⑥ 物理性能好。塑料薄膜抗冲击力强、负重量大，并能抗风雨的侵蚀和酸碱的腐蚀。另外塑料薄膜还具有较好的耐热性能。

（2）塑料薄膜的种类及其特性。

① 无色透明薄膜。目前在生产中应用较多的无色透明的薄膜有聚氯乙烯薄膜（PVE）和聚乙烯薄膜（PE）两种，其特性差异见表 5.2。

表 5.2　聚氯乙烯和聚乙烯薄膜的特性

特性	聚氯乙烯 (0.03 mm)	聚乙烯 (0.03 mm)
抗张力 (MPa)	28	18
延伸率 (%)	180	400 (无复原力)
硬化温度 (℃)	−30	−60
热透过率 (%)	92.4	92.7
紫外线透过率 (%)	77.5	85.0
抗曝晒性能	很强	较强
溶着性	高频黏合	热粘

另外,还有一种聚氟乙烯薄膜,它的强度很大,在与聚氯乙烯相同强度下,厚度可以减少 2/3,抗老化性能也比聚氯乙烯高出十几倍,一般要到 7 年以后才开始老化。

当前使用的无色塑料薄膜存在的最大问题是老化快,增加了大棚的生产成本;另外,内壁附着水滴较多,影响了光线的透过率。

② 有色透明薄膜。不同波长的光对不同的植物有不同的反应。波长在 400~500 nm 的蓝光可活跃叶绿体运动,有利生长;500~600 nm 的绿光则可使光合能力下降,生长减弱;波长在 600~700 nm 的红光可以增强叶绿素光合作用能力,也有利于生长。

红、橙、蓝、紫光是植物光合作用主要吸收的光,对植物生长很重要,为最有效的光;而黄、绿光很少被植物吸收。薄膜中加上适当的颜色,使透过薄膜的光线有利于光合作用。有色透明薄膜有红、橙、黄、绿、紫、黑等颜色。

③ 耐低温防老化薄膜。聚氯乙烯薄膜在长期使用中由于增塑剂的挥发或移动,使薄膜性能变硬变脆。在聚氯乙烯中加入六甲基磷酰三胺稳定剂,减少了因增塑剂移动而引起的老化。所以,薄膜经过日晒雨淋、风霜冰雪的长年侵蚀,仍保持良好的柔韧性。另外在聚氯乙烯中加入油酸四氢呋喃甲酯耐寒增塑剂,对冷冻的稳定性可达−50 ℃,其低温挠曲温度为−68 ℃。

④ 无滴薄膜。聚氯乙烯薄膜覆盖后,由于附着水滴和尘埃,使棚内的光线透过率下降 20%~30%,影响了棚内植物的生长;又因水滴对热辐射的吸收,使透过薄膜进入大棚的光线具有冷光性质,缺乏温暖的感觉。而无滴聚氯乙烯塑料薄膜和具有无滴性能的丹宁薄膜,覆盖后和聚氯乙烯薄膜比较,在 5 cm 厚土层内,早晨的温度最低提高 2 ℃左右,中午提高 4~5 ℃,而地面温度则可提高 5~6 ℃。

2. 塑料薄膜的覆盖与拼接

(1) 塑料薄膜的覆盖。盖膜方法分为四块薄膜拼接、三块薄膜拼接和一块薄膜满盖三种。

① 四块薄膜拼接。先用两块 1.5 m 宽的薄膜作为底脚围裙,上端卷入一条绳,烙合成筒,固定在大棚底部两侧,下端埋入土中。固定方法是把绳两头绑在靠山墙拱杆上,其他拱杆处用细铁丝拧紧。上部两大块薄膜的上端同样卷入一条绳烙合成筒,棚顶部上端重合 10 cm,向下盖在底脚围裙上重合 30 cm。两个横杆间用一条压膜绳压紧。压膜绳用 8 号铁丝或塑料压膜绳,两端固定在预埋的地锚上,用紧线器拉紧。

② 三块薄膜拼接。两侧底脚围裙与上一种方法相同,上部用一整块薄膜覆盖,下部与

底脚围裙重合 30 cm,其他与上述方法相同。适用于比较高的大棚。

③ 一块薄膜满盖。根据棚架的实际尺寸,用一块薄膜,或将几块薄膜烙合拼接后覆盖在棚架上。这种方法覆盖方便,但通风管理不便。适用于较小的拱棚。

覆盖薄膜前,在大棚两端拱杆下设置门框,但不安门。覆盖薄膜后将门框中间的薄膜剪开,两侧和上边卷到门框上,用木条钉在门框上,即可安大棚门。

(2) 塑料薄膜的烙合方法:

① 使用薄膜热合机。聚氯乙烯薄膜在 130 ℃下烙合,聚乙烯薄膜在 110 ℃下烙合。高频热合机烙合的温度、时间都能自动控制,可以减少因温度和时间不够或过高而造成焊接不牢固或老化变质的现象。

② 使用 500 W 的电熨斗。这种方法操作时需要 2 人以上配合。烙合薄膜时,用 1 根 4 cm×4 cm×200 cm 的松木枝固定在桌子上或平板上,把两幅薄膜的边重合,上面覆盖牛皮纸,用通电预热 200 ℃ 的电熨斗熨压,将两幅薄膜边熨压黏合在一起。可用 100~200 W 的电烙铁代替电熨斗。

3. 塑料薄膜的维护

塑料大棚的骨架,不是竹片就是钢铁,多处使用铁丝绑扎。这些东西容易磨损、刺破、挂烂塑料薄膜,必须注意防止损坏塑料薄膜。

① 搭棚期间。要尽量将棚架整平,铁丝要向内弯,竹片一定要削光,特别应注意转弯屈曲部位,一定要光滑无刺。铁架大棚要注意焊平,切忌焊瘤多刺。

一旦挂破薄膜却一时难以修补时,破洞就会由小变大,遇到大风破洞会越来越大,甚至大幅薄膜被撕破、被风刮走。

② 上膜期间。上膜要选择在无风的晴天进行,不在低温时盖棚。温度过低,容易使塑料薄膜硬脆、强度降低。

上膜时要小心,不能认为薄膜具有可塑性,就不顾一切硬拉猛撕,会影响薄膜的寿命。

在棚四周压膜不能使石块、砖瓦等坚硬物混入,以防扯破薄膜。

压棚时薄膜只要平整,切忌过紧,否则会降低塑料薄膜的强度,损伤薄膜。

③ 上膜以后。大棚上膜以后,如果遇到低温天气,尽量少动或不动塑料薄膜。如有破损应及时补上,防止破洞继续扩大。

修补棚洞的最直接、最普通、最方便的方法就是使用塑料胶。粘补聚氯乙烯薄膜可以使用聚氯乙烯树脂类粘胶剂,而聚乙烯薄膜用聚氨酯类粘胶剂进行粘补。

四、塑料大棚育苗的管理

(一) 温度管理

全年生产苗木的大棚,温度应控制在 15~30 ℃。温度过低,苗木生长缓慢;温度过高,苗木生长也会受不良影响,尤其当温度超过 40 ℃时苗木生长将受到严重的危害。

1. 保温

平常,当温度下降到 25 ℃时,应关闭门窗保温。冬季,当温度低于 15 ℃时,必须采取更有效的保温措施。

(1) 覆盖。在低温期的夜间用草席、苇帘等覆盖在大棚之上,阻隔室内热量通过薄膜散射和传导到棚外。覆盖保温大规模做起来比较困难,并且效果有限。

(2) 双层薄膜覆盖。在搭建塑料大棚时,采用双层塑料薄膜来进行保温。这种方法比单层塑料薄膜可节省 40% 的热量,但它减少了光的透过,降低了光的利用效率。

(3) 保温毯保温。保温毯是一种人造纤维纺织制品,有单层、双层和三层。如果是双层的上层为人造纤维毯,下层则是用具有透气微孔的塑料薄膜,并且上下 2 层能够分别卷起或拉开。

保温毯一般在比较高大的大棚中才使用。它设置在大棚的上部,采用机械传动,拉开后保温毯可以覆盖整个大棚,使大棚形成上下 2 个空间,将热量尽量保存在保温毯下面,而在屋面和保温毯之间则形成 1 个空气隔热层。目前最好的保温毯装置可以节省能源 50% 左右。

2. 加温

不管是塑料大棚,还是玻璃温室,一般情况下只比室外温度高 2～3 ℃,在严冬都是不能满足喜温植物的育苗与栽培需要的。如果按照每加 1 层覆盖提高 2 ℃ 计算,要想提高 10 ℃ 就得覆盖 5 层,这不仅在劳力上不可行,就是从光照的要求方面来考虑也是不容许的。因此根据不同地区的纬度,在增加 2 层覆盖的情况下仍达不到温度要求时,就得进行加温。

加温的目的有三种:一是在严寒季节满足喜温植物的生长,进行加温促成栽培,生产出合格的产品;二是维持植物正常生长,在温度较低的冬季增加温度,防止冻害;三是减少保温覆盖的劳动强度,节省工时。

塑料大棚加温基本上等同于玻璃温室,一般有酿热、火热、电热、水热、汽热、暖热等加温方法。不管选择哪种加温方法,都要注意以下四个方面:① 燃料易得、便宜、不污染植物、不发生有害气体。② 加温设备价格低廉、安装方便、操作简单、没有危险。③ 尽量降低加温值,以达到节省能源的目的。④ 在整个加温过程中绝对不能出现夜温高于昼温的现象。

(1) 酿热加温。利用作物秸秆和枯落物、厩肥、糠麸、饼肥等有机物质,按一定的比例混合堆放发酵,利用发酵热增加大棚内温度。一般这类混合物在含水量 70% 左右堆放 20～80 cm 厚,可增加保护地温度。酿热物的厚度随各地区温度不同而异,寒冷地区或者低温季节酿热物应厚,温暖地区酿热物可少。此法的特点是把肥料的沤制与加温结合起来,适合于提高地温,原料来源较充足,也起到补足室内二氧化碳的作用。但酿热加温工作量大,增温面积和效果有限,应用此法增温须注意搞好病害防治。

微生物与其他生物一样,需要养料。特别是作为生活能源的碳素和构成其身体的氮素最为重要。如果碳氮比大,酿热物的温度不易上升;而碳氮比小,酿热物发热快,但是发热持续时间很短。一般来讲,碳氮比在 30 左右时,微生物活动最为活跃,酿热物的发热正常且发热时间也比较持久。主要酿热材料的碳氮比见表 5.3。

表 5.3　各种酿热材料的碳氮比

材料名称	C (%)	N (%)	C/N	材料名称	C (%)	N (%)	C/N
稻草	42.3	0.63	67.1	油饼	16.0	5.40	3.0
大麦秆	46.5	0.52	87.7	松树叶	42.0	1.40	30.0
小麦秆	46.0	0.40	72.0	栎树叶	49.0	2.00	24.5
纺织屑	43.3	1.67	26.0	甘薯藤	23.6～29.5	1.18	20～25

续表

材料名称	C（%）	N（%）	C/N	材料名称	C（%）	N（%）	C/N
玉米秆	54.2	2.32	23.3	紫云英	46.2	2.68	17.3
米糠	37.0	1.70	21.8	青大豆秆	45.0	2.54	16.0
大豆饼	50.0	9.00	55.0	烟草秆	37.0	2.92	18.5
棉籽饼	16.0	5.0	32	新鲜厩肥	42.5	1.60	26.0

（2）火道加温。炉灶设在大棚外,通过炉灶的烟火道穿过大棚内散热加温,设备简单。燃料或煤或柴,价格便宜;但增温慢、费工,不适于大面积的大棚。

（3）锅炉加温。用锅炉烧热水,把热水或蒸汽通过管道输送到大棚内,再经过散热器把热量扩散到棚内。散热系统由散热器、管道组成,在室内要均匀分布。

锅炉有烟管式、铸铁管式、水管式等类型,燃料可为煤炭或重油,目前使用重油的较多。锅炉要根据大棚面积来选择,一般考虑锅炉容积、单位时间输出热水量等。热水加温的水温一般 80～90 ℃。蒸汽加热锅炉水温要高些。

蒸汽加温,加热快,适于长距离运输热气,还可以对土壤进行高温消毒,但是热量利用效率较热水加温低。蒸汽温度可达 180 ℃左右,泄漏将对植物造成严重伤害。热水加温能使棚内温度较均匀;不加热锅炉时,余热仍能较长时间维持棚温。锅炉加温所需管道及附属设备造价高,装配麻烦,装配后不易移动。锅炉的热效率约为 40%～50%。

（4）热风加温。利用热风机(图 5.3)把大棚内的空气直接加温。方法是在暖风机上接 1 个采用 0.5～0.8 mm 厚的塑料薄膜制成的送风筒,将送风筒另一端的口扎好,在送风筒上每隔 30～50 cm 开 1 个 5 mm 大小的孔以送出暖风。特点是设备简单、造价低、搬动方便。燃料为煤油或重油,有一定的污染,适于连栋大棚或大型大棚。

热风的温度一般为 60～80 ℃,如果风量大则热风温度下降。热风在室内不断流动,有利于植物生长。

图 5.3　热风机

（5）电热加温。一般多用于育苗床的加温,即在育苗床下面设置发热线,以提高苗床温度。电热加温能够维持植物发育所要求的温度,这种加温清洁卫生,离电线越近,温度越高。因此在栽培床使用时,只要 50 W 就可以提高温度 2～3 ℃。电热加温主要的缺点是电费太高,如果以同一热量来比较,要比燃油高出 5～6 倍,但如果安装自动温度调节器,可以相对节省电力和经费。电热器也可用于提高室内气温。

另外,还有煤气加温和红外线加热器加温,目前应用很少。

3. 降温

降温主要有两种情况:一是全年利用的大棚高温季节的降温。高温季节降温成本较高,设备要求高,目前还是一大难题;二是在低温季节,晴天中午时段温度升高也需降温。棚内温度最高不能超过 40 ℃,当温度超过 30 ℃时,就要考虑降温。

(1) 通气降温。同时具有降低大棚内空气湿度和补充二氧化碳的作用。一是自然通气降温,即利用大棚的通气窗口或掀开部分大棚薄膜进行自然对流,以达到降温目的。以自然换气为主的大棚,每 1000 m² 的大棚要有 300 m² 气窗面积。二是用排气扇降温。在大棚侧面每隔 7~8 m² 设 1 台或每 100 m² 设 3~4 台排风扇。通气降温适于高温季节降温,但容易引起棚内湿度下降。

(2) 冷却系统降温。蒸发帘(图 5.4)用水作冷却剂,利用水蒸发吸热来冷却棚内温度。用丝、毛和胶做成蒸发水帘,用管子输水到帘片,配合排风扇来进行冷却。

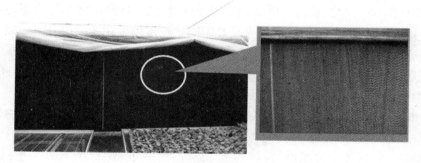

图 5.4　蒸发帘

(3) 棚面淋水。在棚面顶部配设管道,在管上间距 15~20 cm 打 3~5 mm 的小孔或每隔 0.5 m 安装 1 个喷头。通水后,水沿着棚面缓缓流下,起到降温作用,一般能够使室内温度下降 4 ℃左右。但用水量大,棚面易生苔。

(4) 喷雾降温。喷雾装置不但能降低室温,还可以增加湿度,但这种方法不能连续长时间使用,若基质排水不好会造成植株腐烂。喷雾降温是将水分通过喷嘴进行高压喷雾,它不仅能够降低室内温度,还能提高室内空气的湿度(图 5.5)。

(5) 遮阴降温。遮阴网和遮阴百叶帘或苇帘遮阴降温(图 5.5)。此法能显著降温,但减少了光照。

图 5.5　遮阴降温与喷雾降温

（6）涂料降温。用白色稀乳胶漆或石灰水涂抹棚面，一方面降低温度，另一方面减少光照。

喷雾装置有两种：一是由大棚的旁侧底部向上喷雾；二是在大棚上部向下喷雾。具体采用哪种喷雾装置，根据植物情况而定。

在高温季节，要使室内温度很快下降，主要的方法是将排风扇换气降温和喷雾降温两种措施结合使用。如当外界气温达到 37 ℃时，仅采用排风扇进行换气降温，室内温度只能降低到 35～36 ℃，而加上喷雾装置一起进行降温，则室内温度能够降低到 28～30 ℃。现在，一些条件好的大棚，已采用电子定温器、控温温度计和其他感温器如热电阻传感器、热敏电阻传感器、热电偶等监控温度，用计算机自动控制温度。有的大棚则使用空调调控棚内温度。

（二）光照管理

1. 补充光照

冬季、高纬度（40°以北）地区或阴雨、下雪天数长的地区日照强度和时数不足，光照质量下降。为促进光合作用和生长发育，补光是必需的。在室内施用 1000 mL/m³ 以上 CO_2 时，补光对提高光合效率是十分有效的。

补充光照对许多植物的生长、开花都有良好作用，关键在于能否提高效益。由于补充光照必然增加育苗成本，必须重视补充光照对产量、质量的提高所带来的效益。

（1）光源。补充光照的光源主要有白炽灯、荧光灯、高压汞灯、金属卤化物灯、高压钠灯等。

① 白炽灯。辐射能主要是红外线，可见光所占比例小，发光效率低，一般只有 5%～7%。但是白炽灯价钱便宜，仍常使用。

② 荧光灯。又称日光灯，光线较接近日光，其波长在 580 nm 左右，对光合作用有利；另外，荧光灯发光效率高，使用寿命长，多使用荧光灯补光。

③ 高压汞灯。光以蓝绿光和可见光为主，还有约 3.3% 的紫外光，红光很少。目前多用改进的高压荧光汞灯，增加了红光成分，发光效率较高，使用寿命较长。

④ 金属卤化物灯和高压钠灯。发光效率为高压汞灯的 1.5～2 倍，光质较好。金属卤化物灯和高压钠灯较接近。

⑤ 低压钠灯。发光波长仅有 589 nm，但发光效率高。

（2）补光量。补光量依植物种类和生长发育阶段来确定。为促进生长和光合作用，补充光照的强度一般为光饱和点减去自然光照的差值效果最好。实际上，补充光照的强度从 10000～30000 lx 都有。增加光照的强度，一般应达到 60 W/m²，并且光源要离地 2～3 m。

（3）补光时间。补光时间因植物种类、天气状况、纬度和月份而变化。为促进生长和光合作用，1 天的光照总时数应达 12 h。

2. 遮光

遮光对一些喜阴或半阴性植物的生长是必要的。一般在中午光照太强时，利用草席、苇帘、遮阴网覆盖而达到减弱光照的目的，而在早晚光照较弱时则应将覆盖物除去。草席遮光较重，遮光率一般在 50%～90%；苇席遮光率在 24%～76%；遮光网多用化学纤维纺织而成，遮光率在 20%～80%，遮光率与颜色、网孔大小及纤维粗细有关。

（三）湿度管理

大棚内应保持一定的湿度，当大棚内过于干燥时应增湿，反之降湿。

1. 增加湿度

塑料大棚的湿度管理必须根据植物种类和各个生长发育阶段进行合理调整。大棚内湿度过低时，可以采用增加灌水、喷雾、遮蔽光照、降低室内温度、减少室内通风、采用特殊的湿帘等方法将湿度提高。

（1）湿帘法。湿帘即填夹在两层铁丝网之间的持水帘片，用风机吹散水分。

（2）细雾加湿法。用高压喷雾系统和通风设备加湿，还可结合恒湿器进行自动控制。

2. 降低湿度

塑料大棚为了保持室温，尽量防止漏气，这最易形成湿度过高的状态，特别是阴天、雨天和夜间，更容易造成过湿，致使植物软弱、极易感染病害。

塑料大棚湿度过高时，必须及时通风换气，将湿气排出室外，换入外界的干燥空气。但是在降低室内湿度的时候，必须正确处理保温和降湿之间的矛盾，通气的结果必然是在降低湿度的同时降低了温度。这也就是说，通风换气不能盲目进行，必须根据需要来确定换气与否、换气的程度及换气的方法。室内相对湿度的变化，在不少情况下正好与温度的变化相反，一般都是温度提高时，湿度变小；温度降低时，湿度加大。因此，在早晨高湿的情况下，不宜开窗通风换气，否则室内温度会更低，植物容易受害。

加温可以一举两得，既可以增温，又可以降湿。特别是在低温季节和早晚时段，大棚内湿度过高，采取加温的措施对降低室内湿度是很有利且很有效的。

（四）CO_2 管理

作为光合作用的原料，空气中 CO_2 浓度约在 300 mL/m^3，若把浓度提高到 1000 mL/m^3，植物的光合速率就可提高 1 倍以上。在密闭条件下，大棚内 CO_2 被大量消耗，日出后 1.5～2 h，其浓度可下降到 70～80 mL/m^3，光合作用显著下降。为提高苗木的光合效率，促进苗木迅速生长，需补充 CO_2。

1. CO_2 的施用

植物光合速率在 CO_2 浓度上限为 1000～2000 mL/m^3 范围以内，随 CO_2 浓度的增加而增加，若辅以补充光照，光合速率增加更明显。若再提高 CO_2，浓度光合速率增加不再显著，甚至对植物产生毒害，急剧降低光合速率。一般把 1000～1500 mL/m^3 的 CO_2 浓度作为大棚补充 CO_2 的上限。

补充 CO_2 的时间，随季节而变化，也受到光照、温度、植物种类限制。一般在一天中日出后半小时开始施用，阴天或低温时一般不施用。一般情况下，在适宜的时间打开门窗，补充 CO_2。若由于天气原因不宜开门窗，则采取以下措施补充。

（1）有机肥释放 CO_2。大棚内大量施用有机肥或堆沤有机肥能有效地补充 CO_2。

（2）液体或固体补充。用瓶装液体或固体 CO_2，经阀门和通气管喷施或在室内通过有孔管道均匀分布到棚内施用。

（3）燃烧释放 CO_2。在大棚内放焦炭 CO_2 发生器，以燃烧焦炭或木炭补充 CO_2。伴生的二氧化硫等有害气体，通过冷却脱硫箱的小苏打溶液而被吸收去除。

用石油液化气、煤油、丙烷燃烧能有效地补充 CO_2，1 kg 的 0.3 m^3 丙烷气体燃烧后，可以使 100 m² 面积的大棚内 CO_2 浓度提高 5 倍。

2. CO_2 的控制

检测 CO_2 浓度分析仪和电导率分析仪,能随时监控 CO_2 浓度变化,是补充 CO_2 进行自动控制的主要仪器。

(五) 苗木管理

1. 浇水

浇水是大棚育苗的重要环节。浇水按方式不同可分为浇水、喷水等。浇水多用喷壶进行,浇水量以浇完后很快渗完为宜。喷水即对植物全株或叶面喷小水珠,喷水不仅可以降低温度,提高空气相对湿度,还可以清洗叶面上的尘土,提高植株光合效率。

有些植物对水分特别敏感,若浇水不慎,会影响生长和开花,甚至导致死亡。如大岩桐、蒲包花、秋海棠的叶片淋水后容易腐烂;仙客来球茎顶部叶芽、非洲菊花的花芽淋水会腐烂而枯萎;兰科植物、牡丹等分株后,如遇大水也会腐烂。因此,对浇水有特殊要求的种类应和其他花卉分开摆放,以便浇水时区别对待。

2. 施肥

追肥的原则是薄肥勤施。通常以沤制好的饼肥、油渣为主,也可以用化肥或者微量元素追施或叶面喷施。

施肥要在晴天进行。施肥前先松土,待土稍干后再施肥。施肥后,立即用水喷洒叶面,以免残留肥液污染叶面或者引起肥害。施肥后第 2 天一定要浇水 1 次,以清洗叶面,同时避免引起肥害。生长期约 10 天施肥 1 次,温暖的生长季节施肥次数多一些,天气寒冷而棚温不高时可以少施。温度较高的大棚,植物生长很旺盛,施肥次数可以多一些。根外追肥不要在低温时进行。

3. 通风换气

棚外气温低于 10 ℃时,夜间要关闭气窗,早晨打开门、窗进行通风换气。棚外气温达 20～25 ℃时,夜间也要打开门、气窗,白天打开所有边窗和天窗。当气温升至 30 ℃时,要卷起周围薄膜至 1 m 高,下午温度降至 20 ℃时,放下薄膜,关闭部分气窗。进入 6 月份,将全部棚膜揭去。在大风天气要关闭大棚所有通风气窗及门窗,以防大风将棚膜撕裂。

4. 整形与修剪

整形与修剪可以调节整株生长势,促进其生长开花,长成良好株形,增加美感。整形主要包括绑扎、曲枝、拉枝、扭枝、牵引等;修剪包括摘心、除芽、摘叶、剥蕾、修枝等。

5. 病虫害防治

大棚内相对高温高湿,应注意防治病虫害,尤其是病害,如针叶类的立枯病。大棚内育苗地经过土壤消毒,病虫害和地下害虫危害不太严重,但由于棚内温度高、湿度大,主要是预防松苗立枯病。一般当苗木出齐脱顶壳后连续喷施 0.5％～1％的波尔多液,每 5～6 天 1次,连续喷施 5～6 次,或喷洒多菌灵 500 倍液,每周 1 次,连续 3～4 次。一旦发现虫害,可用 50％辛硫磷乳油制成毒土杀虫或用毒饵诱杀。

防除杂草、预防杂草危害,要采取"除早、除小、除了"的原则。大棚育苗、针叶苗木育苗可以采用化学除草技术,在播种后出苗前用 30％除草醚乳油或 40％除草醚粉剂,每平方米 1～2 mL 或 1～2 g,或 50％捕草净粉剂,每平方米用 0.2～0.3 g。或两种除草剂混用,除草醚 1 g 或 1 mL 加捕草净 0.1～0.2 g 混合用,再用清水稀释后用背负式喷雾器或机动喷雾器均匀喷洒在苗床表面,可有效防除育苗地杂草。间隔 25～30 天,当针叶树苗木顶壳出土,种壳脱落前、幼苗出齐后可再喷洒一次混合除草剂,也可分别施用,可完全消灭育苗地杂草,而且对幼苗无药害,比较安全。如京桃、银杏、榆叶梅以及经济苗木核桃、板栗、山杏等大、中粒种子,覆土较厚,出苗期较长,对这些阔叶苗木,采取播种后、出苗前,施用上述混合除草剂,喷洒后除草效果良好,对出土幼苗比较安全,无不良影响。对极小粒种子,如桦树、赤杨、杨树、丁香、绣线菊等小粒种子,幼苗出土幼嫩,一般化学除草剂施用容易产生药害,可以采用残效期很短的五氯酚钠,每平方米用 0.2～0.5 g 在播种前土壤处理时均匀喷施在苗床表土层,因五氯酚钠是触杀型除草剂,能有效杀死杂草幼芽,而喷洒后 3～5 天遇日光分解无效,利用这种"时差"选择性原理,播前先消灭杂草,然后整平床面播种小粒种子,在大棚内高温、高湿条件下,种子很快萌发,长出幼苗。虽然出土幼苗细小幼嫩,但由于五氯酚钠喷施后仅3～5 天药剂遇光分解无效,因而喷施后杀死杂草,对出土幼苗安全无药害,从而消灭育苗地苗床杂草危害。所以可以根据苗木的生长特点和生物学特性,应用化学除草的选择性原理,有针对性地试验应用。可以广泛推广应用化学除草,节省人工,降低成本,提高劳动效率,消灭杂草,减少对育苗地肥力、水分的无效消耗,减少对苗木的危害,有利于苗木健壮生长。但化学除草的应用必须在认真掌握化学除草的应用原理和技术,经过田间试验,取得实践经验后,再逐步推广,切不可盲目应用于生产,以免产生药害,造成损失。

6. 炼苗

大棚内的苗木培育到一定的规格,在移到大田栽培前须进行炼苗。因为大棚内相对高温高湿,大棚内外的环境条件相差大,直接将苗木移到大田栽培,苗木难以适应突变的条件。炼苗的方法是经 5～7 天,通过加强室内通风,降低室内温度,适当减少水分的供应,增加室内的光照,尽量少施氮肥、多施磷钾肥等措施,使棚内的环境条件逐渐与棚外环境条件相一致,以促进苗木组织老熟,增强其抗性。

生产实践证明:由于塑料薄膜大棚便于人为控制温度、湿度等环境条件,有利于种子萌发、扦插的插穗生根,可提早播种、扦插,使种子提早萌发,插穗提早生根,出苗整齐一致,提早出苗,延长了苗木生长期;加强对育苗地的管理,水、肥充足,温度、湿度适中,有力促进了苗木迅速生长,明显提高了苗木产量和质量,使成苗率提高,苗木生育粗壮,1 级苗的比例明显增加,移栽成活率明显提高。这为今后加快培育优质的各类苗木创造了多、快、好、省的途径。

【任务实施】

一、目的要求

掌握大棚内苗木管理的方法和技术要求。

二、材料和器具

提供已生产苗木的大棚和育苗设施。

三、方法步骤

1. 温度管理

根据棚内温度的变化采取综合措施进行保温或降温,保持棚温处于 15～30 ℃。

2. 光照管理

根据季节变化和地区特点,分别进行补充光照或遮光,维持适宜的光照条件。

3. 湿度管理

根据塑料大棚内湿度的变化,采取综合措施进行喷水增湿、通风换气降湿,使大棚内的湿度达到苗木要求的湿度。

4. CO_2 管理

一般情况下,在适宜的时间打开门窗,补充 CO_2。若由于天气原因不宜开门窗,则采取有机肥释放 CO_2、液体或固体补充 CO_2、燃烧释放 CO_2 等措施。

5. 苗木管理

喷灌、施肥、病虫害防治、整枝与修剪、炼苗。

四、实习报告

简述大棚苗管理的技术特点。

【技能考核】 容器育苗操作

(一)操作时间

60 分钟。

(二)操作程序

用具准备—配制营养土—移苗或扦插—用具还原。

(三)操作现场

苗圃。锄头、铲子、5 cm 高的小苗(种子)、容器、小推车、肥料、pH 试纸、杆秤、多菌灵等杀菌剂。考生不能带相关资料。

(四)操作要求与配分(95 分)

1. 配制营养土(30 分)

(1)选用土壤适宜。(5 分)

(2)肥料用量适合。(10 分)

(3)混拌均匀。(10 分)

(4)酸碱度适合。(5 分)

2. 置床与消毒(30 分)

(1)装袋、置床符合要求。(10 分)

（2）消毒药液浓度适当,配制方法正确。（10分）

（3）消毒方法正确。（10分）

3. 移苗或播种操作正确（20分）

4. 操作全过程规范、熟练（15分）

（五）工具设备使用保护和配分

正确使用和保护工具。（5分）

（六）考核评价

5个人一组同时进行操作,每个学生独立完成。

实训指导教师根据学生在考核现场的操作情况,按考核评价标准当场逐项评分。

【巩固训练】

一、名称解释

1. 容器育苗　　2. 大棚育苗

二、填空题

1. 容器育苗的主要优点有＿＿＿＿＿＿＿、＿＿＿＿＿＿＿、＿＿＿＿＿＿＿和＿＿＿＿＿＿＿等。

2. 容器育苗生产工序包括＿＿＿＿＿＿＿、＿＿＿＿＿＿＿、＿＿＿＿＿＿＿和＿＿＿＿＿＿＿。

3. 容器苗管理的主要内容有＿＿＿＿＿＿＿、＿＿＿＿＿＿＿、＿＿＿＿＿＿＿、＿＿＿＿＿＿＿和＿＿＿＿＿＿＿。

4. 大棚育苗的主要优点有＿＿＿＿＿＿＿、＿＿＿＿＿＿＿、＿＿＿＿＿＿＿和＿＿＿＿＿＿＿等。

5. 大棚育苗增温的方法主要有＿＿＿＿＿＿＿、＿＿＿＿＿＿＿、＿＿＿＿＿＿＿和＿＿＿＿＿＿＿。

6. 大棚育苗降温的方法主要有＿＿＿＿＿＿＿、＿＿＿＿＿＿＿、＿＿＿＿＿＿＿和＿＿＿＿＿＿＿。

7. 补充大棚内 CO_2 的措施有＿＿＿＿＿＿＿、＿＿＿＿＿＿＿和＿＿＿＿＿＿＿。

三、单项选择题

1. 1层塑料薄膜一般可以提高室内温度（　　）。

A. 1 ℃　　　　　　B. 2 ℃　　　　　C. 4 ℃　　　　　　D. 8 ℃

2. 目前的塑料大棚最常用的塑料薄膜是聚氯乙烯薄膜和（　　）

A. 聚碳酸酯薄膜　　　　　　　　B. 无滴丹宁薄膜

C. 聚乙烯薄膜　　　　　　　　　D. 聚丙乙烯薄膜

3. 降低塑料大棚内的温度,最佳的方法是（　　）

A. 遮阴　　　　　B. 喷水　　　　　C. 通风换气　　　　D. 喷水与通风换气结合

4. 目前最常用的塑料大棚的结构是（　　）

A. 铝合金结构　　　　　　　　　B. 塑钢结构

C. 镀锌钢架结构　　　　　　　　D. 砖木结构

5. 为了提高苗木的光合作用速率,在增加光照强度时,60 W/m² 的光源必须离地(　　　)

A. 1～2 m　　　　B. 2～3 m　　　　C. 3～4 m　　　　D. 4～5 m

6. 当地建造大棚应选择(　　　)

A. 单斜面式大棚　　　　　　　　B. 双斜面式大棚

C. 拱圆式大棚　　　　　　　　　D. 全圆式大棚

四、判断题

1. 容器苗的优点是栽植不受季节限制,成活率高,种植后能保证正常生长。(　　　)

2. 容器育苗只能用于播种。(　　　)

3. 塑料大棚育苗的缺点是温度和湿度无法调节。(　　　)

4. 单栋塑料大棚一般采用东西走向布局。(　　　)

5. 塑料大棚育苗,由于棚内温度和湿度过高,通风条件较差,病虫害容易爆发。(　　　)

6. 塑料大棚育苗成败的关键是调节棚内温度。(　　　)

7. 塑料大棚内的苗木培育到一定的规格需移到大田栽培,为了使苗木能够适应外界环境,必须进行 1 周左右的炼苗。(　　　)

五、问答题

1. 容器育苗配制培养土应注意哪些问题?

2. 简述容器育苗各环节的技术要点。

3. 塑料大棚的设置应该选择在什么地方? 怎样进行布局?

4. 简述大棚育苗管理的技术要点。

项目6 组培育苗

【项目分析】

植物组织培养是指在无菌环境和人工控制的条件下,在培养基上培养植物的离体器官(如根、茎、叶、花、果实、种子等)、组织(如花药、胚珠、形成层、皮层、胚乳等)、细胞(如体细胞、生殖细胞花粉等)和去壁原生质体,使之形成完整植株的过程。由于培养是在离体条件下的试管内进行的,亦可称为离体培养或试管培养。

【预备知识1】 组织培养概述

一、组织培养的原理

植物组织培养的理论依据是细胞全能性学说。细胞全能性学说的内容为:植物体的每一个细胞都携带有一套完整的基因组,并具有发育成为完整植株的潜在能力。在适当的条件下,植物的每一个细胞都能分别分化和发育成不同的器官,从而发育成一个完整的植物体。

植物生长调节剂在植物组织培养中起着十分重要的调控作用,是培养基中的关键性物质。植物生长调节剂包括生长素、细胞分裂素及赤霉素等,它们在植物组织培养中具有不同的作用。

生长素的主要作用在于诱导愈伤组织的形成、体细胞胚的产生以及试管苗的生根,更重要的是配合一定比例的细胞分裂素诱导腋芽和不定芽的产生。在植物组织培养中,常用的生长素有 2,4-二氯苯氧乙酸(2,4-D)、萘乙酸(NAA)、吲哚乙酸(IAA)和吲哚丁酸(IBA)等。它们的作用强弱顺序依次为 2,4-二氯苯氧乙酸>萘乙酸>吲哚丁酸>吲哚乙酸。

细胞分裂素具有促进细胞分裂与分化,延迟组织衰老,增强蛋白质合成,促进侧芽生长及显著改变其他激素作用的特点。在植物组织培养中,常见的细胞分裂素有 2-异戊烯腺嘌呤(2-iP)、玉米素(ZT)、6-苄基腺嘌呤(BA)和激动素(KT)。它们的作用强弱顺序为 2-异戊烯腺嘌呤>玉米素>6-苄基腺嘌呤>激动素。

赤霉素在植物组织培养中应用的仅有 GA3 一种,它是一种天然产物,能促进已分化芽的伸长生长。其他植物生长调节剂,如脱落酸(ABA)、乙烯利(CEDP)等在植物组织培养中也有一定的作用,但效果不如上面三类明显。

1948 年,Skoog 和我国学者崔澂发现嘌呤或腺苷可以解除 IAA 对芽形成的抑制,并诱导成芽,从而确定嘌呤和 IAA 的比例是根和芽形成的控制条件,细胞分裂素和生长素的比值成为控制器官发育的模式,促进了植物组织培养的发展。通常认为,细胞分裂素和生长素的比值小时,有利于根的形成,这时生长素起主导作用;比值大时,则促进芽的形成,这时细胞分裂素起主导作用。

二、组织培养的类型

（一）愈伤组织培养

愈伤组织培养就是将外植体接种在人工培养基上，由于植物生长调节剂的存在，使细胞脱分化形成愈伤组织，然后通过再分化形成再生植株。

（二）器官和组织培养

器官和组织培养是通过培养器官和组织的类别来分类的。如果培养的是花药，称为花药培养；如果培养的是胚珠，称为胚珠培养；如果培养的外植体是叶，称为叶培养；如果培养的外植体是茎，称为茎培养。总之，培养的是什么器官或组织，就称为什么培养。本节介绍的组织培养即茎培养。

（三）细胞和原生质体培养

细胞培养是将植物的单个细胞分离出来，并进行培养。

原生质体培养是指将植物细胞的细胞壁通过机械、物理或化学的方法去除，然后再进行培养。原生质体培养的最大用处是进行体细胞杂交。

三、组织培养的应用

随着植物组织培养技术的日益完善，其应用也越来越广泛，主要应用领域有以下几个方面。

（一）快速繁殖

在植物组织培养技术研究的基础上发展起来的植物快速繁殖方法，近年来发展十分迅速，快速繁殖的物种越来越多，到目前为止已有几千种。但采用快速繁殖进行工厂化大规模生产的品种主要为花卉（如康乃馨、兰花等）、热带水果（如香蕉、甘蔗、草莓等）、树木（如桉树）和珍稀植物（如安徽黄里软籽石榴和太和樱桃）。植物组织培养快速繁殖不仅可以繁殖常规品种，还可以繁殖植物不育系和杂交种，从而使这些优良性状得到很好地保持。

（二）脱毒

在植物的生长和发育过程中，病毒的感染会严重影响作物的产量和品质。柑橘的衰退病、葡萄的扇叶病、番木瓜的叶环斑病、草莓的病毒病等均使许多国家遭受极大的损失。康乃馨、菊花、百合、风信子等鳞茎、球茎、宿根类花卉及兰科植物退化严重，大大影响其观赏价值。在一般情况下，每种植物往往会受到至少一种病毒的感染。在多数情况下，植物感染病毒后，症状并不明显，但产量却大幅度下降，对农业生产的危害十分严重。

利用植物组织培养技术可有效地去除植物体内的病毒，方法是培养植物茎尖分生组织。由于在植物的生长发育过程中，病毒是逐渐感染新生细胞的，茎尖分生组织细胞分裂很快，在初期并不含有病毒。在病毒感染之前，将未被感染的茎尖分生组织切下，放在合适的培养条件下让其发育成完整的植株,这样由无病毒的茎尖分生组织培养获得的植株就不含病毒。但并不是所有茎尖培养获得的均为无病毒植株,这取决于选材是否含有病毒,所以在获得再生植株后,需要对其进行鉴定,以确保不含病毒。

由于利用茎尖培养脱毒技术成功地克服了病毒的感染,因而在栽培这些脱毒植株时,往往不需要化学农药防治,从而减轻了生产投入,同时还减轻了环境污染,具有良好的经济效益和社会效益。目前这种方法已成为有效克服病毒病危害的主要方法之一。自从 20 世纪 50 年代发现通过植物组织培养技术可以去除植物体内的病毒以来,这方面发展很快,目前通过茎尖脱毒获得无病毒种苗的植物已超过 100 种。实践证明采用无病毒种苗,可大幅度提高产量,最高可增产 300% 以上,平均增产也在 30% 以上。

在植物的脱毒生产中,茎尖培养往往与快速繁殖相结合。即先进行茎尖培养脱除病毒,然后通过快速繁殖以获得大量的材料用于生产。

(三)新品种培育

在植物组织培养中,往往存在着大量的变异,这种变异称为体细胞无性系变异。体细胞无性系变异具有多方向性和普遍性特点。

植物体细胞无性系变异具有多方向性,既有有利的变异,也有不利的变异;既有可以看到的变异(如株高、花的特征、不育性等),也有生理变异(如蛋白质含量等)。

植物组织培养植株再生过程中存在着广泛的变异,它出现在植物组织培养植株再生的各个时期,分布于植物的各种性状。与常规杂交和辐射诱变相比,变异既广泛又普遍,且具有随机性,其中有些变异是常规育种难以获得的。而且这些变异大多数是由少数基因突变引起的,因而变异后代极易纯合,一般仅需要 2~3 年即能获得纯合的品系,而不像常规杂交一样需要 7~10 年才能获得稳定的品种。

体细胞无性系变异是一种重要的遗传变异来源,也是一种重要的遗传资源,它既丰富了种质资源库,又拓宽了植物基因库的范围,在作物育种中具有深远的意义和广泛的应用前景,因而受到了国内外生物技术学者、育种家的高度重视,并先后在玉米、水稻、甘蔗等作物上取得了较大的进展。

在植物体细胞无性系变异的可遗传变异中,大多是不利的变异,不能直接服务于育种和生产,仅有极少数变异是有利的变异,可以直接或用作杂交亲本材料服务于育种。

(四)单倍体育种

花药培养应用于农业的研究起始于 1964 年 Guha 与 Maheshwari 的毛叶曼陀罗花药培养,随后在世界范围内掀起一个高潮。据 Maheshwari 等 1983 年统计,已经有 34 科 88 属 247 种植物的花药培养获得成功,其中小麦、水稻、大豆、玉米、甘蔗、棉花、橡胶和杨树等 40 余种植物花药培养单倍体再生植株是由我国学者首先培育出来的。

(五)种质保存

用植物组织培养技术保存种质具有以下优点:
(1)在较小的空间内可以保存大量的种质资源。
(2)具有较高的繁殖系数。
(3)避免外界不利气候及其他栽培因素的影响,可常年进行保存。

（4）在保存过程中，不受昆虫、病毒和其他病原体的影响。

（5）有利于国际间的种质交换与交流。

用于组织培养保存的材料很多，如茎尖、花粉、体细胞、胚等。

（六）遗传转化

这是组织培养应用的另外一个重要领域，因为到目前为止的大多数遗传转化方法仍需要通过植物组织培养来进行。

（七）用于其他未知科学的研究

现代科学发展非常迅速，很多现在预想不到的事情都有可能发生，新发明、新发现、新创造层出不穷，今天认为不可能的东西明天就可能变成现实。植物组织培养也同样具有许多尚未发掘出的潜力，说不定有一天人们会在三角瓶内种出大南瓜。

（八）在遗传、生理、生化和病理研究上的应用

组织培养推动了植物遗传、生理、生化和病理学的研究，已成为植物科学研究中的常规方法。花药和花粉培养获得的单倍体和纯合二倍体植株，是研究细胞遗传的极好材料。在细胞培养中很容易引起变异和染色体变化，从而可得到作物的附加系、代换系和易位系等新类型，为研究染色工程开辟了新途径。细胞培养和组织培养为研究植物生理活动提供了一种极有力的手段。植物组织培养工作曾在矿质营养、有机营养、生长活性物质等方面开展了很多研究，有利于了解植物的营养问题。用单细胞培养研究植物的光合代谢是非常理想的，近年来，光自养培养研究也是十分有效的。在细胞的生物合成研究中，细胞组织培养也极为有用，如查明了尼古丁在烟草中的部位等。细胞培养为研究病理学提供了便利，如植物的抗病性就可以通过单细胞或原生质体培养进行鉴定，几天之内就可以得到结果。

另外，组织培养的应用还有人工种子、有用物质的生产等。

【预备知识 2】　组培室的建设

组培室建设是组织培养的基础性工作，应根据具体情况因地制宜地利用现有房舍改建，或新建组培室。组织培养的一般工序如下：培养器皿的清洗→培养基的配制、分装和高压灭菌→无菌操作→培养物的培养→试管苗的驯化、移栽。在组培室中，通常按自然工作程序的先后，安排成一条连续的生产线。

一、组培室的设计

在规模大、条件好、科研任务多的情况下，要完成上述几道工序，理想的组培室或组培工厂应选在安静、清洁、远离繁忙的交通线，但又交通方便的市郊。应在该城市常年主风向的上风方向，避开各种污染源，以确保工作的顺利进行。其设计应包括准备室、灭菌室、无菌操作室、培养室、细胞学实验室、摄影室等，另加驯化室、温室或大棚。在规模小、条件差的情况下，全部工序也可在一间室内完成。商业性组织培养室或工厂一般要求有 2～3 间实验用房，其总面积不应少于 60 m^2，划分为准备室、缓冲室、无菌操作室、培养室（图 6.1）。必要时加一定面积的试管苗驯化室、温室或大棚。

图 6.1　组培室平面图

（一）准备室

准备室要求 20 m² 左右,明亮,通风。器皿洗涤,培养基配制、分装、高压灭菌,植物材料的预处理,蒸馏水、无菌水的制备以及进行生理、生化因素的分析,试管苗出瓶、清洗与整理工作等均在准备室中进行。准备室应有相应的设备,如工作台、柜橱、水池、仪器、药品等。

（二）缓冲室

无菌操作室与准备室之间设缓冲室,面积为 3～5 m²。进入无菌室前需在缓冲室里换上经过灭菌的卫生服、拖鞋,戴上口罩。最好安装 1 盏紫外灯,用以灭菌。还应安装 1 个配电板,其上安装保险盒、闸刀开关、插座以及石英电力时控器等。石英电力时控器是自动开关灯的设备,将它和交流接触器安装在电路里就可以自动控制每天的光照时数。

（三）无菌操作室

无菌操作室（简称无菌室,也称接种室）,面积为 10～20 m²,视生产规模而定。它是进行无菌工作的场所,如接种材料的灭菌和接种,无菌材料的继代,丛生苗的增殖或切割嫩茎插植生根等等,是植物组织培养研究或生产中最关键的部分。无菌室要求干爽安静、清洁明亮、墙壁光滑平整不易积染灰尘、地面平坦无缝便于清洗和灭菌。最好采用水磨石地面或水磨石砌块地面,白瓷砖墙面或防菌漆天花板板面等结构。门窗要密闭,一般用移动门窗。在适当的位置安装紫外灯,使室内保持良好的无菌或低密度有菌状态。安置 1 台空调机,使室内温度保持在 25 ℃ 左右。此外,再配上超净工作台、医用小平车和搁架,分别用以放置组培的操作器具和灭菌后待接种的培养瓶等。超净工作台上放酒精灯和装有刀、剪、镊子的工具盒（常用饭盒或搪瓷盘）,灭菌用的酒精（75％与 95％两种）、外植体表面灭菌剂（0.1％ HgCl₂ 等）以及吐温、无菌水等。

（四）培养室

培养室是将接种到培养瓶等器皿中的植物材料进行培养的场所。其主要设计如下:

1. 培养架和灯光

培养架的数量多少视生产规模而定,年产 4 万～10 万苗需培养架 4～6 个,年产 10 万～20 万苗约需 8～10 个。培养架的高度可以根据培养室的高度来定,以充分利用空间。一般每个架设 6 层,总高度 2 m,最上一层距离地面 1.7 m,每 0.3 m 为 1 层,最下一层距离地面 0.2 m。架宽 0.6 m,架长 1.26 m。每层架子安装 2 盏 40 W 日光灯,最好每盏灯安装 1 个开关,每个架子安装 1 个总开关,以便随时随地视具体情况来调节光照强度。而每天光照时间的长短则由缓冲室配电板上安装的石英电力时控器来控制。培养架最好用新型角钢条来制作,角钢条上面布有等距离的洞,用螺栓可将它任意组合成架子（图 6.2）。

图6.2　新型角钢培养架

2. 通风设施

培养室应设计能有效通风的窗户,定期或需要时加强通风散热。方法是在室内近地板处设置进气窗,在进气窗的对面近天花板处设置排气窗,亦可安装小功率的排气扇,利用自然空气来调节室内的空气与温度。进气窗可用2～3层以上的纱布简单地过滤灰尘。此外,还可装1个吊扇,促进室内空气流动。

3. 边台

培养室内应建造大小适当的边台,并备有照明设备,必要时可拍摄培养物的分化与生长状态的照片。

培养室的主要仪器有:空调机、除湿机、各类显微镜、分析天平、温度计、湿度计、换气扇等。

(五)驯化室

组织培养是否需要建造驯化室,不能一概而论,根据当地自然条件和培养的植物种类决定。驯化室通常在温室的基础上营建,要求清洁无菌,配有空调机、加湿器、恒温恒湿控制仪、喷雾器、光照调节装置、通风口以及必要的杀菌剂。驯化室面积大小视生产规模而定。

(六)温室

为了保证试管苗不分季节地常年生产,必须有足够面积的温室与之配套。温室内应配有温度控制装置、通风口、喷雾装置、光照调节装置、杀菌杀虫工具及相应药剂。

二、仪器设备和器皿用具

(一)仪器设备

1. 超净工作台

超净工作台是组织培养中最通用的无菌操作装置(图6.3),它占地小,效果好,操作方便。超净工作台的空气通过细菌过滤装置,以固定不变的速率从工作台面上流出,在操作人员与操作台之间形成风幕,由于进入台面的是净化了的空气,保证了台面的无菌状态。

图 6.3 超净工作台

2. 空调机

接种室的温度控制,培养室的控温培养,均需要用空调机。培养室温度一般要求常年保持(25±2)℃,空调机可以保证室内温度均匀、恒定。空调机应安置在室内较高的位置,如门窗的上框等,以使室温均匀。若将空调机安在窗下,室内的上层温度则始终难以下降。

3. 除湿机

培养室湿度是否需要保持恒定,不能一概而论。培养需要一定通气的植物种类时,湿度要求恒定,一般保持70%~80%。湿度过高易滋生杂菌,湿度过低培养器皿内的培养基会失水变干,从而影响外植体的正常生长。当湿度过低时,可采用喷水来增湿。

4. 恒温箱

又称培养箱,可用于植物原生质体和酶制剂的保温,也用于组织培养材料的保存和暗培养。恒温箱内装上日光灯,可进行温度和光照实验。

5. 烘箱

可以用80~100 ℃的温度,进行1~3 h的高温干燥灭菌。还可用80 ℃的温度烘干组织培养植物材料,以测定干物质。

6. 高压灭菌器

是一种密闭良好又可承受高压的金属锅,其上有显示灭菌器内压力和温度的仪表。灭菌器上还有排气孔和安全阀(图 6.4)。

7. 冰箱

有普通冰箱、低温冰箱等。用于在常温下易变性或失效的试剂和母液的储藏,细胞组织和试验材料的冷冻保藏,以及某些材料的预处理。

8. 天平

包括药物天平、扭力天平、分析天平和电子天平等。大量元素、糖、琼脂等的称量可采用精度为0.1 g的药物天平,微量元素、维生素、激素等的称量则应采用精度为0.001 g的分析天平。有条件的,最好配用精度为0.0001 g的电子天平(图 6.5)。

9. 显微镜

包括双目实体显微镜(解剖镜)、生物显微镜、倒置显微镜和电子显微镜。显微镜上要求

图 6.4　高压灭菌器

图 6.5　电子天平

能安装或带有照相装置,以对所需材料进行摄影记录。

10. 水浴锅

水浴锅可用于溶解难溶药品和熔化琼脂。

11. 摇床与转床

在液体培养中,为了改善浸于液体培养基中培养材料的通气状况,可用摇床(振荡培养机)来振动培养容器。植物组织培养可用振动速率 100 次/min 左右,冲程 3 cm 左右的摇床。冲程过大或转速过高,会使细胞震破。

转床(旋转培养机)同样用于液体培养。由于旋转培养使植物材料交替地处于培养液和空气中,所以氧气的供应和对应营养的利用更好。通常植物组织培养用 1 r/min 的慢速转床,悬浮培养需用 80～100 r/min 的快速转床。

12. 蒸馏水发生器

实验室应购置一套蒸馏水发生器。仅用于生产时,也可用纯水发生器将自来水制成纯净的实验室用水。

13. 酸度计

用于校正培养基和酶制剂的 pH。半导体小型酸度测定仪,既可在配制培养基时使用,又可在培养过程中测定 pH 的变化。仅用于生产时,也可用精密的 pH 试纸代替。

14. 离心机

用于分离培养基中的细胞及解离细胞壁后的原生质体。一般用 3000～4000 r/min 的离心机即可。

（二）各类器皿

1. 器皿的类型

（1）培养器皿。用于装培养基和培养材料,要求透光度好,能耐高压灭菌。

试管——特别适合用少量培养基及试验各种不同配方时选用,在茎尖培养及花药和单子叶植物分化苗培养时更显方便。

三角瓶——是植物组织培养中常用的培养器皿。常用的有 50 mL、100 mL、150 mL 和 300 mL 的三角瓶。其优点是:采光好,瓶口较小,不易失水和污染。

L 形管和 T 形管——为专用的旋转式液体培养试管。

培养皿——适用于单细胞的固体平板培养、胚和花药培养及无菌发芽。常用的有直径为 40 mm、60 mm、90 mm、120 mm 的培养皿。

角形培养瓶和圆形培养瓶——适用于液体培养。

果酱瓶——常用于试管苗的大量繁殖,一般用 200～500 mL 的规格。

（2）分注器。分注器可以把配置好的培养基按一定量注入培养器皿中。一般由 4～6 cm 的大型滴管、漏斗、橡皮管及铁夹组成。还有量筒式的分注器,上有刻度,便于控制。微量分注还可采用注射器。

（3）离心管。离心管用于离心,将培养的细胞或制备的原生质体从培养基中分离出来,并进行收集。

（4）刻度移液管。在配制培养基时,生长调节物质和微量元素等溶液,用量很少,只有用相应刻度的移液管才能准确量取。不同种类的生长调节物质,不能混淆,要求专管专用。常用的移液管容量有 0.1 mL、0.2 mL、0.5 mL、2 mL、5 mL、10 mL 等。

（5）实验器皿。主要有量筒(25 mL、50 mL、100 mL、500 mL 和 1000 mL)、量杯、烧杯(100 mL、250 mL、500 mL 和 1000 mL)、吸管、滴管、容量瓶(100 mL、250 mL、500 mL 和 1000 mL)、称量瓶、试剂瓶、玻璃瓶、塑料瓶、酒精灯等各种化学实验器皿,用于配制培养基、储藏母液、材料灭菌等。

2. 器皿的清洗

植物组织培养除了要对培养的实验材料和接种用具进行严格灭菌外,各种培养器皿也要求洗涤清洁,以防止带入有毒的或影响培养效果的化学物质和微生物等。清洗玻璃器皿用的洗涤剂主要有肥皂、洗洁精、洗衣粉和铬酸洗涤液(由重铬酸钾和浓硫酸混合而成)。新购置的器皿,先用稀盐酸浸泡,再用肥皂水洗净,清水冲洗,最后用蒸馏水淋洗一遍。用过的器皿,先要除去其残渣,清水冲洗后用热肥皂水(或洗涤剂)洗净,再用清水冲洗,最后用蒸馏水冲洗一遍。清洗过的器皿晾干或烘干后备用。

（三）器械用具

组织培养所需要的器械用具,可选用医疗器械和微生物实验所用的器具。

1. 镊子

尖头镊子,适用于取植物组织和分离茎尖、叶片表皮等。长 20～25 cm 的枪形镊子,可用于接种和转移植物材料。

2. 剪刀

常用的有解剖剪和弯头剪,一般在转移植株时用。

3. 解剖刀

常用的解剖刀,有长柄和短柄两种,对大型材料如块茎、块根等就需用大型解剖刀。

4. 接种工具

包括接种针、接种钩及接种铲,由白金丝或镍丝制成,用来接种或转移植物组织。

5. 钻孔器

在取肉质茎、块茎、肉质根内部的组织时使用。钻孔器一般做成 T 形,口径有各种规格。

6. 其他

酒精灯、电炉、微波烘箱、大型塑料桶、试管架、转移培养瓶、搪瓷盘、塑料框等。

任务 1　组培育苗技术

【预备知识】

一、培养基的配制

(一)培养基的成分

培养基的成分主要包括:无机营养(即无机盐类)、维生素类、氨基酸、有机附加物、植物生长调节物质、糖类、水和琼脂等。

1. 无机营养

无机营养又分为大量元素和微量元素。大量元素包括氧(O)、碳(C)、氢(H)、氮(N)、钾(K)、磷(P)、镁(Mg)、硫(S)和钙(Ca)等,占植物体干重的百分之几十至万分之几(表 6.1)。其中氮又有硝态氮(NO_3^-)和铵态氮(NH_4^+)之分;微量元素包括铜(Cu)、铁(Fe)、锌(Zn)、锰(Mn)、钼(Mo)、硼(B)、碘(I)、钴(Co)、钠(Na)等。这两类元素在培养基中的含量虽然相差悬殊,但都是离体组织生长和发育必不可少的基本营养成分。含量不足时就会造成缺素症。

表 6.1　植物所需大量元素占植物体干重的百分数(%)

元素名称	氧	碳	氢	氮	钾	磷	镁	硫	钙
含量	70	18	10	0.3	0.3	0.07	0.07	0.05	0.03

2. 氨基酸

氨基酸是蛋白质的组成部分,也是一种有机氮化合物。常用的有甘氨酸、谷氨酸、精氨酸、丝氨酸、丙氨酸、半胱氨酸以及多种氨基酸的混合物(如水解酪蛋白、水解乳蛋白)等。有机氮作为培养基中的唯一氮源时,离体组织生长不良;只有在含有无机氮的情况下,氨基酸类物质才有较好的效果。

3. 有机附加物

如椰乳、香蕉汁、番茄汁、酵母提取液、麦芽糖等。

4. 维生素类

维生素能明显地促进离体组织的生长。培养基中的维生素主要是 B 族维生素,如硫胺素(VB_1)、烟酸(VB_3)、泛酸(VB_5)、吡哆醇(VB_6)、叶酸(VB_{11})、钴胺素(VB_{12})等,还有抗坏血酸(VC)和生物素(VH)。

5. 糖类

糖在植物组织培养中是不可缺少的,它不但提供离体组织赖以生长的碳源,而且还能使培养基维持一定的渗透压(一般在 $1.5 \sim 4.1$ MPa)。一般多用蔗糖,其浓度为 $1\% \sim 5\%$,也可用砂糖、葡萄糖或果糖等。

6. 琼脂

在固体培养时,琼脂是使用最方便、最好的凝固剂和支持物,一般用量为 $6 \sim 10$ g/L。琼脂以色白、透明、洁净的为佳。目前生产的琼脂粉比条状的使用更方便。同一厂家的产品,往往粉状的用量比条状的可少些。琼脂本身并不提供任何营养,它是一种高分子的碳水化合物,从红藻等海藻中提取,溶解于热水中成为溶胶,冷却后(40 ℃以下)即凝固为固体状的凝胶。琼脂的凝固能力与原料、厂家的加工方式等有关外,还与高压灭菌时的温度、时间、pH 等因素有关。长时间的高温会使凝固能力下降,过酸过碱加上高温会使琼脂发生水解,而丧失凝固能力。存放时间过久,琼脂变褐,也会逐渐失去凝固能力。

7. 植物生长调节物质

植物生长调节物质对愈伤组织的诱导、器官分化及植株再生具有重要的作用,是培养基中的关键物质,主要包括生长素和细胞分裂素。

(1) 生长素。能引起完整组织中的细胞扩展,它包括内源生长素(存在于植物体内)和人工合成的生长素,在组织培养中的主要作用是:诱导愈伤组织的产生,促进细胞脱分化;促进细胞的伸长;促进生根。常用的生长素有吲哚乙酸(IAA)、吲哚丁酸(IBA)、萘乙酸(NAA)、2,4-二氯苯氧乙酸(2,4-D)、吲哚丙酸(IPA)、萘氧乙酸(NOA)和 ABT 生根粉等。用量通常为 $0.1 \sim 0.5$ mg/L。

(2) 细胞分裂素。细胞分裂素有天然的和人工合成的。常用的有玉米素(ZT)、苄基腺嘌呤(6-BA)、激动素(KT)等。细胞分裂素的生理作用:一是促进细胞分裂和扩大(与生长素促进细胞伸长的作用不同),可使茎增粗,抑制茎伸长;二是诱导芽的分化,促进侧芽萌发生长;三是抑制衰老,细胞分裂素能减少叶绿素的分解,延缓离体组织或器官的衰老过程,有保鲜的效果。但是,细胞分裂素对根的生长一般起抑制作用。用量通常为 $0.2 \sim 2$ mg/L。

8. 活性炭

活性炭加入培养基中的目的主要是利用其吸附能力,减少一些有害物质的影响,例如防止酚类物质污染而引起组织褐化死亡,这在兰花组织培养中效果更明显。另外,活性炭使培养基变黑,有利于某些植物生根。但活性炭对物质吸附无选择性,既吸附有害物质,也吸附有利物质,因此使用时应慎重考虑,不能过量,一般用量为 $1\% \sim 5\%$。活性炭对形态发生和器官形成有良好的效果,在失去胚状体发生能力的胡萝卜悬浮培养细胞中加入 $1\% \sim 4\%$ 活性炭可使胚状体的发生能力得以恢复。

（二）常用培养基的种类、配方及其特点

1. 培养基种类

根据其形态不同，培养基分为固体培养基与液体培养基。固体培养基是指加凝固剂（多为琼脂）的培养基；液体培养基是指不加凝固剂的培养基。

根据培养物的培养过程，培养基分为初代培养基与继代培养基。初代培养基是指用来第一次接种外植体的培养基；继代培养基是指用来接种初代培养之后的培养物的培养基。

根据其作用不同，培养基分为诱导培养基、增殖培养基和生根培养基。

根据其营养水平不同，培养基分为基本培养基和完全培养基。基本培养基（就是通常所称的培养基）主要有 MS、White、N_6、B_5、改良 MS、Heller、Nitsh、Miller、SH 等；完全培养基就是在基本培养基的基础上，根据试验的不同需要，附加一些物质，如植物生长调节物质和其他复杂有机附加物等。

2. 几种常用培养基的配方

组织培养中常用的培养基主要有 MS、White、N_6、B_5、Heller、Nitsh、Miller、SH 等（表 6.2）。

表 6.2　几种常用培养基的配方　　　　　　（单位：mg/L）

化合物名称	MS (1962)	White (1943)	N_6 (1974)	B_5 (1968)	Heller (1953)	Nitsh (1972)	Miller (1967)	SH (1972)
NH_4NO_3	1650					720	1000	
KNO_3	1900	80	2830	2527.5		950	1000	250
$(NH_4)_2SO_4$			463	134				0
$NaNO_3$					600			
KCl		65			750		65	
$CaCl_2 \cdot 2H_2O$	440		166	150	75	166		
$Ca(NO_3)_2 \cdot 4H_2O$		300					347	200
$MgSO_4 \cdot 7H_2O$	370	720	185	246.5	250	185	35	
Na_2SO_4		200						400
KH_2PO_4	170		400			68	300	
K_2HPO_4 V								
$FeSO_4 \cdot 7H_2O$	27.8		27.8			27.85		300
Na_2-EDTA	37.3		37.3			37.75		15
Na-Fe-EDTA				28			32	20
$FeCl_3 \cdot 6H_2O$						1		
$Fe_2(SO_4)_3$		2.5						
$MnSO_4 \cdot 4H_2O$	22.3	7	4.4	10	0.01	25	4.4	
$ZnSO_4 \cdot 7H_2O$	8.6	3	1.5	2	1	10	1.5	
Zn（螯合体）						0.03		

续表

化合物名称	MS (1962)	White (1943)	N_6 (1974)	B_5 (1968)	Heller (1953)	Nitsh (1972)	Miller (1967)	SH (1972)
$NiCl_2 \cdot 6H_2O$								10
$CoCl \cdot 6H_2O$	0.025			0.025		0.025		1
$CuSO_4 \cdot 5H_2O$	0.025			0.025	0.03			
$AlCl_3$					0.03			
MoO_3						0.25		
$NaMoO_4 \cdot 2H_2O$	0.25			0.25				
TiO_2								
KI	0.83	0.75	0.8	0.75	0.01	10	0.8	1
H_3BO_3	6.2	1.5	1.6	3	1		1.6	5
$NaH_2PO_4 \cdot H_2O$		16.5		150	125			
烟酸	0.5	0.5	0.5	1			0.5	
盐酸吡哆素(VB_6)	0.5	0.1	0.5	1	1		0.1	5
盐酸硫胺素(VB_1)	0.4	0.1	1	10			0.1	5
肌醇	100			100		100		0.5
甘氨酸	2	3	2				2	100

3. 几种常用培养基的特点

（1）MS 培养基。是 1962 年 Murashige 和 Skoog 为培养烟草材料而设计的。它的特点是无机盐的浓度高,具有高含量的氮、钾,尤其是硝酸盐的用量很大,同时还含有一定数量的铵盐,这使得它营养丰富,不需要添加更多的有机附加物,就能满足植物组织对矿质营养的要求,有加速愈伤组织和培养物生长的作用,当培养物长时间不转移时仍可维持其生存,是目前应用最广泛的一种培养基。

（2）White 培养基。又称 WH 培养基,是 1943 年 White 设计的,在 1963 年做了改良。其特点是无机盐浓度较低。它的使用也很广泛,无论是生根培养还是胚胎培养或一般组织培养都有很好的效果。

（3）N_6 培养基。是 1974 年由我国的朱至清等为水稻等禾谷类作物花药培养而设计的。其特点是 KNO_3 和 $(NH_4)_2SO_4$ 含量高,不含钼。目前在国内已广泛应用于小麦、水稻及其他植物的花粉和花药培养。

（4）B_5 培养基。是 1968 年由 Gamborg 等设计的。它的主要特点是含较低的铵盐,较高的硝酸盐和盐酸硫胺素。铵盐可能对不少培养物的生长有抑制作用,但它适合于某些植物,如双子叶植物特别是木本植物的生长。

（5）SH 培养基。是 1972 年由 Schenk 和 Hidebrandt 设计的。它的主要特点与 B_5 相似,不用 $(NH_4)_2SO_4$,改用 $(NH_4)H_2PO_4$,是矿质盐浓度较高的培养基。在不少单子叶和双子叶植物上使用效果很好。

（6）Miller 培养基。Miller 培养基与 MS 培养基比较,无机元素用量减少 1/3～1/2,微量元素种类减少,不用肌醇。

(三) 培养基的配制

1. 母液的配制和保存

经常使用的培养基,可先将各种药品配成浓缩一定倍数的母液,放入冰箱内保存,用时再按比例稀释。母液要根据药剂的化学性质分别配制,一般配成大量元素、微量元素、铁盐、维生素、氨基酸等母液,其中维生素、氨基酸类可以分别配制,也可以混在一起。

大量元素原则上可以混在一起,但硫酸镁($MgSO_3 \cdot 2H_2O$)和氯化钙($CaCl_2 \cdot 2H_2O$)要分别单独配制,因为高浓度的 Ca^{2+} 和 Mg^{2+} 与磷酸盐混合,会产生不溶性沉淀。虽然定容后沉淀即会消失,但因其用量较大,还是单独配制和存放为好。大量元素母液一般浓缩 20 倍,配制培养基时取 50 mL。

铁盐也容易发生沉淀,需要单独配制。一般用硫酸亚铁($FeSO_4 \cdot 7H_2O$)和乙二胺四乙酸二钠(Na_2-EDTA)配成铁盐螯合剂。母液一般浓缩 200 倍,配制培养基时取 5 mL。

KI 单独配成母液,一般浓缩 200 倍,配制培养基时取 5 mL。

其他微量元素可配成混合母液,一般浓缩 200 倍,配制培养基时取 5 mL。

为方便配制不同培养基,培养不同的组培苗,或进行组培试验,氨基酸和维生素单独配制存放为宜。母液一般浓缩 200 倍,配制培养基时取 5 mL。

植物生长调节物质也单独配制成母液,储存于冰箱。母液一般浓缩 200 倍,配制培养基时取 5 mL。

IAA、NAA、IBA、2,4-D 之类生长素,可先用少量 0.1 mol 的 NaOH 或 95% 的酒精溶解,然后再定容到所需要的体积。KT 和 BA 等细胞分裂素则可用少量 0.1 mol 的 HCl 加热溶解,然后加水定容。

现以上述比例和 MS 培养基为例,具体介绍培养基母液的配制方法(表 6.3)。

表 6.3 MS 培养基母液的配制方法

成分分类	化合物	用量(g)	配制方法	配 1 L 培养基的取量
大量 元素 母液	NH_4NO_3	33	溶于少量水中,溶解较慢 则加热溶解,彻底溶解后 定量至 1000 mL	取 50 mL
	KNO_3	38		
	$CaCl_2 \cdot 2H_2O$	8.8		
	$MgSO_4 \cdot 7H_2O$	7.4		
	KH_2PO_4	3.4		
微量 元素 母液	$FeSO_4 \cdot 7H_2O$	0.556	溶于少量水中,溶解较慢 则加热溶解,彻底溶解后 定量至 100 mL	取 5 mL
	Na_2-EDTA	0.746		
	$MnSO_4 \cdot 4H_2O$	0.446		
	$ZnSO_4 \cdot 7H_2O$	0.172		
	$CoCl \cdot 6H_2O$	0.0005		
	$CuSO_4 \cdot 5H_2O$	0.0005		
	$NaMoO_4 \cdot 2H_2O$	0.005		
	KI	0.0166		
	H_3BO_3	0.124		

续表

成分分类	化合物	用量（g）	配制方法	配 1 L 培养基的取量
维生素母液	烟酸（VB₃） 盐酸吡哆素（VB₆） 盐酸硫胺素（VB₁）	0.01 0.01 0.008	溶于少量水中，溶解较慢则加热溶解，彻底溶解后定量至 100 mL	取 5 mL
氨基酸母液	甘氨酸	0.04	溶于少量水中，溶解较慢则加热溶解，彻底溶解后定量至 100 mL	取 5 mL
肌醇母液	肌醇	2	溶于少量水中，溶解较慢则加热溶解，彻底溶解后定量至 100 mL	取 5 mL

2. 培养基的配制及灭菌

（1）培养基的配制方法。将配制好的母液按顺序排列，并逐一检查是否沉淀或变色，避免使用已失效的母液。先取适量的蒸馏水放入容器，然后依次用专用的移液管按需要量吸取预先配制好的各种母液及生长调节物质等，均匀混合在一起，再加入琼脂和糖，加蒸馏水定容至所需体积，加热溶解。趁热用分注器将培养基注入试管等培养器皿中，塞上塞子，用纸包扎瓶口和塞子。

培养基的 pH 因培养材料的来源而异，大多数植物都要求 pH 在 5.6～5.8 的条件下进行组织培养。常用 0.1 mol 的 NaOH 和 0.1 mol HCl 来调节培养基的 pH。但需注意两点：一是经高温高压灭菌后，培养基的 pH 会下降 0.2～0.8，故调整后的 pH 一般应高于目标 pH 约 0.5 个单位；二是 pH 的大小会影响琼脂的凝固能力，当 pH 大于 6.0 时，培养基将会变硬，低于 5.0 时，琼脂就不能很好地凝固。

（2）培养基的灭菌。培养基一般采用湿热灭菌法，即把分注后的培养瓶置入高压蒸汽灭菌器中进行高温高压灭菌。灭菌前一定要在灭菌器内加水淹没电热丝，千万不能干烧，以防事故发生。待压力达到 49 kPa 时，开启排气阀，将内部的冷空气排出；当压力升到 108 kPa、温度为 121 ℃时，维持 15～20 min，即可达到灭菌的目的。若灭菌时间过长，会使培养基中的某些成分变性失效。

灭菌后应尽快地转移培养瓶使其冷却。一般应将灭菌后的培养基储藏于 30 ℃以下的室内，最好储藏在 4～10 ℃的条件下。

液体培养基的配制方法，除不加琼脂外，其他与固体培养基相同。

二、外植体的培养

外植体是指植物组织培养中各种用于接种培养的材料。包括植物体的各种器官、组织、细胞和原生质体等。外植体的成苗途径有三种。

第一种，外植体先形成愈伤组织，然后再分化成完整的植株。具体分化过程又可分三种：（1）在愈伤组织上同时长出芽和根，之后连成统一的轴状结构，再发育成植株。（2）在愈伤组织中先形成茎，后诱导成根，再发育成植株。（3）在愈伤组织中先形成根，再诱导出芽，得到完整植株。一般先形成根的,往往抑制芽的形成;相反,先产生芽的,较易产生根。

第二种,外植体经诱导后直接形成根与芽,发育成完整的植株。如茎尖培养一般就属于此种类型。

第三种,外植体通过与合子胚相似的胚胎发生过程,即形成胚状体,再发育成完整植株。胚状体可以从以下四种培养物产生:(1) 直接从器官上发生。(2) 从愈伤组织发生。(3) 从游离单细胞发生。(4) 从小孢子发生。在组织培养中诱导胚状体和诱导芽相比,有三个显著的优点:一是数量多,一个外植体上诱导产生胚状体的数量,往往要比诱导芽的数量高得多;二是速度快,胚状体是以单细胞直接分化成小植株的,它比经过愈伤组织再分化成完整植株要快;三是结构完整,胚状体一旦形成,即可长成小植株,成苗率高。

(一) 外植体的选择

1. 选择优良的种质

无论是离体培养繁殖种苗,还是进行生物技术研究,培养材料的选择都要从有发展前景的植物入手,选取性状优良的种质或特殊的基因型。对材料的选择要有明确的目的,具有一定的代表性,增加实用价值。

2. 选择健壮的植株

组织培养用的材料,最好从生长健壮、无病虫害的植株上采集,选取发育正常的器官或组织。因为这些器官或组织代谢旺盛,再生能力强,比较容易培养。

3. 选择最适的时期

组织培养选择材料时,要注意植物的生长季节和植物的生长发育阶段。如快速繁殖时应在植株生长的最适时期取材,这样不仅成活率高,而且生长速度快,增殖率高;花药培养应在花粉发育到单核期时取材,这时比较容易形成愈伤组织。

4. 选取大小适宜的材料

建立无菌材料时,取材的大小根据不同植物材料而异。材料太大易污染,也没有必要;材料太小,多形成愈伤组织,甚至难于成活。培养材料的大小一般在 0.5～1.0 cm 之间,如果是胚胎培养或脱毒培养的材料,则应更小。外植体为茎段的,茎段长度 3～5 cm。

(二) 外植体的灭菌、接种

1. 灭菌

外植体在接种前必须灭菌。在灭菌前,先在准备室对外植体进行预处理,去掉不需要的部分,将准备使用的植物材料在流水中冲洗干净。经过预处理的植物材料,其表面仍有很多细菌和真菌,因此拿入接种室后还需进一步灭菌。常用于植物材料灭菌的灭菌剂有氯化汞、酒精等(表 6.4)。常规的表面灭菌处理方法是把材料放进 70% 的酒精中,约 30 s 后用无菌水冲洗 1 次,再在 0.1% 的氯化汞($HgCl_2$)中浸泡 5～10 min,或在 10% 的漂白粉澄清液中浸泡 10～15 min,然后用无菌水冲洗 3～5 次。灭菌时进行搅动,使植物材料与灭菌剂有良好的接触。如在灭菌剂里滴入数滴 0.1% 的 Tween 20(吐温 20)或 Tween 80(吐温 80)湿润剂,则灭菌效果更好。

表 6.4 　常用灭菌剂的使用及其效果

灭菌剂	使用浓度	清除的难易	灭菌时间（min）	效果
次氯酸钠	9～10％	易	5～30	很好
次氯酸钙	2％	易	5～30	很好
漂白粉	饱和浓度	易	5～30	很好
氯化汞	0.1～1％	较难	2～10	最好
酒精	70～75％	易	0.2～2	好
过氧化氢	10～12％	最易	5～15	好
溴水	1～2％	易	2～10	很好
硝酸银	1％	较难	5～30	好
抗菌素	4～50 mg/L	中	30～60	较好

2. 接种

接种是把经过表面灭菌后的植物材料切碎或分离出器官、组织、细胞,转放到无菌培养基上的全部操作过程。整个接种过程均须无菌操作。

（1）接种室用紫外灯照射灭菌 20～30 min,或提前 0.5～1 天用高锰酸钾和甲醛混合液熏蒸。接种台要提前开启。

（2）工作人员进入接种室前需用肥皂水洗手灭菌,并在缓冲室换上已经灭菌的白色工作服和拖鞋,戴工作帽和口罩。工作人员的呼吸也是污染的主要途径,通常在平静呼吸时细菌是很少的,但是谈话或咳嗽时细菌便增多,头皮屑也带有细菌,因此操作过程应禁止不必要的谈话,并戴上帽子和口罩。

（3）进入接种室后用 70％的酒精擦洗双手、接种台和一切需放上工作台的器具,对外植体进行灭菌处理。特别注意防止"双重传递"的污染,例如器械被手污染后又污染培养基等。

（4）点燃酒精灯,将接种钩、剪刀、镊子放入不锈钢盘或瓷盘内烧灼,冷却后备用。接种钩、剪刀、镊子等不使用时浸泡在 95％酒精中,用时在火焰上灭菌,待冷却后使用。每次使用前均需进行用具灭菌。

（5）将外植体放入经烧灼灭菌的不锈钢盘或瓷盘内处理。如外植体为茎段的,将茎段上的叶柄和茎的上下端剪掉一小节;培养脱毒苗的,在双筒解剖镜下剥离切取大小约 0.2～0.3 mm 的茎尖分生组织。

（6）烧灼瓶口和塞子,将培养瓶倾斜拿稳,打开塞子,用镊子将接种材料送入瓶内,用接种钩将材料压入培养基中,烧灼瓶口和塞子并上塞。在打开培养瓶、三角瓶或试管时,最大的污染危险是管口边沿沾染的微生物落入管内,烧灼是解决这个问题的有效办法。如果培养液接触了瓶口,则瓶口要烧到足够的热度,以杀死存在的细菌。为避免灰尘污染瓶口,可用纸包扎瓶口和塞子,以遮盖瓶子颈部和试管口,相对地减少污染机会。

（三）外植体的培养

接种后的外植体应送到培养室去培养。培养过程中既要调控好培养条件,又要注意防止发生菌类污染、外植体褐变和植株玻璃化现象,确保组织培养的成功。

1. 培养条件的调控

培养室的培养条件要根据植物对环境条件的不同需求进行调控。其中最主要的是光照、温度、湿度、氧气等。

(1) 光照。光照对离体培养物的生长发育具有重要的作用。通常对愈伤组织的诱导来说,暗培养比光培养更合适。但器官的分化需要光照,并且随着试管苗的生长,光照强度需要不断地加强,才能使小苗生长健壮,并促进它从"异养"向"自养"转化,提高移植后的成活率。一般先暗培养 1 周,1 周后每日光照 10～12 h,光照强度从 1000～3000 lx 逐渐过渡。暗培养可用铝箔或者适合的黑色材料(如黑色棉布)包裹在容器的周围,或置于大纸箱和暗室中培养。

(2) 温度。离体培养中对温度的调控要比光照显得更为突出。不同的植物有不同的最适生长温度。培养室温度一般保持在(25±2) ℃。低于 15 ℃ 或高于 35 ℃,对生长都是不利的。

(3) 湿度。组织培养中的湿度影响主要有两个方面:一是培养容器内的湿度,它的湿度条件常可保证 100%。二是培养室的湿度,它的湿度变化随季节和天气而有很大变动。培养室湿度过高、过低都是不利的。过低可能造成培养基失水而干枯或渗透压升高,影响培养物的生长和分化;湿度过高会造成杂菌滋长,导致大量污染。因此,培养某些耗氧多的植物,采用通气性好的瓶盖、瓶塞或透气膜封口的,要求室内保持 70%～80% 的相对湿度。湿度过高时可用除湿机降湿,过低时可喷水来增加湿度。

(4) 氧气。植物组织培养中,外植体的呼吸需要氧气。在液体培养中,振荡培养是解决通气的有效办法。在固体培养中,对于某些耗氧多的植物要采用通气性好的瓶盖、瓶塞,或用透气膜封口。对于耗氧少的植物,组织培养中培养瓶内能维持正常的氧气和二氧化碳循环,用密封性好的封口材料更能有效地防止菌类污染。

此外,愈伤组织在培养基上生长一段时间后,由于营养物质的枯竭,水分的散失,以及一些组织代谢产物的积累,必须将组织及时转移到新的培养基上,这种转移过程称为继代培养。一般在 25～28 ℃ 下进行固体培养时,每隔 4～6 周进行 1 次继代培养。在组织块较小的情况下,继代培养时可将整块组织转移过去。若组织块较大,可先将组织分成几个小块再接种。

2. 污染的预防

(1) 污染的原因。污染是指在组织培养过程中培养基和培养材料滋生杂菌,导致培养失败的现象。污染的原因,从病源菌方面来分析主要有细菌及真菌两大类;污染的途径,主要是外植体带菌、培养基及器皿灭菌不彻底、操作人员未遵守操作规程等。

(2) 预防污染的措施。发现污染的材料应及时处理,否则将导致培养室环境污染。对一些特别宝贵的材料,可以取出再次进行更为严格的灭菌,然后接入新鲜的培养基中重新培养。处理污染培养瓶最好在打开瓶盖前先高压灭菌,再清除污染物,然后洗净备用。现根据污染途径,阐述污染的几项预防措施。

① 防止材料带菌。a. 用茎尖作外植体时,必要时可在室内或无菌条件下对枝条先进行预培养。将枝条用水冲洗干净后插入无糖的营养液或自来水中,使其抽枝,用新抽生的嫩枝条作为外植体,便可大大减少材料的污染。或在无菌条件下对采自田间的枝条进行暗培养,使其抽出徒长的黄化枝条,用黄化枝作为外植体,经灭菌后接种也可明显减少污染。b. 避免阴雨天在田间采取外植体。在晴天采材料时,下午采取的外植体要比早晨采的污染少,因材料经过日晒后可杀死部分细菌或真菌。c. 目前对材料内部污染还没有令人满意的灭菌方法,因此,在菌类侵入组织内部前除去韧皮组织,只接种内部的分生组织,可以收到一定的

效果。

②　外植体灭菌。a. 多次灭菌法。咖啡成熟叶片的灭菌即用这种方法。首先,去掉主脉(因主脉与支脉交界处常有真菌休眠孢子存在)和叶的顶端、基部、边缘部分,这样可大大减少污染;其次,将切好的外植体放入 1.3％的次氯酸钠溶液中(商品漂白粉 25％溶液)灭菌 30 min,用无菌蒸馏水漂洗 3 次;然后,将材料封闭在无菌的培养皿中过夜,保持一定温度;最后,将叶片用 2.6％次氯酸钠灭菌 30 min,随后用蒸馏水洗 3 次。b. 多种药液交替浸泡法。对一些容易污染而难灭菌的材料,用下列程序灭菌较为理想:首先,取茎尖、芽或器官作为外植体,用自来水及肥皂充分洗净,用剪刀修剪掉外植体上无用的部分,剥去芽上鳞片;其次,将材料放入 70％~75％的医用酒精中灭菌数秒钟;接着,在 1∶500 Roccal B(一种商品灭菌剂)稀释液中浸 5 min;然后,放入 5％~10％次氯酸钠溶液中,并滴入“吐温 80”数滴,灭菌 15~30 min,或浸入 0.1％~0.2％氯化汞溶液中,并加入“吐温 80”数滴,灭菌 5~10 min;最后,用无菌水冲洗 5 次。也可从次氯酸钠溶液中取出后,接着放入无菌的 0.1 mol 的氯化汞中浸片刻,再用无菌水冲洗数次。

③　各种器皿、用具、用品灭菌。玻璃器皿可采用湿热灭菌法,即将玻璃器皿包扎后放入蒸汽灭菌器中进行高温高压灭菌,灭菌时间 25~30 min。也可采用干热灭菌法,即将玻璃器皿置入电热烘箱中进行灭菌。还可以把玻璃器皿放入水中煮沸灭菌。

金属器械一般用火焰灭菌法,即把金属器械放在 95％的酒精中浸一下,然后放在火焰上燃烧灭菌。这一步骤应当在无菌操作过程中反复进行。金属器械也可以用干热灭菌法灭菌,即将擦干或烘干的金属器械用纸包好,盛在金属盒内,放在烘箱中灭菌。

工作服、口罩、帽子等布质品均用湿热灭菌法,即将洗净晾干的布质品放入高压灭菌器中,在压力为 108 kPa,温度为 121 ℃的环境下,灭菌 20~30 min。

④　无菌操作室灭菌。无菌操作室的地面、墙壁和工作台的灭菌可用 2％的新洁尔灭或 70％的酒精擦洗,然后用紫外灯照射约 20 min。使用前用 70％的酒精喷雾,使空间灰尘落下。1 年中要定期进行 1~2 次甲醛和高锰酸钾熏蒸。

⑤　操作人员在接种时一定要严格按照无菌操作的程序进行。

3. 褐变的预防

(1) 褐变的原因。褐变是指在培养过程中外植体内的多酚氧化酶被激活,使细胞里的酚类物质氧化成棕褐色的醌类物质,致使培养基逐渐变成褐色,最后引起外植体变成褐色而死亡的现象。在组织培养中,褐变是普遍存在的,这种现象与菌类污染和玻璃化并称为植物组织培养的三大难题。而控制褐变比控制污染和玻璃化更加困难。因此,能否有效地控制褐变是某些植物组培能否成功的关键。

影响褐变的因素极其复杂,随着植物种类、基因型、外植体的部位及生理状况等的不同,褐变的程度也有所不同。

①　基因型。有研究表明,海垦 2 号橡胶树的花药褐变较少,因而容易形成愈伤组织;而有些橡胶品种极易褐变,其愈伤组织的诱导也很困难。在组织培养中,有些品系难以成功,而有些则容易成功,其原因之一可能是酚类物质的含量及多酚氧化酶活性存在差异。因此对于容易褐变的植物,应考虑对其不同基因型的筛选,力争采用不褐变或褐变程度轻微的外植体来进行培养。

②　外植体的生理状态。材料本身的生理状态不同,接种后褐变的程度也不同。例如,在欧洲栗的培养中,用幼年型的材料培养时含醌类物质少,而用成年型材料培养时含醌类物

质多。取芽的时期及部位也是重要的因子。如在 1 月份取欧洲栗的芽培养,醌的形成少,而在 5～6 月份取芽培养则醌类物质发生严重。总之,分生部位接种后形成醌类物质少,而分化的部位则形成醌类物质较多。

③ 培养基的成分。a. 无机盐浓度过高会引起棕榈科植物外植体酚的氧化。例如油棕用 MS 无机盐培养容易引起外植体的褐变,而用降低了无机盐浓度的改良 MS 培养基时则可减轻褐变,且获得愈伤组织和胚状体。b. 植物生长调节物质使用不当时,材料也容易褐变。细胞分裂素 BA 有刺激多酚氧化酶活性提高的作用,这一现象在甘蔗的组织培养中十分明显。

④ 培养条件不适宜。在外植体最适宜的脱分化条件下,分生能力强的细胞大量增殖,酚类的氧化受到抑制,在芽旺盛增殖时,褐变也被抑制。条件不适宜,如温度过高或光照过强,均可使多酚氧化酶的活性提高,从而加速外植体的褐变。在咖啡组织培养中曾观察到这一现象。

⑤ 长时间不转移。在同一培养基中培养时间过长也会引起材料的褐变,以致全部死亡。

(2) 防止褐变的措施:

① 选择适宜的外植体。许多成功的经验表明,选择适当的外植体,并创造最佳的培养条件是防止外植体褐变最主要的手段。外植体材料应在生理状态良好,酚类物质少的时期的树木上采集。

② 配制最佳培养基。在培养褐变现象较为严重的树种时,适当降低无机盐和细胞分裂素的浓度,选择适宜的细胞分裂素。在培养基中加入抗氧化剂和活性炭。在培养基中加入抗氧化剂,或用抗氧化剂进行材料的预处理或预培养,可预防醌类物质的形成。抗氧化剂包括抗坏血酸、聚乙烯吡咯烷酮(PVP)和牛血清白蛋白等。在倒挂金钟茎尖培养中加入 0.01% PVP 便对褐变有抑制作用。0.1%～0.5% 的活性炭对吸附酚类氧化物的效果很明显。在许多热带树木的组织培养中均曾观察到活性炭防止外植体褐变的明显效果。

③ 创造适宜的培养条件。在适宜的温度及黑暗条件下进行培养可显著减少材料的褐变。在初始培养的 1～6 周内用暗培养,或在 150 lx 左右的光强下进行光培养。另外,在整个培养过程中控制好温度,适当降低光照强度。这样,可抑制酚类物质氧化,防止褐变。

④ 连续转移。对于易褐变的材料进行连续转移可以减轻醌类物质对培养物的毒害作用。在无刺黑莓的茎尖培养中,接种 1～2 天就转入新鲜培养基;在山月桂树的茎尖培养中,接种 12～24 h 便转入新的液体培养基,然后继续每天转移 1 次,连续 7 天,褐化便得到了完全控制。

4. 玻璃化的预防

(1) 玻璃化的原因。玻璃化是指植株矮小肿胀,失绿,叶、嫩梢呈水晶透明或半透明,叶片皱缩成纵向卷曲,脆弱易碎等组织畸形的现象。玻璃化苗外形与正常苗有显著差异,其叶、嫩梢呈水晶透明或半透明,植株矮小肿胀,失绿,叶片皱缩成纵向卷曲,脆弱易碎;叶表皮缺少角质层和蜡质,没有功能性气孔,不具有栅栏组织,仅有海绵组织;体内含水量高,但干物质、叶绿素、蛋白质、纤维素和木质素含量低。由于其组织畸形,吸收养料与光合器官功能不全,分化能力大大降低,生根困难,很难移栽成活,因而很难继续用作继代培养和扩大繁殖的材料。

玻璃化的起因是细胞生长过程中的环境变化,试管苗为了适应变化了的环境而呈玻璃状。产生玻璃化苗的因素主要有激素浓度、琼脂浓度、温度、光照时间、通风条件、离子水平等。

① 激素浓度。激素浓度增加尤其是细胞分裂素浓度提高（或细胞分裂素与生长素的比例高），易导致玻璃化苗的产生。产生玻璃化苗的细胞分裂素浓度因植物种类的不同而异。细胞分裂素的主要作用是促进芽的分化，打破顶端优势，促进腋芽发生，因而玻璃化苗也表现出茎节较短、分枝较多的特点。使细胞分裂素增多的原因有以下三种：一是培养基中一次性加入过多细胞分裂素，比如 6-BA、ZT 等；二是细胞分裂素与生长素比例失调，细胞分裂素含量远远高于生长素，而使植物过多吸收细胞分裂素，体内激素比例严重失调，试管苗无法正常生长，而导致玻璃化；三是在多次继代培养时愈伤组织和试管苗体内累积过量的细胞分裂素。在组织培养中，最初的几代玻璃化现象很少，多次继代培养后，便开始出现玻璃化现象，通常是继代次数越多玻璃化苗的比例越大。

② 琼脂浓度。培养基中琼脂浓度低时玻璃化苗比例增加，水浸状严重。随着琼脂浓度的增加，玻璃化苗比例减少，但由于硬化的培养基影响了养分的吸收，试管苗生长减慢，分蘖亦减少。因此，琼脂的浓度一定要适当。

③ 温度。适宜的温度可以使试管苗生长良好，当温度低时，容易形成玻璃化苗。温度越低玻璃化苗的比例越高；温度高时玻璃化苗减少，且发生的时间较晚。

④ 光照时间。不同的植物对光照的要求不同，满足植物的光照时间，试管苗才能生长正常。大多数植物在 10～12 h 光照下都能生长良好，光照时数大于 15 h 时，玻璃化苗的比例明显增加。

⑤ 通气条件。试管苗生长期间，要求有足够的气体交换，气体交换的好坏取决于生长量、瓶内空间、培养时间和瓶盖种类。在一定容量的培养瓶内，愈伤组织和试管苗生长越快，越容易形成玻璃化苗。如果培养瓶容量小，气体交换不良，易发生玻璃化。愈伤组织和试管苗长时间培养，不能及时转移，容易出现玻璃化苗。组织培养所用瓶盖有棉塞、锡箔纸、滤纸、封口纸、牛皮纸、塑料膜等，其中棉塞、滤纸、封口纸、牛皮纸通气性较好，玻璃化苗的比例较低；而锡纸不透气，影响气体交换，玻璃化苗的比例就会增加；用塑料膜封口时，玻璃化苗剧增。

⑥ 离子水平。植物生长需要一定的矿物质营养，但如果营养离子之间失去平衡，试管苗生长就会受到影响。植物种类不同，对矿物质的量、离子形态、离子间的比例要求不同。如果培养基中离子种类及其比例不适宜该种植物，玻璃化苗的比例就会增加。

（2）预防玻璃化的措施：

① 适当控制培养基中无机营养成分。大多数植物在 MS 培养基上生长良好，玻璃化苗的比例较低，主要是由于 MS 培养基的硝态氮、钙、锌、锰的含量较高的缘故。适当增加培养基中钙、锌、锰、钾、铁、铜、镁的含量，降低氮和氯元素比例，特别是降低铵态氮浓度，提高硝态氮浓度，可减少玻璃化苗的比例。

② 适当提高培养基中蔗糖和琼脂的浓度。适当提高培养基中蔗糖的含量，可降低培养基中的渗透势，减少外植体从培养基中获得过多的水分。而适当提高培养基中琼脂的含量，可降低培养基的衬质势，造成细胞吸水阻遏，也可降低玻璃化。如将琼脂浓度提高到 1.1% 时，洋蓟的玻璃化苗完全消失。

③ 适当降低细胞分裂素和赤霉素的浓度。细胞分裂素和赤霉素可以促进芽的分化，但是为了防止玻璃化现象，应适当减少其用量，或增加生长素的比例。在继代培养时，要逐步

减少细胞分裂素的含量。

④ 增加自然光照，控制光照时间。在试验中发现，玻璃苗放在自然光下几天后茎叶变红，玻璃化逐渐消失。这是因为自然光中的紫外线能促进试管苗成熟，加快木质化。光照时间不宜太长，大多数植物以 10～12 h 为宜；光照强度在 1000～1800 lx，就此可以满足植物生长的要求。

⑤ 控制好温度，改善气体交换状况。培养温度要适宜植物的正常生长发育。如果培养室的温度过低，应采取增温措施。热击处理，可防治玻璃化的发生。如用 40 ℃ 热击处理瑞香愈伤组织培养物可完全消除其再生苗的玻璃化，同时还能提高愈伤组织芽的分化频率。使用棉塞、滤纸片或通气好的封口膜封口，也是预防玻璃化现象的重要措施。

⑥ 培养基中添加活性炭等物质。在培养基中加入间苯三酚或根皮苷或其他添加物，可有效地减轻或防止试管苗玻璃化。如用 0.5 mg/L 多效唑或 10 mg/L 的矮壮素可减少重瓣丝石竹试管苗玻璃化的发生，而添加 1.5～2.5 g/L 聚乙烯醇也成为防止苹果苗玻璃化的措施。在培养基中加入 0.3% 的活性炭可降低玻璃苗的产生频率，对防止产生玻璃化有良好作用。

三、芽的增殖和根的诱导

（一）芽的增殖

外植体经初代培养诱导出不带菌的无菌芽。为了满足规模生产的需要，必须通过不断的继代培养，使无菌芽大量增殖，培养出成千上万的无菌芽。

继代培养所用培养基可与初代培养基相同，也可根据可能出现的情况，逐渐地适量降低细胞分裂素的浓度，调整无机养分比例，或加入活性炭等，以防出现玻璃化或褐化现象。

继代培养的接种过程与初代培养有两点不同：一是不需要对接种材料进行灭菌处理；二是在空间较大的培养瓶中接种，接种更方便。接种时，先将外植体上的无菌芽剪下，或将已继代过的丛状无菌芽分开。较长的无菌芽可剪成几段接种，但必须保证每一段上至少有 1 个节。接着用镊子将剪好的接种材料放入培养瓶中，再用接种钩拨动使材料在瓶中均匀分布，最后将接种材料的下端压入培养基中（图 6.6）。除此以外，继代培养的接种过程和要求与初代培养相同，同样必须确保无菌操作。

图 6.6　无菌芽的接种

继代培养期间培养室环境条件的控制，除了不需要暗培养外，光照、温度、湿度和通气条件的控制与初代培养基本相同。要注意根据继代苗出现的情况，调节光照、温度、湿度和通气条件，或及时转入新的培养基中培养，防止产生褐化现象和玻璃化现象。

（二）根的诱导

当无菌芽增殖到一定规模,选取粗壮的无菌芽(高约 3 cm)进行根诱导,使其生根,产生完整植株,以便移植。

与继代培养基和初代培养基相比,生根培养基有三个特点。① 无机盐浓度较低。一般认为,矿质元素浓度高时有利于发展茎叶,较低时有利于生根,所以生根培养时一般选用无机盐浓度较低的培养基配方。用无机盐浓度较高的培养基配方时,应稀释一定的倍数。如使用 MS 培养基,在生根诱导培养中多采用 1/2 MS 或 1/4 MS。② 细胞分裂素少或无。生根培养基一般要完全去除或仅用很低浓度的细胞分裂素,并加入适量的生长素,最常用的生长素是 NAA。③ 糖浓度较低。在生根阶段,培养基中的糖浓度要降低到 $1.0\% \sim 1.5\%$,以促进植株增强自养能力,有利于完整植株的形成和生长。

培养室环境控制方面,生根阶段要增加光照强度,达到 $3000 \sim 10000$ lx。在强光下,植物能较好地生长,对水分的胁迫和对疾病的抗性有所增强。在强光下,植株可能生长较慢和轻微失绿,但实践证明,这样的幼苗移植成活率比弱光条件下的绿苗移植成活率高。

四、组培苗的炼苗与移栽

（一）组培苗的炼苗

1. 组培苗的生态环境

利用组织培养手段培育出来的苗通常称组培苗或试管苗。由于组培苗长期生长在试管或三角瓶等培养器皿中,与外界环境隔离,形成了一个独特的生态系统。这个生态系统与外界环境条件相比具有以下四大差异,即恒温、高湿、弱光和无菌。

（1）恒温。在植物组培苗整个生长过程中,温度通常控制在 (25 ± 2) ℃。而外界环境的温度处于不断变化之中,温度的调节完全是由自然界太阳辐射的日辐射量决定的,温差很大。

（2）高湿。植物组织培养中试管或培养瓶内的水分移动有两条途径:一是组培苗吸收的水分,从叶面气孔蒸腾;二是培养基向外蒸发,而后水汽凝结又进入培养基。这种循环就是培养瓶内的水分循环,其循环的结果造成培养瓶内空气的相对湿度接近于 100%,远远大于培养瓶外的空气湿度,所以组培苗的蒸腾量极小。

（3）弱光。与太阳光相比组培室的光强一般很弱,故幼苗生长也较弱,经受不了太阳光的直接照射。

（4）无菌。组培苗所处环境的另一大特点是无菌。在移栽过程中组培苗要经历由无菌向有菌的转换。这一点若不注意,也会引起组培苗移栽过程中的死亡。另外,组培苗还处在一种特殊的气体环境中。

这些环境特点使得组培苗与常规苗相比具有如下特点:一是组培苗生长细弱,茎、叶表面角质层不发达;二是组培苗茎、叶虽呈绿色,但叶绿体的光合作用较差;三是组培苗的叶片气孔数目少,活性差;四是组培苗根的吸收功能弱。组培苗能否适应外界环境条件就成为移植成活的关键,只有使组培苗适应这种差异,才能移栽成活,这就需要有一定的驯化时间。

2. 组培苗的炼苗

炼苗即驯化，目的在于提高组培苗对外界环境条件的适应性，提高其光合作用的能力，促使组培苗健壮，最终达到提高组培苗移栽成活率的目的。驯化应从温度、湿度、光照及有无菌等环境要素进行。驯化开始数天内，应和培养时的环境条件相似；驯化后期，则要与预计的栽培条件相似，从而达到逐步适应的目的。驯化的方法是将长有完整组培苗的试管或三角瓶由培养室转移到半遮阴的自然光下，并打开瓶盖注入少量自来水，使组培苗周围的环境逐步与自然环境相似，恢复植物体内叶绿体的光合作用能力，提高适应能力。驯化一般进行3～5周。

很多树种也可不进行特别的驯化，或驯化与移栽同步。如桉树试管苗直接移植后，通过遮阴和加强喷水、防病等，就能保证移植顺利成活。

（二）组培苗的移栽

1. 组培苗的移栽

移栽的方法有常规移栽法、直接移栽法和嫁接移栽法。

（1）常规移栽法。炼苗后将苗木取出，洗去培养基，移栽到无菌的混合土（如砂子：蛭石＝1：1）中，保持一定的温度和水分，长出2～3片新叶时移栽到田间或盆钵中。

（2）直接移栽法。直接将组培苗移栽到田间或盆钵中（图6.7）。

图6.7　移栽操作

（3）嫁接移栽法。选取生长良好的同种植物的实生苗或幼苗作砧木，用组培苗的无菌芽作接穗进行嫁接的方法。王清连等人对棉花的组培苗进行嫁接移栽的有关试验表明，组培苗的嫁接移栽法与常规移栽法相比具有以下优点：

① 成活率高。由表6.5可以看出，采用嫁接移栽法移栽的棉花组培苗成活率较高，一般在70%以上，在条件好的情况下可100%移栽成活。而采用常规移栽法，健壮的组培苗也仅有48%能移栽成活，对于弱苗来说则大多数不能移栽成活。

表 6.5 嫁接移栽法移栽棉花组培苗的效果

试管苗种类	移栽方法	移栽植株数	成活植株数	成活率（%）
壮苗	嫁接移栽法	35	33	94.29
	常规移栽法	50	24	28.00
	直接移栽法	20	0	0.00
弱苗	嫁接移栽法	30	21	70.00
	常规移栽法	27	2	7.41
	直接移栽法	15	0	0.00

② 适用范围广。嫁接移栽法不仅适用于壮苗,而且还适用于弱苗。由表 6.5 可明显地看出,用嫁接移栽法弱苗仍有 70% 的移栽成活率,而用常规移栽法仅有 7.41% 的移栽成活率,二者相差近 10 倍。对于部分污染苗,也可嫁接移栽。由于嫁接移栽法是采用嫁接技术进行移栽,故对组培苗的要求较小,一般生长到 2 cm 左右就可嫁接,不仅适用于大苗,还适用于小苗的移栽。而常规移栽法则要求组培苗长到 5 cm 左右才容易移栽成活。

③ 育苗时间短。常规移栽法必须先诱导形成新鲜的不定根,一般从获得再生小植株到移栽成活需要 50 天左右,而且还有 20~30 天的缓苗期。而嫁接移栽法可移栽刚出现叶片的小植株,一般从获得再生小植株到移栽成活仅需 20 天左右,而且缓苗期一般仅需 10~15 天。这样,从获得组培苗到移栽至田间并获得健康成长的幼苗,嫁接移栽法仅需 30~50 天,常规移栽法则需 70~80 天,嫁接移栽法比常规移栽法缩短了 40~45 天。

2. 提高移栽成活率的途径

影响组培苗移栽成活率的因素有许多种,包括内因与外因。不同的植物和不同的试管苗种类对移栽的具体要求是不同的。但总的来说,提高试管苗移栽成活率的途径有以下六种:

(1) 壮苗移植。试管苗的生理状况是影响移栽成活率的内在因素。同一种植物的试管苗,其壮苗比弱苗移栽后成活率高(表 6.5)。

(2) 巧用生长调节物质。一般来说,生长素能促进生根,故能提高试管苗移栽的成活率。但是,不同的植物有其适宜的生长素种类。如在月季的试验中发现,以 NAA 诱导生根和提高移栽成活率效果最好;而 IAA 并不理想,当 IAA 的浓度超过 1 mg/L 时,反而急剧降低移栽成活率。细胞分裂素一般会抑制根的生长,不利于移栽。如在月季的试验中表明,即使在很低的浓度下,BA 或 2-iP 对生根和移栽都有抑制效应。

(3) 降低无机盐浓度。试验结果表明,降低培养基无机盐浓度对植物生根效果较好,有利于移栽成功。

(4) 加入活性炭。在生根培养基中加入少许活性炭,对某些月季的嫩茎生根有良好作用,尤其是采用酸、碱和有机溶剂洗过的活性炭,效果更佳。但活性炭对一些月季品种的促根生长无反应。

(5) 创造良好环境。环境条件也影响试管苗移栽的效果,关键是控制好移栽后 10 天的光、温、湿。做好适当遮阳工作,降低温度,避免太阳光直射造成试管苗迅速失水而死亡。加强喷淋,必要时用塑料薄膜覆盖,保持周围环境的相对湿度在85%以上。

（6）从无菌向有菌逐渐过渡。试管苗出苗要将培养基洗净,以免杂菌滋长。移栽前对基质进行灭菌处理,移植初期定期喷杀菌剂预防病害发生,提高移栽成活率。

任务 2　组培育苗工厂化经营与管理

随着市场经济的迅速发展,植物组织培养由小型试验发展为工厂化生产,种苗供求也由小户经营转变为专业种苗公司或种苗加工企业经营,为市场提供了大量规范、优质的种苗,促进了种植业的发展和进步。

一、工厂化经营方式和经营策略

（一）经营方式

在我国,植物组织培养产业的经营方式大致分以下三种类型。

1. 订单型

根据用户的种植需求,预先与用户签订种苗供求合同,明确种苗的品种、价位、供应时间、数量、质量等。种苗生产企业按订单要求组织专项生产,满足用户的需求。

2. 产品加工型

生产企业根据市场选用优良植物品种,在种苗数量不能满足栽培需要的情况下,与组培生产企业签订加工合同,以优良植物品种为母株,进行组培快繁生产,在一定时间内繁殖客户需要的大量种苗。

3. 产品推广应用型

与当地县、乡镇政府加强联系,及时调查研究农村经济发展规划及当地种植品种和种植面积调整的情况,选用当地所熟悉的优良种植品种,按生产季节生产储备一定数量的种苗,向客户介绍、推广应用。

另外,种苗生产企业选育或引进新品种,经过栽培试种和在主栽区进行生产性跟踪调查,筛选出适宜本地发展的优良新品种。然后,在种植前召开产品发布会,将试种的结果展示给客户,并在种植期间给予技术指导,取得客户的信任,建立长久的供求关系。

（二）经营策略

1. 市场需求的预测

种苗生产企业在做市场经营销售计划时,应做好区域种植结构、自然气候、种植的植物种类及市场发展趋势的预测,把握市场需求的准确信息。

2. 市场占有率的预测

市场占有率是指一家企业某种产品的销售量或销售额与市场上同类产品的全部销售量或销售额之间的比率。影响市场占有率的因素主要有:组培植物品种、种苗质量、种苗价格、种苗的生产量、销售渠道、保鲜程度、包装运输方式和广告宣传等。由于市场上同一种植物种苗往往有若干企业生产,用户可任意选择,这样某个企业生产的种苗能否被用户接受,主要取决于与其他企业生产的同类种苗相比,在质量、价格、供应时间、包装等方面处于什么地位,若处于优势,则销售量大,市场占有率高,反之就低。

3. 产品的营销

组培种苗的生产经营应根据市场需求,产销对路,以销定产,方能提高效益。因此,企业的销售部门应密切注视市场变化,及时将市场走势情况反馈给生产部门,以便根据需要及时调整生产计划和种苗上市时间。同时,应及时掌握各种可出售种苗的动态数量,了解它们的质量状况,进行统筹销售。

4. 树立企业信誉

信誉是组培企业的生命线。树立企业信誉,必须做到生产组织到位,经营管理到位,关键技术到位和服务用户到位。组培种苗的生产经营应坚持“信誉第一,客户至上”的原则,应本着对客户负责、对生产负责的态度组织好生产,做好经营管理,把握关键技术,按时、按量、按质向客户提供优质种苗,并做好售后服务工作。出现问题时不逃避,主动做好善后工作。这样才能取得客户的信任,才能长久地占领市场、巩固市场和开拓市场。

二、生产管理

(一)制订生产计划的参考依据

1. 植物组培快繁生产技术体系

植物组培快繁的形式有很多种,如无菌短枝扦插、诱导原球茎、诱导丛生芽、诱导胚状体等,不同植物在组培快繁生产中所采用的技术手段不同。开展某种植物的组培快繁生产,首先要考虑定植时间、用苗量;其次考虑从外植体诱导启动到炼苗需要多少时间,在这段时间内能繁殖多少苗;最后确定用哪种快繁形式合适。繁殖时间短、成本低、快繁苗量多、种苗健壮、变异率低、定植成活率高的即为最合适的繁殖形式。如桉树最适宜的快繁形式就是在瓶内进行短枝扦插,繁殖速度快,苗量多,苗健壮,成活率高。

2. 生产技术环节

植物组培快繁生产技术体系确定后,应抓好生产的每一个技术环节,环环相扣,不能有任何一点马虎,一旦出现问题,应抓紧处理,不能造成大的损失。例如,外植体诱导中间繁殖体的时间过长会减少增殖继代次数,还有生产中出现大面积瓶苗污染、玻璃化现象或炼苗成活率低等,都会影响苗木的产量和质量。这些技术控制不严,会影响生产计划的完成。

3. 供苗时间

供苗时间就是种苗定植时间。定植时间的确定,一般根据植物种类及品种的生长周期和种植形式,以及当地的气候条件和丰产采收时间来确定。如广西桉树瓶苗每年 9～12 月和次年 1～3 月份出瓶最合适,经过 2～3 个月栽培管理,在冬春季节和初夏出圃上山造林,种植成活率高、生长快、产量高。如果出瓶时间过晚,错过造林季节,虽然成活没有大的影响,但是病虫害较多、当年的生长量小,反过来会影响苗木的销售。

4. 估算生产量

正确估算组培苗的增值率,是制订生产计划的核心问题。增值率估算预测能达到 90%,就能顺利地完成生产任务,估算数量出入过大则影响生产计划的完成。估算预测要全面考虑,从外植体能成功产生中间繁殖体的比例,到 1 个外植体能产生多少中间繁殖体和中间繁殖体的增殖倍数等都要估算。

估算试管苗 1 年可繁殖数量用如下公式:

$$Y = m \times X^n$$

式中,Y——年生产量;m——每瓶苗数;X——每周期增殖倍数;n——年增殖周期。

例子:桉树 $Y = 20 \times 3.5^{12} = 6758.4$(万株)

以上计算的是理论生产数据,在实际生产中还有其他因素如污染、培养条件、发生故障等要加以考虑,实际生产的数据比估算的数据低。因此,估算增殖数量要比供应量多一些,留有余地。

(二)制订生产计划

根据市场的需求和种植时间,制订全年植物组织培养生产的计划。制订生产计划,需要全面考虑,计划周密、工作谨慎,把正常因素和非正常因素都要考虑进去。在计划实施过程中,往往可能发生意外事件影响计划的实现,应在制订计划时加以考虑,并在实施过程中及时调整。

1. 计算生产能力

一个组培厂能生产各种各样的植物种苗,并且全年生产,周年供应。但其生产能力是一定的,必须明确生产能力大小,才能做好生产计划。

计算组培厂的生产能力用如下公式:

全年生产量=全年出瓶苗数×炼苗成活率

例:某组培厂有超净工作台 30 台,一部超净工作台转苗量为 1200 株/天,1 年 300 个工作日。其中 30%的苗为增殖培养,70%的苗为生根出苗,计算全年生产量和出苗量。

全年生产量=1200×300×30=10800000(株)

全年出苗量=10800000×70%=7560000(株)

2. 制订生产计划

根据市场需求的品种、数量和时间,制订每一种植物的生产计划。何时增殖培养、增殖多少次,何时生根培养,何时移植,何时出苗等均应详细计划,这样才能按时、按量、按质提供生产所需苗木。所有植物种类生产计划之和不能超出生产能力。

(三)生产计划的实施

为确保生产计划的完成,应做好以下两方面工作。

1. 实行责任制

生产计划制订后,应与相关工作人员签订责任状,将责任和任务层层分解和落实,明确技术人员和生产人员的职责和任务,使每个人都有自己的目标,每个生产环节要安排专人定岗、定责、定任务、定技术管理。同时做到建立奖罚制度,使每位工作人员感到责任的重大,必须按时、按量、按质完成任务。

2. 加强过程监控

每一个生产环节都非常重要,一个生产环节出现问题,都可能导致生产计划不能如期完成。

技术负责人应从任务下达起,对每一个生产环节检查和监控,即对外植体的选择、消毒、无菌培养物的建立→培养基配方拟定→诱导中间繁殖体和增殖培养→生根培养→试管苗出瓶移植→定植等生产过程进行全程监控,直至任务完成。通过检查和监控及时发现和解决问题,重大问题及时向总负责人请示,以确保生产计划的完成。

三、成本核算

生产成本决定企业的经济效益,在企业生产总值不变的情况下,生产成本越低经济效益就越高。

生产成本包括以下三个阶段产生的费用:

1. 培养研究阶段费用

在组培快繁生产之前,任何一种植物必须先摸索其生理、繁殖、生长速度等特点,探索该植物的组培快繁途径、方法和技术。这一阶段苗木数量少,1瓶1株,占用空间大,用电量、用工多,需要反复转接和试验,所需时间长而且失败的可能性大。在这个阶段,人工费、药品费、水电费、材料费消耗大,成本高。培养研究阶段要充分考虑各种可能性,设计好组培快繁途径、方法和技术,控制好各个技术环节,减少失败的可能性和试验次数,降低研究费用,这对降低生产成本非常重要。

这个阶段生产的组培试管苗是基础苗,身价百倍。由于植物种类不同,一株基础苗的价格从几元、几十元到几百元不等。

2. 增殖和生根培养阶段费用

由于在培养研究阶段已经总结出成熟的培养技术路线,无菌苗污染率低,成活率高,时间短,产出大,浪费很少,生产成本最低。这个阶段应严格按研究总结出的技术路线组织生产,控制好每一个技术环节,提高成功率。

3. 试管苗炼苗、移植阶段费用

这个阶段要模拟自然界的气候、介质,按技术要求进行炼苗、移植养护管理。越接近自然气候条件,试管苗适宜能力越强,苗越壮,大田栽培成活率越高。这个阶段技术程序单一,用工量少,减少了加温、补光,成本较低。

四、提高生产效益的措施

1. 掌握熟练的技能,提高生产效率

操作工有熟练的技能,每天转接苗1000~1200株,污染率不超过1%,炼苗成活率达到80%以上,能大大降低成本。

2. 减少设备投资,延长使用寿命

试管苗生产设备投资少则数万元,多则数十万元,除基本设备外,可不购的不购,能代用的代用。一个年产木本植物3万~5万株、草本植物10万~20万株的试管苗工厂,有1部超净工作台就够了。另外,可用精密pH试纸代替昂贵的酸度计。

加强设备检修,注意保养,避免损坏,延长寿命,也是降低成本、提高经济效益的重要方面。

3. 降低器皿消耗,使用廉价的代用品

试管繁殖中使用大量培养器皿,少则数千,多则上万,投资大,这些器皿易损耗,费用较高。可采用果酱瓶替代培养瓶,用食糖替代蔗糖。

4. 节约水电开支

水电费在试管苗总生产成本中占有较大比重,节约水电开支也是降低成本的一个主要方面。试管苗增殖生长需要一定温度和光照,应尽量利用自然光照和温度;制备培养基可以用自来水、井水、泉水等代替无离子水或蒸馏水,以节省费用。

5. 降低污染率,提高成苗率

试管苗繁殖过程中,有几个环节容易引起污染,应注意避免:(1)转接苗时注意技术操作规范,接种工具、接种室等应彻底消毒。(2)培养环境要定期消毒,减少菌量。(3)夏季温度高,培养室内要及时通风换气。

6. 提高繁殖系数和移栽成活率

试管苗繁殖率越高,成本越低,在保证原有良种特性的基础上应尽量提高繁殖系数。

提高生根率和炼苗成活率也是提高经济效益的重要因素。试管苗繁殖应达到生根率95%以上,炼苗成活率85%以上。在炼苗环节上更新技术,简化手续,也可降低成本。

7. 同时培养和经营多种植物

结合当地的种植结构,安排好每种植物的生产,如花卉、果树、经济林木、药材等,将多种作物结合起来,提高场地和设备的利用率,这也是降低成本提高经济效益的途径。

8. 畅通销售渠道

根据市场需求,产销对路,以销定产,产品对路,销售畅通,效益就显著。

坚持使用优良、稀有、名贵品种,并做好试管苗生产性栽培示范工作,展示品种特性和种植形式,让客户眼见为实,及早接受,对推广和销售有着重要意义。

【任务实施1】 培养基的配制

一、目的要求

掌握培养基配制的方法。

二、材料和器具

配制 MS 培养基所需试剂、封口膜或封口塞、绑扎线绳、牛皮纸、蒸馏水或纯净水等。

电子天平、药物天平、烧杯、量筒、吸管、电炉、酸度计或精密 pH 试纸、试管、三角瓶、高压灭菌锅等。

三、方法步骤

(一)配制前的准备

1. 清洗玻璃器皿

先将需要用到的玻璃器皿浸入加有洗洁精的水中进行刷洗,用清水内外冲洗,使器皿光洁透亮;然后用蒸馏水冲1~2次;最后晾干或烘干备用。

2. 培养基母液的配制

根据 MS 培养基的成分,准确称取各种试剂配制成母液,放在冰箱中保存,用时按需要稀释。配制母液应用蒸馏水或去离子水。称取药品时,量小的药品用 0.0001 g 的电子天平称量,量大的药品可用 0.1 g 的药物天平称量。

(1)大量元素母液。单独配制存放,一般浓缩 20 倍,配制培养基时取 50 mL。

(2)微量元素母液:

① 铁盐母液。单独配制存放,一般浓缩 200 倍,配制培养基时取 5 mL。

② KI 母液。单独配制存放,一般浓缩 200 倍,配制培养基时取 5 mL。

③ 其他微量元素母液。配成混合母液,一般浓缩 200 倍,配制培养基时取 5 mL。

(3)维生素母液。单独配制存放,一般浓缩 200 倍,配制培养基时取 5 mL。

(4)氨基酸母液。单独配制存放,一般浓缩 200 倍,配制培养基时取 5 mL。

(5)肌醇母液。单独配制存放,一般浓缩 200 倍,配制培养基时取 5 mL。

3. 生长调节剂母液配制

单独配制成母液,储存于冰箱。母液一般浓缩 200 倍,配制培养基时取 5 mL。

(二)培养基配制

1. 溶解琼脂和蔗糖

在 1000 mL 的烧杯中加入 500 mL 蒸馏水,然后将称好的 6～8 g 琼脂粉放进烧杯中加热煮溶,再放入 10 g 蔗糖,搅拌溶解。

2. 加入母液

用量筒量取各种大量元素的母液各 50 mL 加入烧杯中,然后用吸管(专管专用)依次将各种微量元素、维生素、氨基酸、肌醇和生长调节剂各 5 mL 分别加入到烧杯中,加蒸馏水定容至 1000 mL。在加入母液和蒸馏水的过程中应边加边搅拌。

3. 调节 pH 值

用酸度计或 pH 精密试纸测定 pH 值,以 1 mol NaOH 或 1 mol HCl 调至 6.0～6.2。

4. 培养基分装

用漏斗将培养基分装到试管中,注入量约为 2 cm。分装动作要快,培养基冷却前应灌装完毕,且尽可能避免培养基黏在管壁上。

5. 试管封口

用塑料封口膜或棉塞、塑料瓶塞等材料将瓶口封严。用棉塞封口的试管需再用牛皮纸包扎好。

6. 培养基灭菌

将试管包扎成捆,管口端用牛皮纸包扎好,放到高压蒸汽灭菌锅中灭菌,在温度为 121 ℃、压力 108 kPa 下维持 15～20 min 即可(间断式通电)。待压力自然下降到零时,开启放气阀,打开锅盖,放入接种室备用。灭菌时,应注意的问题是在稳压前一定要将灭菌锅内的冷空气排干净,否则达不到灭菌的效果。

四、实习报告

将培养基的配制过程整理成书面报告。

【任务实施2】 接种与培养

一、目的要求

掌握外植体消毒、接种操作的基本技能和培养室的管理要求。

二、材料和器具

外植体、培养基、70%和95%的酒精、0.1%氯化汞、无菌水。
超净工作台、天平、酒精灯、剪刀、镊子、接种钩、搪瓷盘、火柴等。

三、方法步骤

（一）接种

1. 接种前的准备工作

（1）接种前 30 min 打开接种室和超净工作台上的紫外线灯进行灭菌，并打开超净工作台的风机。

（2）操作人员进入接种室前，用肥皂和清水将手洗干净，换上经过消毒的工作服和拖鞋，并戴上工作帽和口罩。

（3）用 70%的酒精棉球仔细擦拭手和超净工作台面及所有其他需放到工作台上的用品。

（4）准备一个灭过菌的搪瓷盘或不锈钢盘，接种钩、医用剪刀、镊子、解剖针等用具应预先浸在 95%的酒精溶液内，置于超净工作台的右侧。每个台位至少备 2 把剪刀和 2 把镊子，轮流使用。

2. 外植体的消毒

（1）将采回的枝条剪掉叶子（留一小节叶柄），剪成具有 2～3 个腋芽的枝段。

（2）把外植体放于容器内，用流水冲洗几遍，用 70%的酒精擦拭外壁后放在超净工作台上备用。

（3）将外植体放进 70%的酒精中，约 30 s 后倒掉酒精，用无菌水冲洗 1 次；然后用 0.1%的氯化汞（$HgCl_2$）浸泡 5～10 min，然后用无菌水冲洗 3～5 次。

3. 接种

（1）点燃酒精灯，然后将接种钩、镊子、剪子等放在搪瓷盘或不锈钢盘中灼烧，晾于架上备用。

（2）用镊子将少许外植体夹到已灭菌的搪瓷盘或不锈钢盘中，两端和叶柄剪去一小节。

（3）将试管倾斜拿住，先在酒精灯火焰上方烧灼管口，接着打开瓶塞，用镊子尽快将外植体放入试管，用接种钩将外植体下端按入培养基中。再在火焰上方烧灼管口，然后盖紧塞子或封口膜，之后用牛皮纸包扎管口。

（4）每切一小批外植体，剪刀、接种钩、镊子等都要重新放回酒精内浸泡，并灼烧。

（二）培养

1. 初代培养

接种了外植体的试管放在 25 ℃条件下进行暗培养约 1 周,待长出愈伤组织后转入光培养,每日光照 10~12 h,光照强度从 1000~3000 lx 逐渐过渡。培养某些耗氧多的植物,要采用通气性好的瓶盖、瓶塞或用透气膜封口,培养室保持 70%~80%的相对湿度。

2. 增殖培养

将经初代培养产生的无菌芽切割分离,进行继代培养,扩大繁殖,平均每月增殖一代。接种过程与上述外植体接种基本相同,接种时无需对接种材料进行灭菌处理。继代培养期间培养室环境条件的控制与初代培养相同。

为了防止变异或突变,通常只能继代培养 10~12 次。

3. 生根培养

当无菌芽增殖到一定规模,选取粗壮的无菌芽(高约 3 cm)接种到生根培养基上进行生根培养。有些易生根的植物在继代培养中通常会产生不定根,可以直接将生根苗移出进行驯化培养。或者将未生根的试管苗长到 3~4 cm 长时切下来,直接栽到蛭石为基质的苗床中进行瓶外生根。这样,省时省工,可降低成本。

（三）驯化移植

1. 驯化

将长有完整组培苗的试管或三角瓶由培养室转移到半遮阴的自然光下,并打开瓶盖注入少量自来水,这样锻炼约 3~5 天,以适应外界环境条件。

2. 移植

（1）洗净试管苗根部培养基,移栽到蛭石或珍珠岩、泥炭或河沙等透气性强的基质上。

（2）移栽后浇透水,适当遮阴,避免曝晒,并加塑料罩或塑料薄膜保湿。半个月后去罩,掀膜。每隔 10 天叶面施肥 1 次。

（3）将苗木移植到装有一般营养土的容器中栽培,同样加强管理。

也可将洗净根部培养基的试管苗直接移植到容器中栽培。

四、实习报告

在无菌操作过程中,为了防止微生物污染,应注意哪些问题?

【技能考核 1】 培养基配制

（一）操作时间

60 分钟。

（二）操作程序

仪器用具准备—母液选择摆放—培养基制备消毒—用具仪器清洁或还原。

（三）操作现场

实验室。电子天平、药物天平、烧杯、量筒、吸管、电炉、酸度计或精密 pH 试纸、试管、三角瓶、高压灭菌锅、配制 MS 培养基的化学药品（如 NH_4NO_3、KNO_3、$CaCl_2 \cdot 2H_2O$、$MgSO_4 \cdot 7H_2O$、KH_2PO_4、$FeSO_4 \cdot 7H_2O$、$Na_2\text{-}EDTA$、烟酸、盐酸吡哆素、盐酸硫胺素、肌醇、甘氨酸等）、蔗糖、琼脂、生根粉等生长试剂。考生不能带相关资料。

（四）操作要求与配分（90 分）

（1）药品称取操作熟练。（10 分）

（2）母液配制浓度正确，操作规范。（10 分）

（3）母液提取操作熟练、规范。（30 分）

（4）培养基灌装、封口操作正确、规范。（20 分）

（5）培养基消毒操作正确。（22 分）

（五）安全生产、工具设备使用保护和配分

（1）正确使用和保护检验仪器。（5 分）

（2）安全生产。（5 分）

（六）考核评价

5 个人一组同时进行操作，每个学生独立完成。

实训指导教师根据学生在考核现场的操作情况，按考核评价标准当场逐项评分。

（说明：① 大量元素和微量元素母液各配 1 种，其他由考评员预先配好。② 如时间不足或其他原因，培养基消毒的考核可用口试或笔试代替。）

【技能考核2】 外植体接种

（一）操作时间

60 分钟。

（二）操作程序

仪器用具准备—消毒—接种—用具仪器清洁或还原。

（三）操作现场

无菌接种室。外植体、培养基、70％和95％的酒精、0.1％氯化汞、无菌水、超净工作台、天平、酒精灯、剪刀、镊子、接种钩、搪瓷盘、火柴等。考生不能带相关资料。

（四）操作要求与配分（90 分）

（1）双手、超净工作，有关接种用具和用品消毒操作规范、熟悉。（20 分）

（2）外植体的消毒（用酒精和氯化汞）操作正确、熟练、规范。（35 分）

（3）接种操作程序正确、熟练、规范。（35 分）

（五）安全生产、工具设备使用保护和配分

（1）正确使用和保护检验仪器。（5分）
（2）安全生产。（5分）

（六）考核评价

5个人一组同时进行操作，每个学生独立完成。

实训指导教师根据学生在考核现场的操作情况，按考核评价标准当场逐项评分。

【巩固训练】

一、名词解释

1. 植物组织培养　　2. 细胞全能性　　3. 外植体　　4. 褐变现象　　5. 玻璃化现象

二、填空题

1. 生长素的作用有＿＿＿＿＿＿＿＿＿＿、＿＿＿＿＿＿＿＿＿＿和＿＿＿＿＿＿＿＿＿＿。
2. 细胞分裂素的作用有＿＿＿＿＿＿＿＿＿＿、＿＿＿＿＿＿＿＿＿＿和＿＿＿＿＿＿＿＿＿＿。
3. 植物组织培养的类型有＿＿＿＿＿＿＿＿＿＿、＿＿＿＿＿＿＿＿＿＿和＿＿＿＿＿＿＿＿＿＿。
4. 植物组织培养应用于＿＿＿＿＿＿＿＿＿＿、＿＿＿＿＿＿＿＿＿＿、＿＿＿＿＿＿＿＿＿＿、＿＿＿＿＿＿＿＿＿＿和＿＿＿＿＿＿＿＿＿＿等。
5. 常用的培养基配方有＿＿＿＿＿＿＿＿＿＿、＿＿＿＿＿＿＿＿＿＿、＿＿＿＿＿＿＿＿＿＿和＿＿＿＿＿＿＿＿＿＿等。
6. 培养基的成分主要包括＿＿＿＿＿＿＿＿＿＿、＿＿＿＿＿＿＿＿＿＿、＿＿＿＿＿＿＿＿＿＿、＿＿＿＿＿＿＿＿＿＿和＿＿＿＿＿＿＿＿＿＿等。
7. 植物组织培养中，外植体成苗的途径有＿＿＿＿＿＿＿＿＿＿、＿＿＿＿＿＿＿＿＿＿和＿＿＿＿＿＿＿＿＿＿。
8. 组培中污染的途径有＿＿＿＿＿＿＿＿＿＿、＿＿＿＿＿＿＿＿＿＿和＿＿＿＿＿＿＿＿＿＿。
9. 外植体褐变的原因有＿＿＿＿＿＿＿＿＿＿、＿＿＿＿＿＿＿＿＿＿、＿＿＿＿＿＿＿＿＿＿和＿＿＿＿＿＿＿＿＿＿等。
10. 组培中玻璃化的起因有＿＿＿＿＿＿＿＿＿＿、＿＿＿＿＿＿＿＿＿＿、＿＿＿＿＿＿＿＿＿＿、＿＿＿＿＿＿＿＿＿＿和＿＿＿＿＿＿＿＿＿＿等。

三、单项选择题

1. 以下组合全属生长素的是（　　）
A. IBA、ZT、KT
B. ZT、KT、BA
C. NAA、KT、BA
D. IAA、BA、ZT
E. NAA、IBA、IAA

2. 以下组合全属细胞分裂素的是（　　）

A. IBA、ZT、KT

B. ZT、KT、BA

C. NAA、KT、BA

D. IAA、BA、ZT

E. NAA、IBA、IAA

3. 以下元素组合全属大量元素的是（　　　）

A. N、P、K、Cu、Fe、Zn

B. N、P、K、Ca、Mg、S

C. Ca、Mg、S、Cu、Fe、Zn

D. N、P、K、Mn、Co、B

E. Cu、Fe、Zn、Mn、Co、B

F. Ca、Mg、S、Mn、Co、B

4. 以下元素组合全属微量元素的是（　　　）

A. N、P、K、Cu、Fe、Zn

B. N、P、K、Ca、Mg、S

C. Ca、Mg、S、Cu、Fe、Zn

D. N、P、K、Mn、Co、B

E. Cu、Fe、Zn、Mn、Co、B

F. Ca、Mg、S、Mn、Co、B

5. 培养基灭菌的温度为（　　　）

A. 101 ℃　　　　　B. 111 ℃　　　　　C. 121 ℃　　　　　D. 131 ℃

6. 培养基灭菌时，当温度升到规定值后应维持（　　　）

A. 10～15 min　　B. 15～20 min　　C. 20～25 min　　D. 25～30 min

7. 培养室的温度一般应控制在（　　　）。

A.（20±2）℃　　　B.（25±2）℃　　　C.（30±2）℃

8. 为避免或减少某些植物的褐变现象，常在培养基中加入（　　　）

A. 抗氧化剂和活性炭　　　B. 抗氧化剂和蔗糖　　　C. 蔗糖和活性炭

9. 光照时间过长将增加玻璃化苗的比例，故培养室的光照时间一般控制在（　　　）

A. 10 h 以下　　　B. 10～12 h　　　C. 10～15 h　　　D. 12～15 h

10. 在诱导生根阶段应增加光照，光照强度一般应大于（　　　）

A. 1500 lx　　　　B. 2000 lx　　　　C. 2500 lx　　　　D. 3000 lx

四、判断题

1. 生长调节剂是植物组织培养的关键性物质。（　　　）

2. 生长素和细胞分裂素的比值决定试管苗生根或长芽，比值小于 1 利于长根，比值大于 1 利于长侧芽。（　　　）

3. 组培室一般至少应有准备室、缓冲室、无菌操作室、培养室。（　　　）

4. 配制培养基母液时，大量元素应单独配制存放。（　　　）

5. 配制培养基母液时，所有微量元素混合配制存放。（　　　）

6. 配制培养基母液时，所有生长调节剂混合配制存放。（　　　）

7.外植体培养一般应经过一段时间暗培养或弱光培养,再转向光培养,以利于愈伤组织形成和减少褐变。(　　)

8.植物组织培养中呼吸需要氧气,因此无论培养什么植物均需良好的通气条件。(　　)

9.为较彻底消灭外植体上所带细菌,目前常采用多种药液交替浸泡法处理。(　　)

10.适当降低细胞分裂素浓度、光照强度和温度能减少褐变现象。(　　)

五、计算题

按大量元素浓缩 20 倍、其他药品浓缩 200 倍、单位为 g/L 的要求,计算配制 MS 配方培养基母液时各种药品的用量。

六、问答题

1.培养基、培养器皿和外植体通常用什么方法灭菌?

2.接种后培养期间如何进行光、温、湿的管理?

3.简述植物组织培养有哪些主要技术环节。

4.叙述外植体灭菌和接种的程序。

5.简述如何预防植物组织培养中的污染。

6.简述如何预防植物组织培养中产生褐变。

7.简述如何预防植物组织培养中产生玻璃化现象。

8.与初代培养基和增殖培养基相比,生根培养基有何特点?

9.怎样提高试管苗移栽成活率?

项目7　苗　木　出　圃

【项目分析】

　　苗木经过一段时期的培育,达到造林绿化要求的规格时,即可出圃。苗木出圃是育苗作业的最后一道工序,主要包括起苗、分级统计、假植、包装运输和检疫消毒等。为了保证造林绿化苗木的质量和观赏效果,需确定苗木出圃的规格标准。同时,需进行苗木调查,掌握各类苗木的质量和数量,做好苗木的计划供应和出圃前的准备工作。

　　出圃苗木的质量问题,是关系到绿化建设的重要环节。为了使出圃苗木更好地发挥绿化效果,出圃苗木必须符合造林绿化用苗的要求,对出圃苗木应制定质量标准。

　　苗木质量的好坏直接影响栽植的成活率、养护成本和绿化效果,高质量的苗木是绿化建设的重要保证。

【预备知识】

　　优质苗木应达到地上部枝条健壮,成熟度好,芽饱满,根系健全,须根多,无病虫等条件才可出圃。起苗一般在苗木的休眠期进行,落叶树种从秋季落叶起到翌年春季树液开始流动以前都可进行。常绿树种除上述时间外,也可在雨季起苗。

　　春季起苗宜早,要在苗木开始萌动之前起苗。如樟树起苗时间应选择在樟树第2年新芽苞明显突出至芽苞片出现淡绿色之前,即11月中旬至次年3月为宜。如在芽苞开放后再起苗,会大大降低苗木成活率。秋季起苗应在苗木地上部停止生长后进行,此时根系正在生长,起苗后若能及时栽植,翌春能较早开始生长。春天起苗可减少假植程序。

一、造林绿化苗木质量

1. 出圃苗应具备的条件

　　(1) 苗木根系发达。主要是要求有发达的侧根和须根,根系分布均匀。

　　(2) 茎根比适当,高粗均匀,达一定的高度和粗度,色泽正常,木质化程度好。

　　(3) 无病虫害和机械损伤。

　　(4) 萌芽力弱的针叶树要具有发育正常的顶芽。

2. 出圃苗的规格要求

　　根据苗木质量标准将苗木分为3级:Ⅰ、Ⅱ级苗为合格苗,可出圃造林;Ⅲ级苗为不合格苗,不允许用于造林,予以淘汰或再培育。苗木质量主要用地径和苗高两项指标的尺寸表示。应用标准时,苗高20 cm以下的苗木,高、径两项指标中,有一项不达标准即降一级;苗高20 cm以上的苗木,衡量苗木的质量以地径为主,如某苗木的高度为Ⅰ级,径粗属Ⅱ级,则列为Ⅱ级苗;如高度属Ⅱ级,径粗属Ⅰ级则列为Ⅰ级苗。

二、园林绿化苗木质量

1. 出圃苗应具备的条件

（1）苗木的树形优美。出圃的园林苗木应生长健壮，骨架基础良好，树冠匀称丰满。

（2）苗木根系发达。主要是要求有发达的侧根和须根，根系分布均匀。

（3）茎根比适当，高粗均匀，高度和粗度（冠幅）达到一定的规格。

（4）无病虫害和机械损伤。出圃苗木的根系应发育良好，起苗时机械损伤轻，根系的大小适中，可依不同苗木的种类和要求而异。另外，要求病虫害少，尤其对带有危害性极大病虫害的苗木必须严禁出圃，以防止定植后，病虫害严重，生长不好，树势衰弱，树形不整等问题影响绿化效果。

（5）萌芽力弱的针叶树要具有发育正常的顶芽。

以上是苗木的一般要求，特殊要求的苗木质量要求不同。如桩景要求对其根、茎、叶进行艺术的变形处理。假山上栽植的苗木，则大体要求"瘦、漏、透"。

2. 出圃苗的规格要求

苗木的出圃规格，根据绿化任务的不同要求来确定。做行道树、庭荫树或重点绿化地区的苗木规格要求高，一般绿化或花灌木的定植规格要求低些。随着造林绿化水平的增高，对苗木的规格要求逐渐提高。出圃苗的规格各地都有一定的规定。

任务 1　苗 木 调 查

【任务分析】

为了掌握苗木的产量和质量，以便做出苗木的生产计划和出圃计划，一般在苗木生长停止后，按树种或品种、育苗方法、苗木的种类、苗木年龄等分别进行苗木产量和质量的调查，为制订生产计划和调拨、供销计划提供依据。

【预备知识】

一、标准地法

适用于苗木数量大的撒播育苗区。方法是在育苗地上，每隔一段距离均匀地设置若干块面积为 1 m² 的小标准地，在小标准地上调查苗木的数量和质量（苗高、地径等），并计算出每平方米苗木的平均数量和各等级苗木的数量，再推算全生产区的苗木总产量和各等级苗木的数量。

二、标准行法

适用于移植苗区、嫁接苗区、扦插苗区和条播区、点播苗区。方法是在苗木生产区中，每隔一定的行数(如 5 的倍数),选出一行或一垅作标准行,在标准行上进行每木调查;或全部标准行选定后,再在标准行上选出一定长度有代表性的地段,在选定的地段量出苗高和地径(或冠幅、胸径),并计算调查地段苗行的总长度、每米苗行上的平均苗木数和各等级苗木的数量,以此推算出全生产区的苗木数量和各等级苗木的数量。

应用标准行和标准地调查时,一定要从数量和质量上选有代表性的地段进行调查,否则调查结果不能代表全生产区的情况。标准地或标准行合计面积一般占总面积的 2%~4%。

调查时要按树种、育苗方法、苗木种类和苗龄等项分别进行调查和记载(表 7.1),调查内容包括苗高、地径(或胸径、冠幅),统计汇总后填入苗木调查汇总表。

表 7.1   苗木调查记载表

树种:　　　　　　苗木种类:　　　　　　育苗方式:　　　　　　苗龄:　　　　　　面积:　　　　　　调查比例:

标准地或标准行号	调查株号	高度(cm)	地(胸)径(cm)	冠幅(cm)	标准地或标准行号	调查株号	高度(cm)	地(胸)径(cm)	冠幅(cm)

调查人:　　　　　　　　　　　　　　　　　　　　　　年　　月　　日

三、准确调查法

又称逐株调查法、计数统计法,应用于数量不多的育苗区。方法是逐株调查苗木数量,逐株或抽样调查苗高、地径(或胸径、冠幅)。

四、抽样调查法

为了保证苗木调查的精度,苗木数量大的育苗区可采用抽样调查法。要求达到 90%的可靠性、90%的产量精度和 95%的质量精度。这种调查方法工作量小,又能保证调查精度。

(一)划分调查区

将树种、育苗方式、苗木种类和苗龄等都相同的育苗地划分为一个调查区,进行抽样调查统计。当调查区内苗木密度和生长情况差异显著,而且连片有明显界限,其面积占调查区面积 10%以上时,则应分层抽样调查。

调查区划分后,测量调查区毛面积,并将全部苗床或垅按顺序进行统一编号,以便抽取样地。

(二)确定样地面积

样地是在调查区内抽取的有代表性的地段。根据样地的形状,分为样段(或样行)、样方和样圆。实际调查中苗木成行的(如条播)采用样段,苗木不成行的(如撒播)采用样方。

样地面积应根据苗木密度来确定,小苗一般以平均株数 30～50 株来确定样地面积,较大的苗木一般以平均株数至少 15 株来确定样地面积。

（三）确定样地数量

样地数多少取决于苗木密度的变动大小,如苗木密度变动幅度较大,则样地数适当增加,相反,则样地数可适当少些。可用下列公式估算样地数量:

$$n = \left(\frac{t \times c}{E}\right)^2$$

式中,n——样地数量（个）;t——可靠性指标（当可靠性指标规定为 90％时,$t=1.7$）;c——密度变动系数;E——允许误差百分数（当精度规定为 90％时,允许误差百分数为 10％）。

由上式可知,样地数是由 c、t、E 三者决定的,其中 t、E 是给定的已知数,只有变动系数 c 是未知数,可依据以往的资料确定。如缺乏经验数据,也可根据极差来确定。具体做法是按已确定的样地面积在密度较大和较小的地段设置样地,调查样地内苗木数量,两个样地苗木株数之差为极差。例如,油松 2 年生移植苗,以密度中等处株数 16 株所占面积 0.25 m² 定为样地面积,经调查,较密处样地内株数为 23 株,较稀处样地内株数为 11 株。则:

极差 $R=23-11=12$（株）

根据正态分布的概率,极差一般是标准差的 5 倍,故:

粗估标准差 $S=\dfrac{R}{5}=\dfrac{12}{5}=2.4$

粗估样地内平均株数 $\bar{X}=16$

粗估变动系数 $c=\dfrac{S}{\bar{x}}\times100\%=\dfrac{2.4}{16}\times100\%=15\%$

粗估需设样地数 $n=\left(\dfrac{t\times c}{E}\right)^2=\left(\dfrac{1.7\times15}{10}\right)^2=7$（块）

上述方法做起来较复杂,生产中一般先设 10 个样地,调查后若精度达不到要求,再用调查得出的变动系数计算应设样地数 n,补设 $(n-10)$ 个样地进行调查。

（四）样地的设置

样地的布点一般有机械布点和随机布点两种方法,生产中常采用机械布点。

设置样地前要测量苗床（垄）长度及两端和中间的宽度,求平均宽度,并乘以长度得出净面积。机械布点还要求测量苗床（垄）总长度。

机械布点是根据苗床（垄）总长度和样地数,每隔一定距离将样地均匀地分布在调查区内。其优点是易掌握,故应用较多。

随机布点要经过三个步骤。第一步,根据调查区苗床（垄）的多少和需要样地数量,确定在哪些苗床（垄）上设置样地。例如:粗估样地数 15 个,共有 60 个苗床,则 60÷15＝4（床）,即每 4 床中抽取 1 床,也就是每隔 3 床抽 1 床。被抽中的床号是 4、8、12……。第二步,查随机数表确定每个样地的具体位置。查表所取数据应不超过苗床（垄）长度,并且一般不取重复的数据。第三步,根据查表取得的位置数据布点。如数据为 3、8、5……,则第 1 个样地的中心在 4 号苗床（垄）3 m 处,第 2 个样地在 8 号苗床（垄）8 m 处,第 3 个样地在 12 号苗床（垄）5 m 处。

（五）苗木调查

样地布设后，统计样地内的苗木株数，并每隔一定株数测量苗木的苗高和地径（或胸径、冠幅），填入调查表（表7.2）。根据经验，当苗木生长比较整齐时，测量100株苗木的苗高和地径（或胸径、冠幅），质量精度可达95％以上。生产中一般先测100株，调查后若精度达不到要求，再用调查得出的变动系数计算应测株数（公式与样地数计算公式相同），补设（$n-100$）株进行调查。如：假设抽12块样地，粗估每块样地内平均苗木数为50株，需要测100株时，则（50×12）÷100＝6（株），即在12块样地连续排列约600株苗木内，每隔5株测定1株。

表 7.2　苗木调查记载表

树种：　苗龄：　苗木种类：　育苗方式：　随机数表页号：第　页　起点行列号：　行　列
床数：

调查床序号	苗床净面积						随机数表读数	样群（样地）株数					样地面积（m²）	样群（样地）苗木质量调查（每隔　株调查1株苗木的 H/D）
	床长（m）	床宽（m）				面积（m²）		序号	株数			合计		
		左端	中间	右端	平均				1样方	2样方	3样方			

测量精度要求，苗高（H）1位小数，地径（D）2位小数，单位为cm。

（六）精度计算

苗木调查结束后计算调查精度，当计算结果达到规定的精度（可靠性为90％，产量精度为90％，质量精度为95％）时，才能计算调查区的苗木产量和质量指标。精度计算公式如下：

1. 平均数（$\bar{x}$）

$$\bar{x} = \frac{\sum_{i=1}^{n} x_i}{n}$$

2. 标准差（S）

$$S = \sqrt{\frac{\sum_{i=1}^{n} x_i^2 - n\bar{x}^2}{n-1}}$$

3. 标准误（$S_{\bar{x}}$）

$$S_{\bar{x}} = \frac{S}{\sqrt{n}}$$

4. 误差百分数(E)

$$E = \frac{t \times S_{\bar{x}}}{\bar{x}} \times 100\%$$

5. 精度(P)

$$P = 1 - E$$

计算后若精度没有达到规定要求,则需补设样地进行补充调查。

例如:落叶松 1 年生播种苗,粗估设样地 14 块,调查后产量精度计算见表 7.3。

表 7.3　14 块样地产量调查统计表

样地号	各样地株数（X）	样地号	各样地株数（X）
1	20	8	20
2	25	9	13
3	14	10	19
4	16	11	13
5	20	12	15
6	20	13	8
7	18	14	18
		Σ	239

注:在点播、条播等成行苗木的调查中,往往以 1 行或若干行为 1 个样地。由于行与行之间的距离可能不一样,样地大小有差异,表中各样地株数应统一换算为 1 m² 面积样地内的株数。

平均株数 $\bar{x} = \dfrac{\sum x_i}{n} = \dfrac{239}{14} \approx 17.07$

标准差 $S = \sqrt{\dfrac{\sum\limits_{i=1}^{n} x_i^2 - n\bar{x}^2}{n-1}} = \sqrt{\dfrac{4313 - 4079.39}{14-1}} \approx 4.24$

标准误 $S_{\bar{x}} = \dfrac{S}{\sqrt{n}} = \dfrac{4.24}{\sqrt{14}} \approx 1.13$

误差百分数 $E = \dfrac{t \times S_{\bar{x}}}{\bar{x}} \times 100\% = \dfrac{1.7 \times 1.13}{17.07} \times 100\% \approx 11.26\%$

精度 $P = 1 - E = 1 - 11.26\% = 88.74\%$

计算结果,精度没有达到 90% 的要求,则需补设样地。其方法是由调查的 14 块样地材料求变动系数 c。

$$c = \frac{S}{\bar{x}} \times 100\% = \frac{4.24}{17.07} \times 100\% \approx 24.8\%$$

则需设样地块数 $n = \left(\dfrac{t \times c}{E}\right)^2 = \left(\dfrac{1.7 \times 24.8}{10}\right)^2 \approx 18$（块）

已设置 14 块样地,尚需在调查区内再随机补设 4 块样地。其调查结果如表 7.4 所示。

表 7.4　18 块样地产量调查统计表

样地号	各样地株数（X）	各样地株数平均值（X^2）
1	20	400
...	...	...
15	17	289
16	19	361
17	21	441
18	17	289
Σ	313	5693

$$\bar{x} = \frac{313}{18} \approx 17.39$$

$$S = \sqrt{\frac{5639 - 18 \times (17.39)^2}{18 - 1}} \approx 3.38$$

$$S_{\bar{x}} = \frac{3.38}{\sqrt{18}} \approx 0.9$$

$$E = \frac{1.7 \times 0.9}{17.39} \times 100\% \approx 8.79\%$$

$$P = 1 - 8.79\% = 91.21\%$$

计算结果，调查苗木株数达到精度要求。然后用同样方法计算苗木质量（苗高和地径）精度，若质量精度也达到要求，才能计算苗木产量和质量指标。否则需补测苗木质量株数，其方法和补设样地的方法相同，直到达到精度要求为止。

（七）苗木的产量和质量计算

1. 计算调查区的施业面积（毛面积）、净面面积

施业面积（亩）= 调查区长 × 调查区宽

垄作净面积（m²）= 被抽中垄的平均垄长 × 平均垄宽 × 总垄数

床作净面积（m²）= 被抽中床的平均床长 × 平均床宽 × 总床数

2. 计算调查区总产苗量和单位面积产苗量

$$垄作总产苗量 = \frac{垄的净面积}{样地面积} \times 样地平均株数$$

$$床作总产苗量 = \frac{床的净面积}{样地面积} \times 样地平均株数$$

$$亩产苗量 = \frac{净面积总产苗量}{施业面积}$$

$$每平方米产苗量 = \frac{样地内苗木合计}{样地面积}$$

$$每米长产苗量 = \frac{样地内苗木合计}{样地总长度}$$

3. 苗木的质量计算

首先进行苗木分级，并分别计算出各级苗木的比例、平均苗高和平均地径，最后将调查的苗木产量及质量结果填入苗木调查汇总表（表 7.5）。

表 7.5 苗木调查汇总表　　　　（单位：m²、株、cm）

树种	苗木种类	育苗方式	苗龄	面积	苗木产量										
					合计	合格苗							不合格苗		
						合计	Ⅰ级苗			Ⅱ级苗			Ⅲ级苗		
							计	$\bar{H}$	$\bar{D}$	计	$\bar{H}$	$\bar{D}$	计	$\bar{H}$	$\bar{D}$

填表人：　　　　　　　　　　　　　　　填表日期：　　年　　月　　日

【任务实施】

一、目的要求

掌握抽样调查的方法步骤及计算方法。

二、材料和器具

育有苗木的、面积较大的成片地块。

调查统计表、钢尺、卡尺、皮尺、计算器。

三、方法步骤

1. 划分调查区

根据"四个一样"的要求划分调查区。同时测定调查区毛面积和对苗床（垄）编号。

2. 确定样地面积

一般以平均株数至少 30～50 株来确定样地面积。

3. 确定样地的数量

一般先设 10 个样地，调查后若精度达不到要求，再用调查得出的变动系数计算应设样地数 $n=\left(\dfrac{t\times c}{E}\right)^2$，补设 $(n-10)$ 个样地。

4. 样地的设置

机械布点或随机布点。测量设样地的苗床（垄）的净面积。机械布点还要测苗床（垄）的总长度。

5. 苗木调查

统计样地内的苗木株数，并测量 100 株苗木的苗高和地径（或胸径、冠幅）。质量精度若达不到 95%，再用调查得出的变动系数计算应测株数，补测 $(n-100)$ 株。

6. 精度计算

包括产量精度和质量精度。计算公式相同,但数据不同,精度要求也不同。计算公式如下:

(1) 平均数($\bar{x}$)　　$\bar{x} = \dfrac{\sum\limits_{i=1}^{n} x_i}{n}$

(2) 标准差(S)　　$S = \sqrt{\dfrac{\sum\limits_{i=1}^{n} x_i^2 - n\bar{x}^2}{n-1}}$

(3) 标准误($S_{\bar{x}}$)　　$S_{\bar{x}} = \dfrac{S}{\sqrt{n}}$

(4) 误差百分数(E)　　$E = \dfrac{t \times S_{\bar{x}}}{\bar{x}} \times 100\%$

(5) 精度(P)　　$P = 1 - E$

7. 苗木的产量和质量计算

(1) 总产苗量计算。先计算每平方米产苗量和总净面积,再计算总产苗量。

(2) 各级苗产量计算。先根据分级标准对进行质量调查的苗木进行分级,并计算各级苗的比例。再根据各级苗的比例和总产苗量计算各级苗产量。

四、实习报告

简述调查方法步骤并填写苗木调查汇总表。

【技能考核】

（一）操作时间

60 分钟。

（二）操作程序

用具准备—测量净面积—布点—开展调查—计算结果—用具还原。

（三）操作现场

一块 1 年生播种苗圃地。皮尺、钢尺、游标卡尺、苗木外业调查表、计算器。考生不能带相关资料。

（四）操作要求与配分（95 分）

(1) 测量净面积。（10 分）

(2) 机械布点。（20 分）

(3) 苗木产量调查。（10 分）

(4) 苗木质量调查。（10 分）

(5) 产量精度计算。（25 分）

(6) 苗木总产量计算。（10 分）

(7) 整个过程操作规范、熟练。（10 分）

（五）工具设备使用保护和配分

正确使用和保护工具。（5分）

（六）考核评价

3个人一组配合完成。

实训指导教师根据学生在考核现场的操作情况，按考核评价标准当场逐项评分。

（说明：① 苗木产量和质量调查可只调查1个样地。② 产量精度和总产量可根据考评员提供的数据和实测的净面积计算。）

任务2 苗 木 出 圃

【任务分析】

苗木是有生命的植物活体，出圃过程中我们只有适时适地满足苗木生长需要，确保各个环节技术措施的落实，才能保证苗木栽植成活率提高。苗木出圃是培育苗木的最后一关，起苗工作的好坏直接影响到苗木质量和栽植的成活率，苗木出圃的内容包括起苗、分级与统计、假植、包装与运输及检疫和消毒等。

【预备知识】

出圃的方法：一是起苗深度要根据树种的根系分布规律，宜深不宜浅，过浅易伤根。若起出的苗根系少，易导致栽后成活率低或生长弱，所以应尽量减少伤根。远起远挖，果树起苗一般从苗旁20 cm处深挖，苗木主侧根长度至少保持20 cm，注意不要损伤苗木皮层和芽眼。对于过长的主根和侧根，因不便掘起可以切断，切忌用手拢苗。二是起苗前圃地要浇水。因冬春干旱，圃地土壤容易板结，起苗比较困难。最好在起苗前4～5天给圃地浇水，使苗木在圃内吸足肥水，有比较丰足的营养储备，又能保证苗木根系完整，增强苗木的抗御干旱的能力。三是挖取苗木时要带土球。起苗时根部带上土球，土球的直径可为胸径的6～12倍，避免根部暴露在空气中，失去水分。珍贵树种或大树还要用草绳缠裹，以防土球散落，同时栽后与土密接，根系恢复吸收功能快，有利于提高成活率。做好分级工作，为了保证栽后林相整齐及生长的均势，起苗后应立即在背风的地方进行分级，标记品种名称，严防混杂。苗木分级的原则是：必须品种纯正，砧木类型一致，地上部分枝条充实，芽体饱满，具有一定的高度和粗度；根系发达，须根多、断根少，无严重病虫害及机械损伤，嫁接口愈合良好。将分级后的各级苗木，分别按20株或50株、100株成捆，便于统计、出售、运输。

起掘后的苗木如不能及时定植或外运，应进行假植。假植苗木应选择地势平坦、背风阴凉、排水良好的地方。挖宽1 m深60 cm（根据苗木大小而定）东西走向的假植沟。苗木向北倾斜，摆一排苗木覆一层混沙土，经此类推。切忌整捆排放，排好后浇透水，再培土。假植苗木均怕渍水、怕风干，应定时检查。

一、起苗

起苗又称掘苗。起苗作业质量的好与坏,对苗木的产量、质量和栽植成活率有很大影响。必须重视起苗环节,确保苗木质量。

(一)起苗的季节

起苗时间与栽植季节相结合,要考虑到当地气候特点、土壤条件、树种特性(发芽早晚、越冬假植难易)等确定。

1. 春季起苗

春季是最适宜的植树季节。针叶树种、常绿阔叶树种以及不适于长期假植的根部含水量较多的落叶阔叶树种(如榆树、泡桐、枫树等)的苗木适宜春季起苗,随起苗随栽植。春季起苗宜早,否则芽苞萌动,将降低苗木成活率,同时,也影响圃地春季生产作业。

2. 雨季起苗

春季干旱风大的西部、西北部地区,有时进行雨季绿化,因此,常绿针叶树种苗木可在雨季起苗,随起苗随栽植。

3. 秋季起苗

秋季也是植树的好时机。多数树种,尤其是落叶树种可秋季起苗,春季发芽早的树种(如落叶松)更应在秋季起苗。秋季起苗一般在地上部分停止生长开始落叶时进行。起苗的顺序可按栽植需要和树种特性的不同进行合理安排,一般是先起落叶早的(如杨树),后起落叶晚的(如落叶松等)。起苗后可行栽植,也可假植。

4. 冬季起苗

在比较温暖,冬天土壤不结冻或结冻时间短,天气不太干燥的地区,冬季也是植树的适宜时期,可随起苗随种植。

(二)起苗方法

1. 裸根起苗

适用于落叶树大苗、小苗和常绿树小苗的起苗。大苗裸根起苗要单株挖掘。挖苗前先将树冠拢起,防止碰断侧枝和主梢。然后以树干为中心按要求的根幅画圆,在圆圈外挖沟,切断侧根。挖到一半深时逐渐向内缩小根幅,挖到要求的深度时缩小至根幅的 2/3,使土球成扁圆柱形。达到深度要求时将苗木向一侧推倒,切断主根,振落泥土,将苗取出,并修剪被劈裂和过长的根系。

小苗裸根起苗沿着苗行方向,距苗行 20 cm 处挖一条沟,沟的深度应稍深于要求的起苗深度,在沟壁下部挖出斜槽,按要求的起苗深度切断苗根,再从苗行中间插入铁锹,把苗木推倒在沟中,取出苗木。

2. 带土球起苗

适用于常绿树、珍贵树木的大苗和较大的花灌木的起苗。挖苗前先将树冠拢起,防止碰断侧枝和主梢。然后以树干为中心按要求的根幅画圆,在圆圈外挖沟,切断侧根。挖到一半深时逐渐向内缩小根幅,挖到要求的深度时缩小至根幅的 2/3,使土球成扁圆柱形。达到要求的深度后用草帘或草绳包裹好,将苗木向一侧推倒,切断主根,将苗取出。

3. 冰坨起苗

东北地区可利用冬季土壤结冻层深的特点进行冰坨起苗。冰坨起苗的做法与带土球起苗大体一致。在入冬土壤结冻前进行,先按要求挖好土球,挖至应达到的深度时暂不取出,待土壤结冻后再截断主根将苗取出。冰坨起苗,运途不远时可不包装。

4. 机械起苗

目前,北方地区尤其是东北三省有条件的大中型苗圃多采用机械起苗。一般由拖拉机牵引床式或垄式起苗犁起苗,生产上应用的 4QG-2-46 型床(垄)式起苗犁和 4QD-65 型起大苗犁,不仅起苗效率高,节省劳力,减轻劳动强度,而且起苗质量好,又降低成本,值得大力推广使用。

起苗质量关系到栽植成活率的高低,在造林绿化中至关重要,起苗中应注意以下四个方面。

（1）起苗深度适宜(图 7.1)。实生小苗深度 20～30 cm,扦插小苗深度 25～30 cm。大苗起苗的深度(或土球高度)大约为根幅(或土球直径)的 2/3,根幅(或土球直径)按下式计算:

$$土球直径（cm）＝5×（树木地径－4）＋45$$

（2）不在阳光强、风大的天气和土壤干燥时起苗。

（3）起苗工具要锋利。

（4）起苗时避免损伤苗干和针叶树的顶芽。

图 7.1

二、分级与统计

（一）苗木分级

苗木分级又称选苗,即按苗木质量标准把苗木分成等级。分级的目的,一是为了保证出圃苗符合规格要求;二是为了栽植后生长整齐美观,更好地满足设计和施工的要求。

园林苗木种类繁多,规格要求复杂,目前各地尚未统一和标准化,一般说来,都根据苗龄、高度、根颈直径(或胸径、冠幅)来进行分级。造林绿化苗根据分级标准将苗木分为合格苗、不合格苗和废苗三类。

合格苗是达到绿化规格要求的苗木,具体又可再分为Ⅰ级苗、Ⅱ级苗。

不合格苗(Ⅲ级苗)是达不到绿化规格要求,但仍有培养价值的苗木。

废苗是既达不到绿化规格要求,又无培养价值的苗木。如断顶针叶苗、病虫害和机械损伤严重的苗等。

苗木的分级工作应在荫蔽背风处进行，并做到随起苗随分级和假植，以防风吹日晒或损伤根系。

（二）苗木统计

苗木的统计，一般结合苗木分级进行。统计时为了提高工作效率，小苗每 50 株或 100 株捆成捆后统计捆数。或者采用称重的方法，由苗木的重量折算出其总株数。大苗逐株清点数量。

三、苗木包装与运输

（一）苗木的包装

1. 裸根苗的包装

造林绿化所用苗多采用浆根的方法包装，绿化用大苗按下述要求包装。

长距离运输（如达 1 天以上），要求细致包装，以防苗根干燥。生产上常用的包装材料有草包、草片、蒲包、麻袋、塑料袋等。包装技术可分包装机包装和手工包装。先将湿润物（如苔藓、湿稻草和麦秸等）放在包装材料上，然后将苗木根对根地放在上面，并在根系间加些湿润物，如此放苗到适宜的重量（20～30 kg）后，将苗木卷成捆，用绳子捆紧。在每捆苗上挂上标签，标明树种、苗龄、苗木数量、等级和苗圃名称。

短距离运输，可在筐底或车上放一层湿润物，将苗木根对根地分层放在湿润物上，分层交替堆放，最后在苗木上再放一层湿润物即可。用包装机包装也要加湿润物，保护苗根不致干燥。

在南方，常用浆根代替小苗的包装。做法是在苗圃中挖一小坑，铲出表土，将心土（黄泥土）挖碎，灌水拌成泥浆，泥浆中可放入适量的化肥或生根促进剂等。事先将苗木捆成捆，将根部放入泥坑中粘上泥浆即可。裸根大苗最好先浆根，然后再包扎成捆。

英国、瑞典、美国、加拿大等国家采用特制的冷藏车运输裸根苗。美国的冷藏运苗车，车内温度为 1 ℃，空气相对湿度为 100％，1 次可运苗 6 万株。

2. 带土球苗木的包装

带土球的大苗应单株包装。一般可用蒲包和草绳包装，大树最好采用板箱式包装。小土球和近距离运输可用简易的四瓣包扎法，即将土球放入蒲包或草片上，拎起四角包好。大土球和较远距离的运输，可采用橘子式、井字式、五角式等方法包扎。

（1）橘子式。先将草绳一头系在树干上，再在土球上斜向缠绕，草绳经土球底绕过对面，经树干折回，顺同一方向按一定间隔缠绕至满球。接着再缠绕第 2 遍，缠绕至满球后系牢（图 7.2）。

（2）井字式。先将草绳一端系于腰箍上，然后按图 7.3 中左图所示数字顺序，由 1 拉到 2，绕过土球下面拉到 3，经 4 绕过土球下面拉到 5，经 6 绕过土球下面拉到 7，最后经 8 绕过土球下面拉回到 1。按此顺序包扎满 6～7 道井字形为止。

（3）五角式。先将草绳一端系于腰箍上，然后按图 7.4 中左图所示数字顺序，由 1 拉到 2，绕过土球下面拉到 3，经 4 绕过土球下面拉到 5，经 6 绕过土球下面拉到 7……，最后经 10 绕过土球下面拉回到 1。按此顺序包扎满 6～7 道五角星形为止。

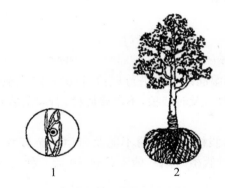

1　　　　　　　　　2

图 7.2 橘子式包扎示意图

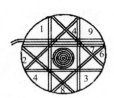 

图 7.3 井字式包扎示意图

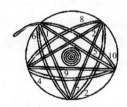 

图 7.4 五角式包扎示意图

（4）板箱式包装。适用于胸径 15 cm 以上的常绿树和胸径 20 cm 以上的落叶树。此法应用较少,做法参考有关书籍。

日本和英国等国家,曾用聚乙烯塑料袋进行苗木包装的试验,其效果很好。例如英国将落叶松、云杉、赤松、冷杉和橡树、水青冈等树苗用聚乙烯袋包装,比涂沥青不透水的麻袋、纸袋和苔藓等都好。日本用聚乙烯塑料包装苗木 7 天,其成活率仍为 100%。用聚乙烯袋包装的优点很多,它不仅能防止苗根干燥,还有促使苗木生长、提高成活率和促进苗木生根的作用。故今后应广泛进行试验和推广应用。

（二）苗木的运输

长途运输苗木时,为了防止苗木干燥,宜用席子、麻袋、草帘、塑料膜之类的东西盖在苗木上。在运输期间要检查包内的湿度和温度,如果包内温度高,要把包打开通风,并更换湿草以防发热。如发现湿度不够,可适当喷水。为了缩短运输时间,最好选用速度快的运输工具。苗木运到目的地后,要立即将苗打开进行假植。但如运输时间长,苗根较干时,应先将根部用水浸 1 昼夜后再行假植。

四、苗木的假植

假植是将苗木的根系用湿润的土壤进行埋植,目的是防止根系干燥,保证苗木的质量。造林绿化过程中,起苗后一般应及时栽植,不需要假植;若起苗后较长时间不能栽植,则需要假植。

假植分临时假植和长期假植。起苗后不能及时运出苗圃和运到目的地后未能及时栽植,需进行临时假栽植。临时假植时间一般不超过 10 天。秋天起苗,假植到第 2 年春栽植的称长期假植。

假植的方法是选择排水良好、背风、荫蔽的地方挖假植沟,沟深超过根长,迎风面沟壁呈45°。将苗成捆或单株排放于沟壁上,埋好根部并踏实,如此依次将所有苗木假植于沟内。土壤过干时,应适当淋水。越冬假植应在苗上用稻草、麦秆等覆盖,以保湿保温。

五、苗木检疫和消毒

(一)苗木检疫

苗木检疫的目的是防止危害植物的各类病虫害、杂草随同植物及其产品传播扩散。苗木在省与省之间调运或与国外交换时,必须经过有关部门的检疫,对带有检疫对象的苗木应进行彻底消毒。如经消毒仍不能消灭检疫对象的苗木,应立即销毁。所谓"检疫对象",是指国家规定的普遍或尚不普遍流行的危险性病虫及杂草。具体检疫措施参考有关书籍。

(二)苗木消毒

带有检疫对象的苗木必须消毒。有条件的,最好对出圃的苗木都进行消毒,以便控制其他病虫害的传播。

消毒的方法可用药剂浸渍、喷洒或熏蒸。一般浸渍用的杀菌剂有石硫合剂(浓度为波美 4°~5°)、波尔多液、升汞(0.1%)和多菌灵(稀释 800 倍)等。消毒时,将苗木在药液内浸 10~20 min,或用药液喷洒苗木的地上部分,消毒后用清水冲洗干净。

用氰酸气熏蒸,能有效地杀死各种虫害。先将苗木放入熏蒸室,然后将硫酸倒入适量的水中,再倒入氰酸钾,人离开熏蒸室后密封所有门窗,严防漏气。熏蒸结束后打开门窗,待毒气散尽后方能入室。熏蒸的时间依树种的不同而异(表 7.6)。

表 7.6 氰酸气熏蒸树苗的药剂用量及时间 （熏蒸面积 100 m²）

药剂处理 树种	氰酸钾 (g)	硫酸 (mL)	水 (mL)	熏蒸时间 (min)
落叶树	300	450	900	60
常绿树	250	450	700	45

总之,苗木是有生命的植物活体,出圃过程中我们应适时适地满足苗木生长需要,确保

各个环节技术措施的落实,才能保证苗木栽植成活率提高。

【任务实施】

一、目的要求

掌握苗木的起苗、分级、统计、包装及苗木的检疫和消毒的方法和要求。

二、材料和器具

修枝剪、锄头、铲子、砍刀、斧头、麻绳、草绳、苗木、消毒药品、喷雾器等。

三、方法步骤

1. 起苗

根据树种、苗木大小和地区气候特点采用相应的起苗方法,掌握好起苗的深度和根幅。实生小苗深度 20～30 cm,扦插小苗深度 25～30 cm。大苗起苗的深度大约为根幅的 2/3,根幅(cm)＝5×(树木地径－4)＋45。

2. 分级和统计

根据分级标准将苗木分为合格苗、不合格苗和废苗三类,并统计各级苗的数量。

3. 包装

根据树种、苗木大小、是否带土和运输距离采取相应的包装方法。重点进行带土苗包装的操作(任选一种方法)。

4. 苗木检疫和消毒

检查苗木是否带有检疫对象,并选择适合的药品进行消毒。

四、实习报告

简述苗木出圃的环节及各环节的技术要求。

【技能考核】

(一)操作时间

30 分钟。

(二)操作程序

用具准备—起苗—分级—统计—浆根—用具还原。

(三)操作现场

一块 1 年生播种苗圃地。锄头、铲子、覆盖材料。考生不能带相关资料。

（四）操作要求与配分（95 分）

（1）起苗操作。（30 分）

（2）苗木分级。（20 分）

（3）苗木统计。（10 分）

（4）苗木浆根。（20 分）

（5）整个过程操作规范、熟练。（15 分）

（五）工具设备使用保护和配分

正确使用和保护工具。（5 分）

（六）考核评价

5 个人一组同时进行操作，每个学生独立完成。
实训指导教师根据学生在考核现场的操作情况，按考核评价标准当场逐项评分。

【巩固训练】

一、名词解释

1. 苗木的假植　　2. 苗木检疫

二、填空题

1. 苗木出圃是育苗作业的＿＿＿＿＿＿＿＿工序，主要包括＿＿＿＿＿＿＿＿、＿＿＿＿＿＿、＿＿＿＿＿＿＿＿、＿＿＿＿＿＿＿和 ＿＿＿＿＿＿＿＿等。

2. 出圃苗木的质量要求有＿＿＿＿＿＿＿＿、＿＿＿＿＿＿＿＿、＿＿＿＿＿＿＿和＿＿＿＿＿＿＿。

3. 为掌握苗木的产量和质量，需按＿＿＿＿＿＿＿＿、＿＿＿＿＿＿＿＿和＿＿＿＿＿＿＿等分别进行苗木调查。

4. 苗木调查的方法有＿＿＿＿＿＿＿＿、＿＿＿＿＿＿＿＿和 ＿＿＿＿＿＿等。

5. 抽样调查法调查的可靠性指标为＿＿＿＿＿＿%，产量调查精度应达＿＿＿＿＿＿%，质量调查精度应达＿＿＿＿＿＿%。

6. 样地的布点一般有＿＿＿＿＿＿＿＿布点和＿＿＿＿＿＿＿＿布点两种方法，生产中常采用＿＿＿＿＿＿＿布点。

7. 大土球和较远距离的运输，可采用＿＿＿＿＿＿＿或＿＿＿＿＿＿＿、＿＿＿＿＿＿等方法包扎。

8. 苗木消毒可用＿＿＿＿＿＿＿＿、＿＿＿＿＿＿＿＿或＿＿＿＿＿＿＿等方法。

三、判断题

1. 标准行法适用于苗木数量大的撒播育苗区。（　　　）

2. 抽样调查中样地的多少取决于苗木密度的变动大小，苗木密度变动幅度大，则样地数多。（　　　）

3. 废苗是达不到绿化规格要求的苗木。（　　　）

4. 春季是最适宜的植树季节,所以是最适宜起苗的季节。（　　　）

5. 实生小苗起苗深度一般为 20～30 cm,扦插小苗起苗深度一般为 25～30 cm。（　　　）

四、单项选择题

1. 乔木类绿化苗达到一定规格标准后,苗木质量每提高 1 个等级要求干径增加（　　　）

A. 0.2 cm　　　　B. 0.5 cm　　　　C. 1.0 cm　　　　D. 1.5 cm

2. 绿篱苗木和多干式灌木苗达到一定规格标准后,苗木质量每提高 1 个等级要求高度增加（　　　）

A. 5 cm　　　　B. 10 cm　　　　C. 15 cm　　　　D. 20 cm

3. 样地面积的大小取决于苗木密度,一般以平均株数达到一定数量来确定,小苗区确定样地面积应达到的株数是（　　　）

A. 20～30 株　　　　B. 30～50 株　　　　C. 50～70 株

4. 大苗起苗的深度（或土球高度）大约为根幅（或土球直径）的（　　　）

A. 1/3　　　　B. 1/3　　　　C. 2/3　　　　D. 3/3

5. 大苗带土起苗时,土球直径（或根幅）的要求是（　　　）

A. 土球直径(cm)＝5×(树木地径－4)＋45

B. 土球直径(cm)＝5×(树木地径－4)＋40

C. 土球直径(cm)＝5×(树木地径－3)＋45

D. 土球直径(cm)＝5×(树木地径－3)＋40

五、计算题

根据表 7.7 中的数据,求算产量精度,并求应设置的样地数。

表 7.7　14 块样地产量调查统计表

样地号	各样地株数(X)	样地号	各样地株数(X)
1	20	8	20
2	25	9	13
3	14	10	19
4	16	11	13
5	20	12	15
6	20	13	12
7	18	14	18

六、问答题

1. 简述抽样调查的方法步骤。

2. 试述带土球起苗操作技术。

3. 试述苗木假植技术。

4. 起苗应注意哪些问题?

参考文献

［1］　国家林业局,全国林木种子标准化技术委员会. 林木种子检验规程:GB 2772－1999［S］. 北京:国家
　　　　质量技术监督局,1999.

［2］　国家林业局,全国林木种子标准化技术委员会. 主要造林树种苗木质量分级:GB 6000－1999［S］. 北
　　　　京:国家质量技术监督局,1999.

［3］　国家林业局,全国林木种子标准化技术委员会. 林木种子质量分级:GB 7908－1999［S］. 北京:国家
　　　　质量技术监督局,1999.

［4］　林业部造林经营司. 育苗技术规程:GB/T6001－1985［S］. 北京:国家标准局,1985.

［5］　全国林木种子标准化技术委员会.主要针叶造林树种种子园营建技术:LY/T1345－1999［S］.北京:
　　　　中华人民共和国林业部,1988.

［6］　钱拴提,宋墩福. 林木种苗生产技术［M］. 3 版. 北京:中国林业出版社,2021.

［7］　中华人民共和国种子法［M］.北京:中国法制出版社,2013 .

［8］　孙时轩. 林木育苗技术［M］. 北京:金盾出版社,2013.

［9］　沈国舫. 森林培育学［M］. 北京:中国林业出版社,2001.

［10］　黄云鹏. 林木种苗生产技术［M］. 北京:高等教育出版社,2018.

彩　　图

图 1.1　球果

图 1.2　干果

图 1.3　肉质果